基于系统工程的飞机构型管理

王庆林 编著

上海科学技术出版社

图书在版编目(CIP)数据

基于系统工程的飞机构型管理 / 王庆林编著. —上海:上海科学
技术出版社,2017.6(2024.9 重印)
ISBN 978-7-5478-3534-0

Ⅰ.①基… Ⅱ.①王… Ⅲ.①飞机—构型—航空工程—系统工程
Ⅳ.①V221

中国版本图书馆 CIP 数据核字(2017)第 080144 号

基于系统工程的飞机构型管理

王庆林 编著

上海世纪出版(集团)有限公司
上海 科 学 技 术 出 版 社 出版、发行
(上海市闵行区号景路 159 弄 A 座 9F-10F)
邮政编码 201101 www.sstp.cn
上海新华印刷有限公司印刷
开本 787×1092 1/16 印张 25 插页 4
字数:540 千字
2017 年 6 月第 1 版 2024 年 9 月第 7 次印刷
ISBN 978-7-5478-3534-0/V·18
定价:168.00 元

本书如有缺页、错装或坏损等严重质量问题,
请向工厂联系调换

内容提要

基于现代商用飞机研制的复杂性、不确定性和艰巨性,人们认识到,必须应用系统工程的方法才能研制出先进的民用飞机,才能符合适航当局的严格要求,保证飞机安全性水平。

构型管理是系统工程过程的保障机制之一。构型管理就是通过构型计划、构型标识、更改管理、构型纪实和构型审核五大功能,用技术和行政的手段,建立起规范化的产品研发秩序,保证客户需求和设计目标的实现。

构型管理是我国民用飞机研制的一块"短板",与系统工程严重分离,只是工程文件更改的记录,造成了构型管理的混乱,受到各方面的质疑。

面对商用飞机越来越突出的复杂性,必须尽快纠正构型管理目前的混乱状态,建立起合理并且有效的构型管理系统,贯彻 SAE ARP4754A(民用飞机和系统研制指南),回归构型管理的本质,用系统工程的方法指导构型管理,发挥构型管理的使能作用。这就是本书的目的。

本书适用于先进制造业(特别是飞机行业)的工程师、理工科院校的教师和研究生学习参考。

前　言

　　十几年前,有人到庞巴迪公司的民用飞机部门请教"构型管理",遇人就问什么是构型管理。回答说,我们没有构型管理。但在他们的一份构型管理培训教材中,有这样一段评述:如果在庞巴迪公司向 10 个工程师请教什么是构型管理,你可能收到 10 个不同的答案。构型管理是一个像谜一样的东西,令人困惑不解。

　　今天,如果你去国内了解构型管理,问一下什么是构型管理,你也会发现"庞巴迪之谜"普遍存在,且带有"中国色彩"。在这里,同样说不清什么是构型管理。一些人把构型管理看作是图纸技术状态管理的代名词。另外,他们全盘接受外国 PDM 公司的软件作为构型管理系统,被外国公司的软件和方法绑架,严重脱离中国的国情和厂情。构型管理系统由 IT 部门主导,成为工程更改的"记事本"而已。

　　我国的构型管理仍处于"初级阶段"。

　　对于企图涉足商用飞机制造领域的后发企业来说,不论是国内企业或是国外企业,都会产生"庞巴迪之谜",不足为奇。这是构型管理初级阶段的普遍现象。但是,能否尽快走出迷阵实现赶超先进企业,能否尽快建立适合自己的有效的构型管理系统,是摆在国内企业面前的头等大事。

　　庞巴迪公司用系统工程的武器和方法,迅速走上了正确的道路。他们从本国本企业的实际出发,厘清了新支线飞机的需求,建立了庞巴迪自己的构型管理系统,开发出优秀的支线飞机,获得了适航当局的适航证,牢牢占据了支线飞机的市场。

　　为什么"庞巴迪之谜"困扰中国的时间特别长,甚至适航当局多次质疑我们的构型管理系统不成功,常常抓住构型管理的问题不放? 其根本原因是缺少现代飞机总体设计和集成的人才,不会做系统总体设计,没有把构型管理融入设计过程之中,没有发挥构型管理的能动作用。另外,体制和机制上的种种约束,至今没有打破旧的设计模式,抛弃落后的"旧军机"环境,向系统工程的新模式和新常态转型。

　　20 世纪 90 年代,波音 777 飞机问世,这是商用飞机发展史上的一个里程碑。波音公司提出了"roll out from computer screen"（飞机从计算机屏幕上下线），美国航空航天局（NASA）提出了"fly before built"（飞行先于制造），开始了一个系统工程应用的新概念。

近几十年来，飞机系统的组成越来越复杂，飞机系统承载着更多的功能，包括发生故障时会导致乘客丧生的"关键"功能，飞机的性能不断提高，系统间的耦合更强了，一个微小的不慎失效可能引起全机事故。飞机安全性问题变得突出了。

商用飞机的开发不能再延续旧模式了，不是先把飞机的外壳设计和制造出来，然后进行系统的配套，安装系统，进行协调，最后通过飞行试验验证。由于系统的复杂性，这种旧模式已不能保障飞机的安全性了。现在要把这个顺序颠倒过来：先集成后制造。在概念设计阶段，完成客户需求的捕获、综合和验证，在确认飞机的解决方案符合客户需求之后，才进行飞机的详细设计，把设计错误"消灭"在项目早期。系统工程把飞机看成一个整体，立足于飞机研制的全过程，解决产品的多样性、不确定性和复杂性问题，把安全放在第一位。适航当局和航空业界已一致认定，系统工程是能够保障复杂系统所需安全性水平的唯一方法。

这就是系统工程的方法论。

我国商用飞机研制正在紧锣密鼓地进行，取得了很大的进步。但与国外商用飞机研制技术相比（如 A350、B787），差距还是被拉大了，构型管理是其中的一块"短板"。为了补上这块短板，急需一本构型管理教材。

本书是在《飞机构型管理》（2011 年）一书的基础上改写的，书名改了一下，在原书名前加上了"基于系统工程"的前缀。其一，表示作者在构型管理方面认识的进步；其二，是强调用系统工程的思想、方法和流程指导构型管理，贯彻 SAE ARP4754A（民用飞机和系统研制指南），回归构型管理的本质，纠正目前构型管理的混乱状态。

我们知道，系统工程是客户需求驱动的，同样，构型管理也要从客户需求的管理入手。客户需求是产品最根本的构型，它构造了飞机的功能基线，也是飞机适航符合性审定的基准。一旦构型基线审核通过了，必须严格监督和控制对它的更改。

美国国家标准 EIA-649A（构型管理标准）对构型管理定义是：构型管理的首要任务是建立及维护产品功能和物理属性与它的需求之间的一致性。

为了方便检查需求的符合性，波音公司把需求、架构和模拟分析结果整合在一起，利用基于模型的系统工程（MBSE）方法，形成了集成的数据环境，这种数据结构（管道）被称为 IPA（集成产品架构）。采用这种数据结构，可以在产品整个生命周期内，严格和缜密地管理工程更改。

当今，开发新的商用飞机已不是一家 OEM 公司能够完成的了，必然是主制造商和供应商通力合作的结果，从研制到运营都离不开供应商的参与。另外，商用飞机本身又是民用飞机运输系统的一部分,是一个大的"系统系"(system of systems)。主制造商是飞机研发的"主心骨",供应商是"红花还得绿叶扶",两者相辅相成。商用飞机50%以上的创新来源于飞机系统的进步,特别是软件加强的系统集成,提升了商用飞机创新的水平,满足更苛刻的适航和政府法规要求。供应商的构型管理变得十分重要了。

在一个极为复杂和多变的市场环境中,为了适应市场竞争,谁能够获得技术、推出新品、占领市场、融合资金、创造价值和抵抗风险,谁就能取得成功。传统的企业运作模式受到了挑战,一种新型企业模式应运而生。

"主制造商-供应商"模式(简称主供模式)是中国商用飞机有限责任公司(简称中国商飞)的商业运行模式,也是国外商用飞机公司普遍采用的模式:OEM 与供应商合作共赢、风险共担。主供模式是以市场经济和法制社会为基础的。为什么我们的供应商构型管理存在许多难题,原因就在于此。本书介绍了国外的经验,以供参考。

适航当局对机载系统和软件的验证提出更高更苛刻的要求。随着飞机综合化程度的不断提高,在系统层次上的研制、管理、综合和验证的技术难度在不断增加。OEM 的系统综合难度增加了,适航审定更加严格了。这是一种发展趋势,我们仍不适应这种变化。

美国联邦航空局(FAA)明确规定,构型管理适用于产品架构中的所有系统、子系统、设备、组件和资产,包括软件、固件(firmware)、接口、文档、备件和试验设备。

飞机的构型是一个整体,既不能由分析局部的特性来认识整体,也无法用简单叠加获得飞机的完整构型。传统意义上的构型管理已不适用了。只有应用系统工程的方法论才能管好飞机的构型。

在本书的编写过程中,得到了中国商飞公司的张玉宏博士、杨艳红女士、李承立先生的帮助,在此表示感谢。最后,还要感谢我的老伴李佩佩女士的关怀和支持,才能完成本书的编写。

作者　王庆林
2017 年 3 月于上海

C ontents

目　录

第7章　基于客户选项的飞机构型配置　　　142

第 8 章　飞机的编码体系　　　　　　　　　　　163

第 11 章　构型更改管理　　　　238

第 15 章　先进的飞机构型管理系统简介　　339

第 16 章　构型管理绩效的度量　　360

附　录　常用缩略语　　366

第1章

飞机领域的系统工程

1.1 系统工程导论

1.1.1 系统和系统工程

一个复杂的研制对象称为系统,它是由相互作用和相互依赖的若干组成部分结合而成的、具有特定功能的有机整体,而且这个系统本身又是它所从属的一个更大系统的组成部分。

系统工程是各学科间的一种研究方法的综合。在系统研发阶段的早期,就注重捕捉客户需求和所需的功能,将需求文件化,然后进行设计综合和系统确认,考虑所遇到的全部问题,使研制对象(系统)得以成功实现,同时满足客户需求。

系统工程的概念可以用图1-1所示的"V"字图表示。

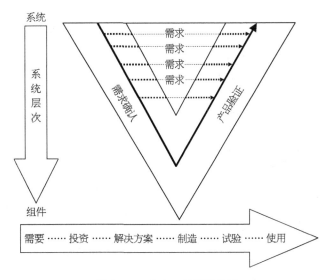

图 1-1 系统工程"V"字图

"V"字图的左边表示客户需求的捕获和确认，通过系统工程过程，使所研制的系统成功，并验证满足客户需求，即达到"V"字图的右边。这个生命周期过程就是系统工程的范围。

"V"字图的左边是自上而下的分解和设计，"V"字图的右边是自下而上的制造集成和验证。

系统工程要考虑产品生命周期内遇到的全部问题，如需求、研发、性能、试验、制造、成本和进度、操作、培训和支援、废弃（清理）等。

系统工程是以复杂系统为对象的科学。随着系统集成度越来越高，专业交叉程度越来越大，迫切地需要发展一种能有效组织和管理复杂系统的规划、研究、设计、制造、试验和使用的技术，即系统工程。

系统工程是一种方法论，是一种以解决问题为目标的工具体系，是人们认识事物、解决问题的一般方法，即用什么样的方式、方法来观察事物和处理问题。

国际系统工程协会（International Council on Systems Engineering，INCOSE）定义：系统工程是一种跨学科的研究和方法，保证系统开发得以成功。它关注研发阶段早期的客户需求定义、功能设计、重视设计综合和系统确认，同时考虑生命周期出现的全部问题。

商用飞机研制是一项极度复杂的工程。

对复杂系统的研发，有如下的原则：

（1）必须满足客户需求，保证客户需求的正确性和完整性。

（2）把产品看成一个整体。

（3）要有全局的眼光，立足于系统研制的全过程。

（4）先集成，后制造。在确认解决方案满足客户需求后，才投入制造。

（5）要有评判的眼光，改变落后的流程。

（6）采用综合产品团队（integrated product teams，IPTs）的体制，协同解决设计、制造、支援中的各种问题。

（7）分阶段研制。把工程阶段分为概念、研制、制造、验证、确认、使用、支援和销毁。

（8）考虑一切可能的危险情况，把安全放在第一位。

（9）推进创新，不怕风险，控制风险。

美国防务系统管理学院出版的《系统工程概论》一书认为，系统工程由三大类活动构成，即分阶段研制、系统工程过程和生命周期综合，如图1-2所示。

三大类活动是：

（1）分阶段研制是将项目周期分解为若干阶段，按阶段控制进度，避免"打乱仗"。

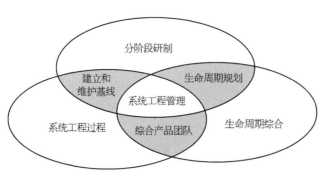

图1-2 系统工程概念

（2）系统工程过程是系统工程管理的核心,其目的是构建一个既合理又游刃有余的工作框架,有一个"法制"的环境。

（3）生命周期综合意味着在研制过程中要考虑在整个生命周期内遇到的所有问题,使系统达到总体优化要求,并进行生命周期的综合协调。

系统工程的目标是增强公司在全球市场上的竞争力,建立系统工程体系,并研发出高质量的产品,同时以可接受的价格和成本,按时交付产品。因此,正确理解系统工程原理,创建和实现系统工程过程,是系统工程的重点。

学习系统工程规范(如 ANSI/EIA－632),应学会如何使用系统工程这个工具,包括以下方面:如何做系统工程;实现的步骤;如何建立基准;方法和工具;如何协同;学习最佳实践的案例。

1.1.2　系统工程标准及其演变

系统工程标准(或规范)的历史演变如图 1－3 所示。

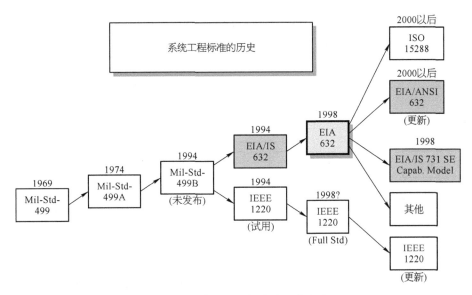

图 1－3　系统工程标准的历史演变

ANSI/EIA－632(系统工程设计方法)是 INCOSE 和美国电子工业联盟(Electronic Industries Alliance, EIA)合作的产物。这个标准与先前的系统工程标准相比,扩大了系统工程管理的宽度。它聚焦于在清晰的工程生命周期内如何执行标准的需求,应用于公司级的生命周期阶段建造或重新建造一个系统。

该标准详细定义了系统工程的 13 个过程并归纳了系统工程的 33 个需求,并对应用环境和应用关键概念做了说明:项目—企业—外部环境;系统由最终产品和使能产品组成;建造块结构;过程可用于产品生命周期的任何节点上。

ISO/IEC 12207(国际标准的工业实施)扩大了系统工程的专业范围,试图描述系统工

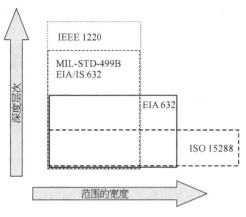

图1-4　需要过程标准的比较

程生命周期高层的、共同的框架,描述系统工程和管理过程,着眼于"系统"和"组成",并定义了过程和术语。

(1)过程内容按照目标、结果和活动进行剪裁。

(2)不详细定义方法和程序。

这些系统工程标准的比较可以用图1-4来说明。

从图1-4可见,ISO15288标准管理的范围最宽,IEEE1220标准的深度层次最大。

1.2　飞机系统工程的领域和组成

按照项目—企业—外部环境的顺序定义飞机系统工程的领域。飞机系统属于世界航空系统的一个分支,如图1-5所示。

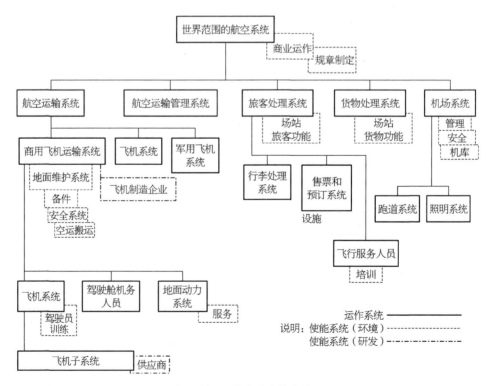

图1-5　世界范围的航空系统

在世界航空系统下面有空中运输系统、航空运输管理系统、旅客处理系统、货物处理系统,以及机场系统。

在空中运输系统下面有商用飞机运输系统、飞机系统和军用飞机系统。

在商用飞机运输系统下面有飞机系统、驾驶舱机务人员系统和地面动力系统。

在飞机系统下面是飞机子系统。

空中运输系统与飞机系统之间的关系如图1-6所示。

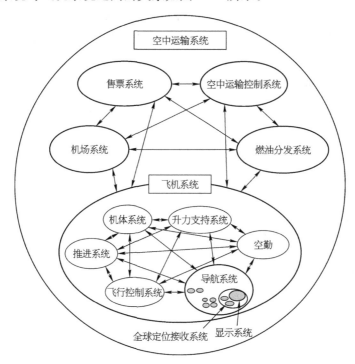

图 1-6　航空运输系统与飞机系统的关系

飞机系统本身也是一个复杂的系统,它的组成如图1-7所示。

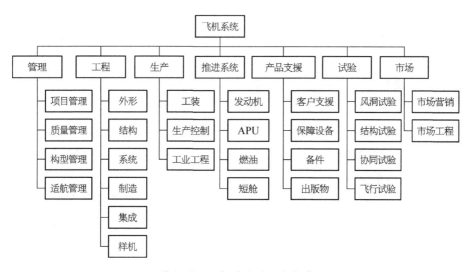

图 1-7　飞机系统的一般组成

通常,飞机系统包括管理系统、工程系统、生产系统、推进系统、产品支援系统、试验和验证系统,以及市场系统等。

按照 EIA-632 规范的概念,飞机系统也可以用可使用的产品及使能产品集两部分组成。

飞机系统的组成包括:

(1) 可使用的产品,或最终产品,就是飞机的产品结构。

(2) 使能产品集,包括研发产品、试验产品、生产产品、部署产品、培训产品、支援产品及废弃产品。

EIA-632 所定义的产品结构如图 1-8 所示。

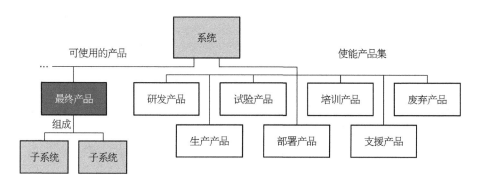

图 1-8　EIA-632 定义的系统组成

因为世界航空运输系统代表了民用飞机运输市场的整体利益,而飞机制造商只是飞机产品的提供者,为了获取更大的利益,飞机制造商必须置身于这个更大的系统中,在运营、维修、培训、服务方面积极配合。现在,飞机制造商已经从单纯的飞机商品提供者向航空服务商转型,向客户提供飞机的增值服务。

例如,波音公司可以提供的商业航空服务包括:

(1) 全球客户支援。如航班日程安排、解决技术难题、提供技术信息快速查询、提交关键产品和服务。

(2) 物料管理和备件。如备件销售和网络服务,维护多达 50 万种备件存货。

(3) 维护和工程服务。如提供研发、管理和交付中的海量技术信息,满足机队维护和工程支持的需要。

(4) 机队效益增强和构型更改。商用航空服务能够帮助航空公司修正飞机构型,增强机队性能,改进座舱氛围。

(5) 飞行操作支持。如机队操作支持,包括创新的信息管理解决方案、全球训练网络、提供飞行训练和技术资料、提供操作工程支持及模拟器数据支持。

飞机制造商提供的售后服务一般包括工程服务、备件服务、技术数据服务、改装服务、供应商支持管理、飞行运行服务、飞行与地面信息服务,以及培训服务。

飞机制造商对客户服务越来越重视。因为他们知道,当客户第一次购买飞机时,购买的是技术,而后来再购买飞机时,起决定作用的往往是售后服务。

1.3 飞机系统工程需求的捕获

EIA-632标准给出了系统工程的33个需求,见表1-1。

表1-1 系统工程的需求

供应过程需求	需求定义过程需求	需求确认过程需求
1—产品供应	14—中标者需求	25—需求陈述确认
采办过程需求	15—其他利益相关者需求	26—中标者需求确认
2—产品采办	16—系统技术需求	27—其他利益相关者需求确认
3—供应商业绩	解决方案定义过程需求	28—系统需求确认
计划过程需求	17—逻辑方案表达	29—逻辑方案表达确认
4—过程执行策略	18—物理方案表达	系统验证过程需求
5—技术成果定义	19—特定的需求	30—设计方案验证
6—进度和组织	执行过程需求	31—最终产品验证
7—技术计划	20—执行	32—使能产品准备
8—工作指令	向使用转换过程需求	最终产品确认过程需求
评估过程需求	21—向使用转换	33—最终产品确认
9—计划和主计划进展	系统分析过程需求	
10—需求的进展	22—有效性分析	
11—技术评审	23—商务分析	
控制工程需求	24—风险分析	
12—成果管理		
13—信息传播		

在AS9100C(质量管理体系——航空、航天和国防组织的要求)规范中,对产品的质量目标和要求包括以下几方面:产品与人员安全;可靠性、可用性与维修性;生产可行性和检验可行性;产品中使用的零件与材料的适宜性;嵌入软件的选择与开发;在产品寿命终止时的回收或最终处置。

EIA-632 标准给出的是系统工程的一般需求,而 AS9100C 给出的是航空、航天和国防领域的特定需求。

飞机系统的研发者应该果断决策以下事情:

(1) 什么样的过程用于本企业。

(2) 按照所采用的标准,定义过程需求的什么。

(3) 建立恰当的政策和程序管理项目的执行。

(4) 对每一个已选的需求规定恰当的任务。

(5) 建立完成任务所需要的方法和工具。

商用飞机的系统工程过程框架如图 1-9 所示。商用飞机的系统工程过程的核心是需求定义、解决方案定义和系统实现。

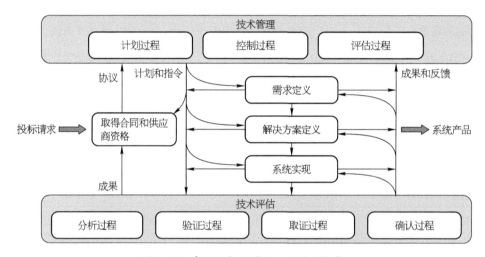

图 1-9　商用飞机的系统工程过程框架

技术评估过程划分为四个子过程:分析过程;验证过程;取证过程;确认过程。其中,取证过程是验证飞机符合适航条例,达到最低的安全性要求。取证过程十分复杂,需要较长的周期和花费很大的成本。

民用飞机的需求捕获是多渠道的,特别容易变化,要经过认真分析和确认。民用飞机需求定义过程如图 1-10 所示。民用飞机客户需求捕获过程如图 1-11 所示。需求管理的过程节点(里程碑)如图 1-12 所示。

图 1-10　民用飞机需求定义过程

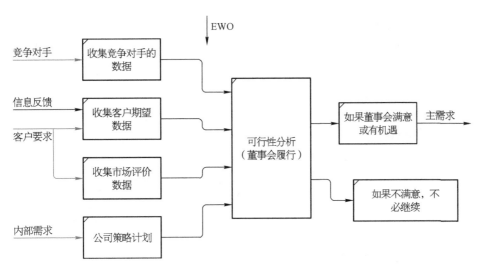

图 1-11　民用飞机需求捕获过程

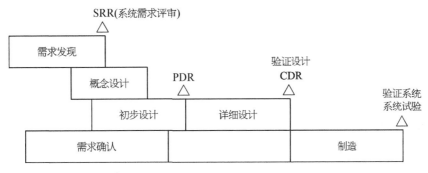

图 1-12　需求管理的过程节点

　　建立需求基线是产品研发中非常重要的一步。世界上有 60% 的新产品研发遇阻或失败的原因就是由于产品的需求定义不合理。

　　在评审产品需求时,对研发的商业要求、实现目标、存在风险、现实性等要统一考虑,一些基本条件是否具备,例如核心技术、关键技术、共性技术,以及研制环境、工业基础、人力资源、管理能力等,应做出审慎的考虑,才能立于不败之地。

　　当需求定义过程完成后,按规定的形式,将需求形成书面的文档,称为"需求分析说明书"。

　　商用飞机的系统工程需求捕获过程由三部分组成:

　　(1) 确认需求。检查需求的正确性,确定顶层需求。

　　(2) 完成验证。检查设计与需求的符合性,检查产品与需求的符合性。

　　(3) 确认产品。检查产品顶层需求/用户需要的符合性。

　　系统工程需求的确认和验证过程如图 1-13 所示。

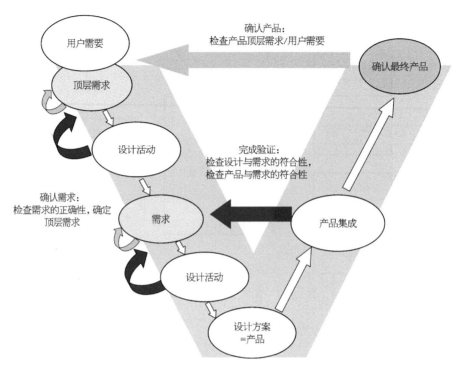

图 1-13 系统工程需求的"V"字图

1.4 系统工程的过程

过程是一组互相联系的任务,它们连续执行,能将输入转换为输出。

过程的三个关键要素是人、程序和方法、工具和设备,如图 1-14 所示。

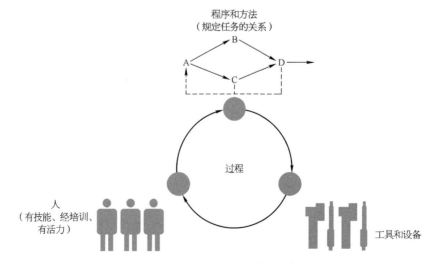

图 1-14 过程的三个关键要素

系统工程的过程是一个综合的、迭代的问题解决过程,用于以下几个方面:

(1) 将确认的客户需要/需求转换为系统产品和产品设计的生命周期平衡的解决方案。

(2) 产生项目决策者所需的信息。

(3) 提供下阶段(转阶段)所需的信息。通过需求分析、功能分析/分配和系统分析和控制,获得问题和成功的准则。

(4) 通过系统综合及系统分析和控制,提出可选的解决方案,评估这些解决方案,选择生命周期平衡最好的解决方案。

系统工程的过程描述如图 1-15 所示。

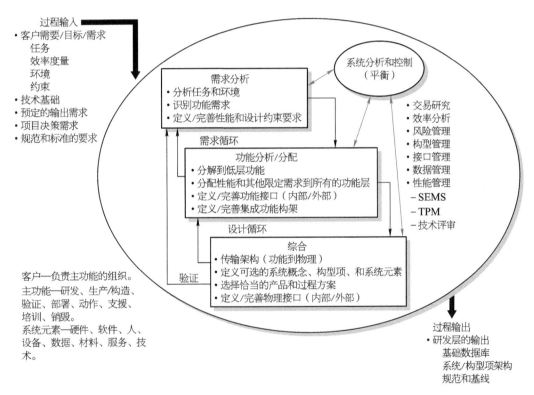

图 1-15　系统工程的过程

按照 EIA-632 规范的概念,民用飞机的系统工程过程描述如图 1-16 所示。

系统工程的过程按照实施的主体不同,可以分为三个视图:客户视图;系统工程师视图;承包商视图。

客户需求视图是源头。根据客户需求,系统工程师开发系统规范,并将系统规范扩展到设计规范,建立系统验证计划和产品的验证计划。承包商视图描述产品的设计和制造过程,研制产品原型,并验证设计的符合性。

系统工程的三个视图如图 1-17 所示。

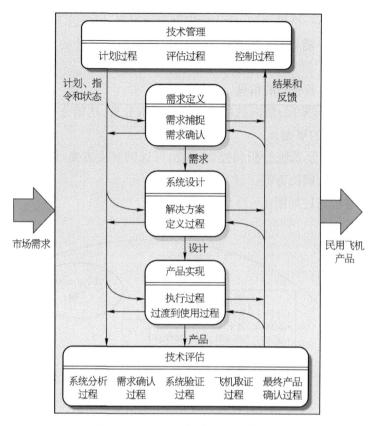

图1-16 民用飞机系统工程的过程

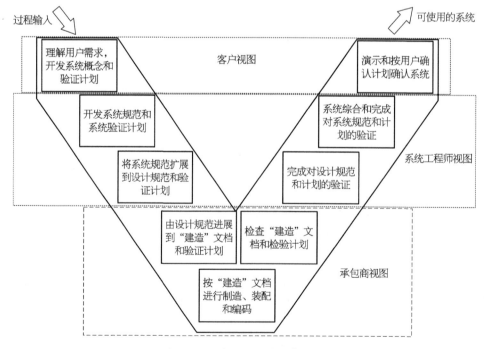

图1-17 系统工程的三个视图

1.5　系统的设计过程

系统的设计过程如图 1-18 所示。

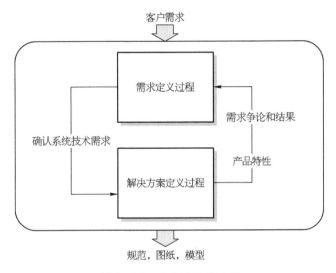

图 1-18　系统的设计过程

在需求定义中,要定义客户需求,同时定义系统的技术需求。

解决方案的定义过程中,需完成下列工作:

(1) 分配系统技术要求给最终产品和相关的过程。

(2) 定义逻辑方案的表达。

(3) 定义驱动需求。

(4) 定义子系统概念。

(5) 将驱动技术需求分配给设想的子系统。

(6) 定义驱动需求。

(7) 产生可选择的子系统方案。

(8) 选择子系统方案。

(9) 将使能产品需求从子系统分配给相关的过程。

(10) 建立最终产品规范。

(11) 定义子系统初始和接口规范。

需求定义和解决方案定义都要通过多次迭代,才能最后确定。开始系统设计过程之前,必须定义系统产品结构。按照 EIA-632 规范,产品结构是一个多层的树状结构,它的第 N 层和第 $N+1$ 层的结构如图 1-19 所示。

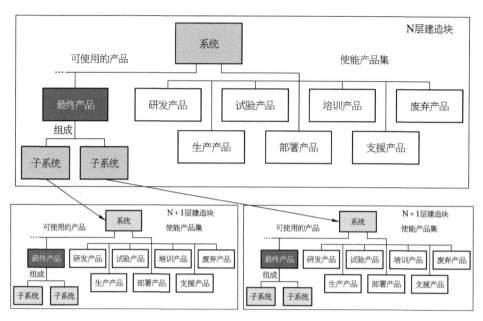

图 1-19　建立产品(系统)结构

　　每一层产品结构都由可使用的产品和使能产品集组成。系统设计是一个自上而下的过程,如图 1-20 所示。

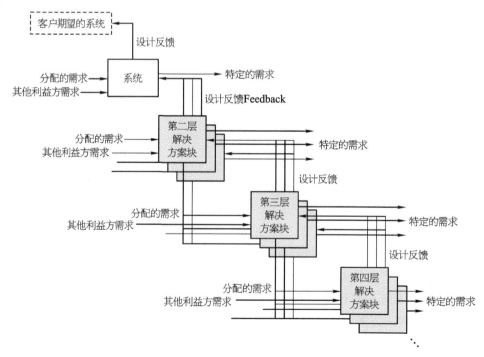

图 1-20　自顶向下的研发

每一层解决方案都是由分配而来的需求所驱动的。每一层解决方案可能包含若干"块",每一块就是一个待选的解决方案。在"块"中的需求信息传递过程如图 1-21 所示。

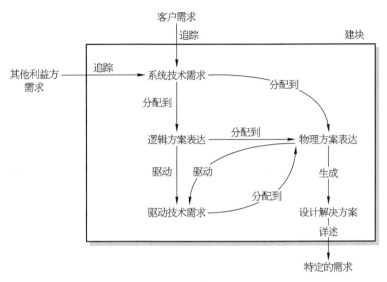

图 1-21　需求信息的传递过程

除了最终产品(本体)的设计之外,使能产品集的设计过程如图 1-22 所示。

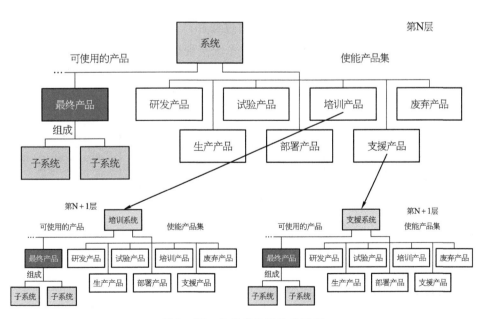

图 1-22　使能产品的设计过程

这两部分设计的集成,就是整个产品(系统)的设计过程。

1.6   系统的实现过程

系统的实现过程如图 1-23 所示。

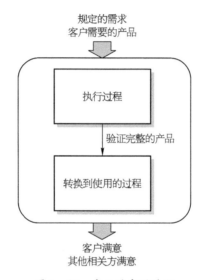

图 1-23   产品的实现过程

产品的实现过程包含了设计的实现、评估过程和产品移交过程三个部分,如图 1-24 所示。其中,技术评估过程如图 1-25 所示。系统实现过程的流程如图 1-26 所示。

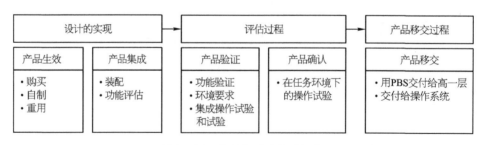

图 1-24   产品实现过程的组成

1.7   系统的生命周期过程

系统工程作用于系统的整个生命周期,系统工程的要素(人员、产品和过程)在生命周

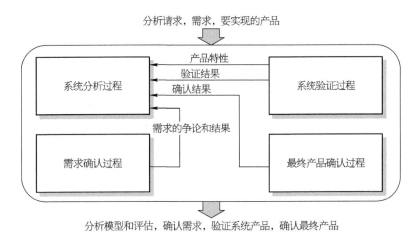

图 1-25　技术评估过程

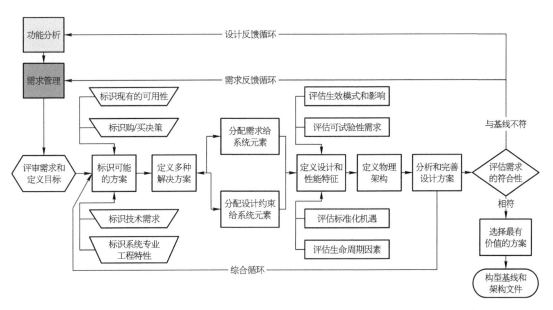

图 1-26　系统实现过程的流程图

期内相互作用,保持协调。

　　系统的生命周期分为三种,即基于企业的生命周期、系统的生命周期、工程的生命周期。这三种生命周期过程的关系如图 1-27 所示。

　　系统的三种生命周期过程相互协调和相关,并由不同的团队负责管理。

　　(1)基于企业的生命周期过程分四个阶段:商业机遇研究、可行性研究、项目定义和全尺寸研制。在此过程中,应通过四次评审,分别为商业机遇评审、项目要求评审、关键项目评审,以及首件交付评审。

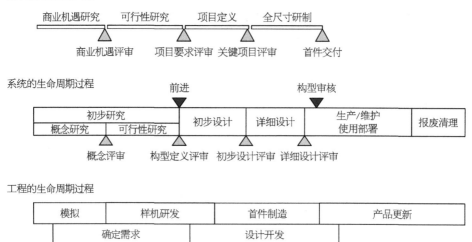

图 1-27　系统的三种生命周期过程

（2）系统的生命周期过程一般分为五个阶段：初步研究（概念设计）、初步设计、详细设计、生产/维护和使用部署，以及处理（销毁）。这里有四个评审，分别为概念评审、构型定义评审、初步设计评审和详细设计评审。

（3）系统工程的生命周期贯穿于系统的整个生命周期中。工程生命周期过程可分为四个阶段：概念模拟、样机研发、首件制造和产品更新。

系统的生命周期过程与系统工程的生命周期之间有对应关系，如图 1-28 所示。

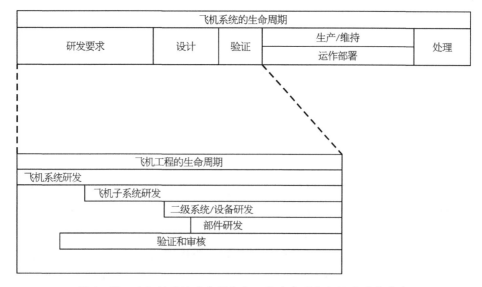

图 1-28　飞机的系统生命周期与工程生命周期之间的对应关系

系统的工程生命周期(研发周期)包括系统层的设计研发、子系统层研发、验证/适航取证。系统的工程生命周期(研发周期)的输出结果有成本预算和产品计划基线、已确认的要求(设计目标)、验证产品的安全性和产品是否满足设计要求、技术数据包、风险管理的评估。

1.8　系统工程的应用环境

在 MIL-HDBK-881A 规范中给出了系统工程工作的定义:系统工程工作是指导和控制一个系统或项目实现总体综合工程目标所做的技术和管理工作。

系统工程工作的内容一般包括:

(1) 系统定义,全系统设计,设计完整性分析,系统优化,系统/费用效能分析,以及系统内、系统间兼容性保证等;可靠性、维修性、生产性、人员健康、环境保护和生存力等的综合和平衡;保安性要求、构型管理和构型控制;质量保证大纲、价值工程、设备和部件性能规范的编制、试验和验证计划的筹划;软件开发或软件测试设施/环境要求的确定。

(2) 系统工程计划(systems engineering plan,SEP)的编制、规范树、项目风险分析、系统规划、决策控制过程、技术性能度量、技术评审、分包商和销售商评审、工作授权,以及技术文件控制。

(3) 可靠性工程。评价装置或系统在预期承受的使用条件下,在预定的时间周期内,充分地执行任务的概率所要求的工程过程和任务系列。

(4) 维修性工程。度量项目或系统在规定的维修和修理等级下,使用规定的程序和资源,保持在或恢复到规定的备用状态、技术水平等能力所要求的工程过程和任务系列。

(5) 人的系统综合。作为一项综合的技术和工程工作,用以将学说的综合、人力、人员综合、装备研制、使用有效性、人的特性、技术熟练能力、训练、人员关系以及其他有关的单元规定到一项综合的工作中所要求的工程过程和任务系列。

(6) 保障性分析。系统工程过程的一个完整部分,开始于项目的初期,贯穿于项目研制过程中。保障性分析构成了包括在系统规范中的有关设计要求的基础,以及随后涉及在其整个生命周期内如何最经济有效地保障系统及其内部结构的决策的基础。

(7) 系统系(system of systems)和系统层次结构划分、建模和模拟、验证和确认,以及外部接口的定义和管理。

(8) 技术基线管理和有独立的学科专家参与的基于事件的技术评审。

(9) 交叉的综合产品团队(integrated product teams,IPTs)的协同。

开展系统工程工作,贯彻系统工程标准,需要有一个合适的环境,才能进行系统工程的规划和实施。图 1 - 29 给出了系统工程必需的三个环境：外部环境、公司环境和项目环境。

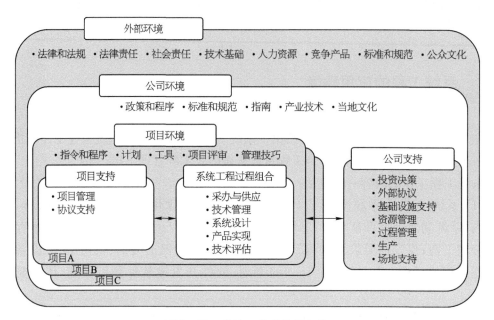

图 1 - 29　系统工程所需的环境

第 2 章

商用飞机研制入门

2.1 商用飞机的市场前景

每天都有数千架商用飞机在天空飞翔,把人们从一个地点运送到另一个地点。由于商用飞机的快捷、安全、舒适,受到人们的喜爱,成为旅客出行的首选。

商用飞机可以按座舱直径和通道数进行分类,如图 2-1 所示。

有时,商用飞机又可按飞行范围分为干线飞机和支线飞机。

据统计,制造业的不同行业的产品创造的价值有:船舶为 1,小汽车为 8,电视机为 50,大飞机为

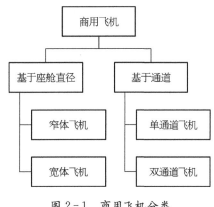

图 2-1 商用飞机分类

80,航空发动机为 1 400。商用飞机对国民经济的拉动力名列前茅,有效地拉动国民经济链条。

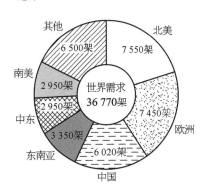

图 2-2 波音公司对未来 20 年客机市场需求预测

我国利用航空旅行主动拉动经济,计划在 2020 年之前再建设 66 座机场。

波音公司在年度《中国当前市场展望报告》中说,中国的年航空客运量将以 6.4% 的速度增长,未来 20 年里,中国将购买高达 6 800 多架客机,总值 1.03 万亿美元。

波音公司对未来 20 年客机市场需求预测如图 2-2 所示。

据美国航空航天产业委员会的报告,美国航空航天工业是美国经济领域内一支强大的力量,是在全球市场

中最具竞争力的部门之一,占国内生产总值的 15% 以上,提供比其他任何部门都要高的贸易盈余。现代商用飞机行业是一个技术精湛得使新手难以进入的行业,需要长期的技术储备和开发经验才能通过西方适航当局的批准入市,获得一张入场券。波音公司和空客公司在商用飞机领域有上百年的历史,站在商用飞机技术的顶峰,他们牢牢控制了商用飞机的发言权,垄断了商用飞机的市场,独吞了巨大的商业红利,实现了良性的发展,也推动了美国和欧盟社会的繁荣。

　　商用飞机的生产速率是衡量商用飞机成功的一个重要指标。现在,波音公司和空客公司商用飞机的生产速率已经很高,他们还在加速,这是由于市场需要更多的商用飞机。

　　表 2-1 给出了波音公司和空客公司商用飞机生产速率的数据,可见商用飞机仍然是世界上的一种非常热门的商品。

表 2-1　波音公司和空客公司商用飞机的生产速率和发展计划

公司	机型	生产速率和发展计划
空客公司	A320	2014 年每月 42 架
	A330	2014 年每月 10 架
	A350	2018 年达产能每月 10 架
	A380	每月 2 架,2015 年增加到每月 2.5 架
波音公司	737 系列	2013 年 38 架,2014 年增加到每月 42 架,2017 年增加到每月 47 架
	767	每月 2 架
	777	2014 年每月 8.3 架
	787	每月 10 架,2016 年增加到每月 12 架,2020 年增加到每月 14 架
	747	2015 年每月 1.5 架

2.2　商用飞机研制的特点

2.2.1　商用飞机的复杂性

商用飞机的复杂性主要表现在人、产品和过程上,如图 2-3 所示。

　　产品的复杂性主要指商用飞机系统组成的复杂性、系统功能的复杂性以及系统集成的复杂性。过程的复杂性主要指研发过程的复杂性、适航取证过程的复杂性、系统工程的复杂性以及管理的复杂性。人的复杂性主要指客户需求的复杂性、多文化的复杂性、团队组成的复杂性。

　　创新是商用飞机发展的动力。不创新有可能“死亡”,而创新则可能带来巨大的风险。商用飞机是一个非常“诱人”的发展项目,但也充满了难以承受的巨大风险。

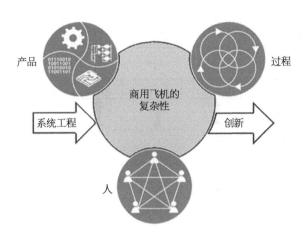

图 2-3　商用飞机的复杂性

2.2.2　系统组成的复杂性

几十年来,商用飞机变化非常大,虽然飞机的外表看起来没有多少改变,系统的复杂性却成倍地增加了,飞机内部的系统"翻天覆地"了,早已更新换代。新的商用飞机除了有更高的性能外,还有更高的效能和经济性,如安全性、可靠性、维修性、舒适性、环保性、可达性、可测性等。飞机系统的产品架构也相应地改变了,即从单个系统的架构扩展为综合化。

新一代商用飞机的系统综合,除大多数常规的处理功能和传统的自动驾驶、飞行管理、通信、导航和维修管理等航电功能外,一些非航电系统的处理功能,如空调、电源、燃油和起落架等系统也综合了进来。而且,综合模块化航空电子系统(integrated modular avionics system,IMA)的开放式系统结构,可以容易地增加或改变系统功能,它的软件和硬件的更新甚至可独立进行。

在现代的民用飞机上(如 A380 和 B787 飞机),航电系统(如飞行管理、推力管理、中央维护管理、显示管理、飞机状态监控、飞行操纵系统、飞机管理系统、导航系统、通信系统、防撞系统等)及非航电系统(如燃油系统、电源系统、液压系统、环控系统、防冰系统、防火系统、起落架系统、舱门系统等)都已实现了模块化和综合化。它们共用一个综合信息处理器,建立虚拟平台,用虚拟通道传送数据。在通用的硬件平台上,加载不同的软件模块,可以完成不同的功能要求。全机的计算机资源和信息通过虚拟网络连接传输指令,不再受物理位置的限制(图 2-4)。

随着飞机功能的扩大、系统综合化的加强,商用飞机系统之间的耦合产生了。它们的相关性无处不在,如图 2-5 所示。

另外,飞机系统为了提高安全性和可靠性,采用非相似余度设计技术,也增加了系统的成本和复杂性。用不同的硬件和软件组成余度通道,避免多通道余度系统的共点故障,

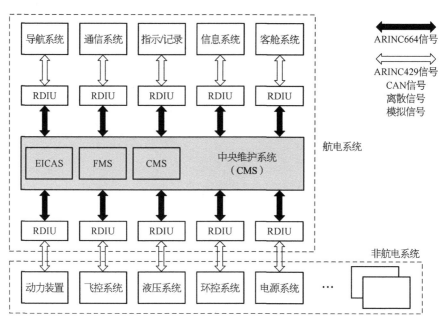

图 2-4　飞机系统的综合化

RDIU—远程数据接口

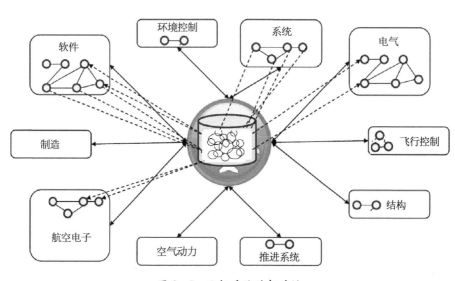

图 2-5　飞机系统的相关性

达到较高可靠性的目的。余度管理的目的是最大限度地提高系统的可靠性,但飞机的成本也随之增加。

　　由于飞机系统组成的庞大,系统的成本增加很快。无处不在的软件,价格非常昂贵。以波音 777 飞机为例,飞机的成本构成如图 2-6 所示。清楚可见,飞机系统的成本已超过飞机结构,成为飞机最昂贵的部分。

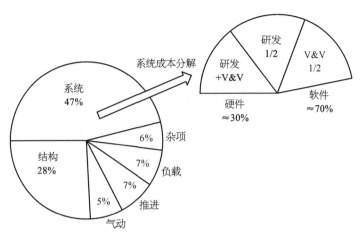

图 2-6　飞机系统的成本分配

2.2.3　系统功能的复杂性

系统功能的复杂性主要表现在系统元素间的相互作用、相互依赖的非线性关系,系统与飞机整体功能不可分离,任何个体的失效都可能带来飞机事故。系统的失效模式则是元素固有特性及系统内在联系的随机性所带来的无周期、无规律的行为,亦即系统的混沌性。

飞机系统相互交联的示意如图 2-7 所示。飞机系统的总体设计必须能识别、跟踪和协调系统之间的相关性。

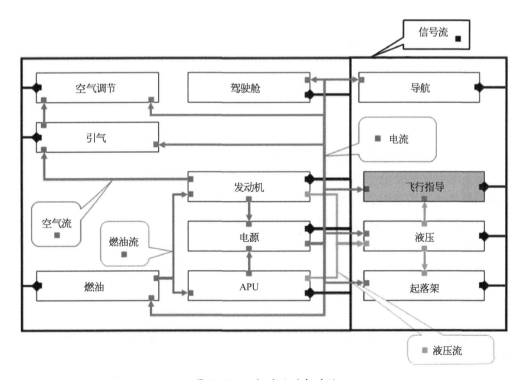

图 2-7　飞机系统的相关性

IMA 是分布式实时的计算机网络机载系统,它包含多个计算模块,能支持不同安全水平的应用。如何让多个任务共享处理器和网络资源,保证任务运行的确定性,隔离任务之间的故障传播等都成为综合化航电系统需要解决的问题。图 2-8 是 IMA 体系结构的逻辑视图案例。

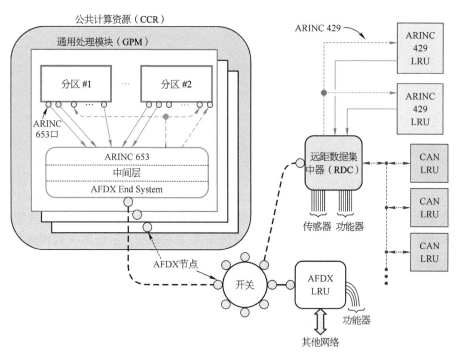

图 2-8　飞机 IMA 系统的逻辑视图

AFDX — avionics full duplex switched ethernet,全双工交换式以太网航空数据总线,为航空电子设备之间的数据交换提供了电气协议的规范

ARINC653 标准是美国航空无线电通信公司 ARINC 提出的,针对新一代航空电子系统高度综合化模块化的需求而提出的一种多分区操作系统接口标准,它从开放性、时间/空间确定性、可靠性、安全性、透明性,应用软件的可移植性、可重用性、可升级性等方面都明确定义了综合化航空电子系统对机载嵌入式操作系统的需求和解决机制。位于操作系统和应用软件之间的通用 APEX 接口是标准中最为重要的接口,该接口为应用程序提供了一系列的服务,包括分区管理、进程管理、时间管理、存储管理、分区内通信、分区间通信和健康监控等,通过这些服务将软件与硬件有效隔离,极大地提高了综合模块化航电系统的可移植性和重用性。

2.2.4　系统设计的复杂性

商用飞机是一个非常复杂的系统,商用飞机设计决定了飞机的竞争力。系统工程已成为商用飞机设计的新常态。

系统工程是在各种约束和资源限制下,通过多学科的知识融合,明晰需求,整合各类

"设计"流程,使设计任务执行过程可描述、可度量、可验证。

按照系统工程的方法,飞机设计人员应具备如下观点:

(1) 把飞机看成一个整体。

(2) 要有全局的眼光,立足于飞机研制的全过程。

(3) 先集成,后制造,把错误"挡"在早期。

(4) 居安思危,考虑一切可能的危险情况,把安全放在第一位。

(5) 要有评判的眼光,改变落后的研制过程,向系统工程转型。

商用飞机设计应考虑如下各个要求:安全性、可靠性、环境适应性、先进性、可达性、维修性、可支持性、舒适性、系列化、客户化、模块化、成本价格、上市周期、生产速率等。可靠性、耐久性和环境适应性是指从不同角度代表了产品无故障工作的能力;维修性代表了便于预防和修复产品故障的能力;测试性代表了诊断产品故障的能力;安全性是指客观事物的危险程度能够为人们普遍接受的状态,代表了遇到故障时的产品安全能力。

因此,商用飞机设计可能需要利用的设计技术有需求工程、验证工程、可靠性工程、维护性工程、保障性工程、人素工程、安全性工程、保密性工程。

由于飞机产品的复杂性,不同的系统从属不同的专业,它的设计方法也不相同。飞机设计的不同领域,如结构设计、系统设计、线路和管路设计、客户服务设计、工装设计等,如图 2-9 所示。

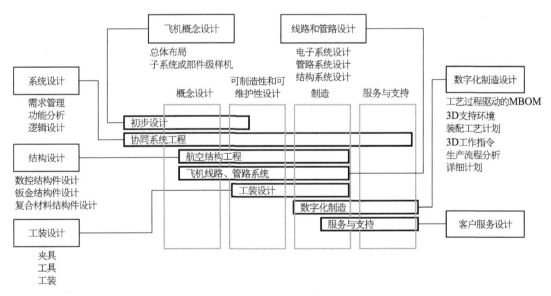

图 2-9　飞机设计的领域

在不同的设计领域,它们的设计理念、专业知识、方法和流程都不同。例如,结构领域的设计和系统领域的设计采取不同的设计规则,如图 2-10 所示。

从图可见,结构设计有一个共同的结构框架和集成源头。机体结构的框架在设计之

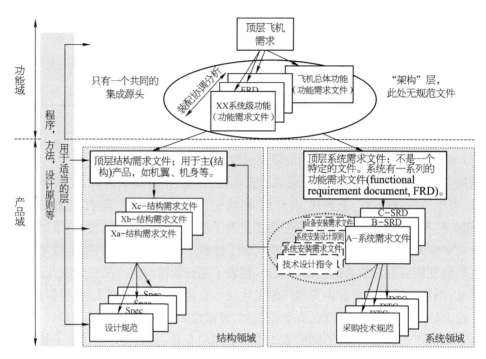

图 2-10　飞机结构设计和系统设计的不同规划

初就已经确定了,不同机型的各大部件(主结构)的定义基本相同,没有什么大的变化。结构设计领域的工作就是设计各主结构的功能需求,并装配成完整的飞机机体,达到装配协调和承载功能。

系统设计不像结构设计那样,一开始并没有一个统一的系统架构。系统架构是通过系统总体规划建立起来的。从系统的总功能需求开始,进行系统的总体布局和设计,经过多次迭代,证明系统方案可以达到设计目标,满足系统总功能需求。完成系统总体规划后,才能得到飞机系统的架构。所以,系统架构因系统功能需求的不同而不同,因飞机而异,不能抄袭别人。

2.2.5　商用飞机的适航取证

商用飞机是一种特殊的商品,只有持有政府颁发的适航许可证,才能准许进入市场和商业运营。政府代表了人民的利益,维护乘客的安全,因此世界各国都实行航空许可证制度。

对乘客来说,民用飞机的安全性是第一位的。适航当局把保护乘客安全的强制性要求列入政府法规。适航条款就是必须达到的安全性的最低标准,是适航审核的法律依据。

民用飞机的适航性通常是指保证飞机飞行安全应具备的各种品质,都符合飞行安全标准的要求。适航表示航空器能在预期的环境中安全飞行(包括起飞和着陆)的固有品质,这种品质可以通过合适的维修而持续保持。

适航性包括初始适航性和持续适航性两个方面。

(1)初始适航性。初始适航性是指航空器和每个零部件的设计和生产与适航当局规定的适航标准和规范的符合性。

（2）持续适航性。持续适航性是指航空器在取得适航批准投入使用之后，其运行的固有安全性与适航当局批准的在设计制造时的基本安全标准的符合性。

航空发达的国家都有各自的适航条例，如美国的《联邦适航条例》、欧洲的《联合适航条例》等。

适航条例（Airworthiness Regulation）是由适航管理机构代表国家制定的、对保障民用航空安全提出最低标准性要求和规定的法令性文件。

适航条例主要包括以下内容：对飞机设计和制造质量的要求；对航空运输机构和维修厂站的要求；航行和空中交通管制规则；航空空域的使用规则；对机场的要求；对各类航空人员和学校的要求；适航管理的程序和规则。

民用飞机的申请人/持证人（飞机制造商）的责任和义务有：

（1）按公众批准或认可的最低安全标准设计制造飞机。

（2）保证设计制造的飞机符合最低安全标准。

（3）向局方表明设计制造的飞机符合公众批准或认可的最低安全标准。

飞机适航取证是一个过程，适航当局按规范审理申请方的飞机，对其适航规则的符合性进行鉴定。局方确认飞机符合公众批准或认可的最低安全标准。

适航审定的结果是批准飞机商业化运营的起点，适航审定的主要目的是一种安全性目标和要求，一种技术管理的理念和方法，一系列法规、标准与规范，一种飞机设计的理念，一项系统工程新常态，一种商用飞机发展的推动力。

取证过程是独立于飞机制造商的最终验证结果的，适航证只涉及安全方面的问题。因此，适航证是飞机系统安全保证过程的最后一个关键节点。但取得适航证的商用飞机不一定在商业上获得成功。

构型管理的需求基线和（或）功能基线文件中包含了适航要求。功能构型审核（functional configuration audit，FCA）和物理构型审核（physical configuration audit，PCA）就是向适航当局提供满足适航条例（法规）的有力证据，证明飞机已经达到了预定的属性和法规要求。因此可以认为，构型管理的过程就是初始适航的过程。

美国联邦航空局（Federal Aviation Administration，FAA）对构型审核下的定义是：用检查文件、产品和记录的方法完成产品构型的验证工作，同时，评审操作程序、过程和系统来验证产品已经达到了所要求的属性（性能要求和功能限制），以及产品设计结果精确地用文件证明。构型审核可分为相对独立的功能审核和物理构型审核。

2.2.6　民用飞机研发指南体系

民用飞机研发指南体系如图 2-11 所示。

受 FAA 的委托，由美国机动车工程师学会（Society of Automotive Engineers，SAE）的 S-18 和 WG-63 委员会开发了民用飞机研发指南，包括 ARP 4754A、ARP 4761、ARP 5150/5151，再加上 DO-297 和 DO-254 及 DO-178B，构成了民用飞机研发的指南

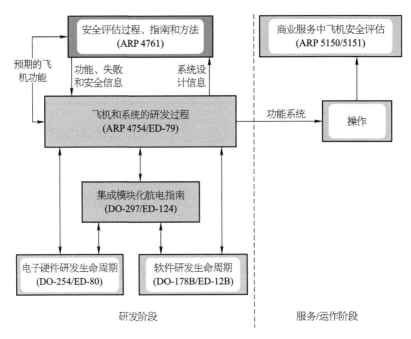

图 2-11　民用飞机和系统的研发指南体系

体系,可以符合 FAR/CCAR25 部和 23、27、29 和 33 部的适航要求。

2011 年 9 月,FAA 通过咨询通报 AC20-174,表明对 ARP 4754 为核心的民用飞机研发体系的认可,可作为 FAR 25.1309 条款的符合性方法。

FAR 25.1309 条款的内容如下:

第 25.1301 条　功能和安装

(a) 所安装的每项设备必须符合下列要求:

(1) 其种类和设计与预定功能相适应;

(2) 用标牌标明其名称、功能或使用限制,或这要素的适用的组合;

(3) 按对该设备规定的限制进行安装;

(4) 在安装后功能正常。

(b) 电气线路互联系统(EWIS)必须符合本部 H 分部的要求。

第 25.1309 条　设备、系统及安装

(a) 凡航空器适航标准对其功能有要求的设备、系统及安装,其设计必须保证在各种可预期的运行条件下能完成预定功能。

(b) 飞机系统与有关部件的设计,在单独考虑以及与其他系统一同考虑的情况下,必须符合下列规定:

(1) 发生任何妨碍飞机继续安全飞行与着陆的失效状态的概率为极不可能;

(2) 发生任何降低飞机能力或机组处理不利运行条件能力的其他失效状态的概率为不可能。

ARP 4754A 将系统工程、安全性设计融合到民用飞机研制与适航取证活动中,是系统工程方法的实践指南。

按照 EASA 民用航空安全规章 CS25.1309 的规定,民机安全性的定性要求如下:

飞机系统和相关设备的设计在单独考虑或与其他系统综合考虑时应满足:

(1) 任何灾难级失效条件极不可能发生且不能由单点失效导致。

(2) 任何危险的失效条件其发生概率应是极其遥远的。

(3) 任何重大的失效条件其发生概率应该是遥远的。

按照 EASA 民用航空规章 AMC25.1309 的规定,民机安全性的定量要求为:

(1) 灾难级失效条件发生概率不大于 10^{-9}。

(2) 危险级失效条件发生概率不大于 10^{-7}。

(3) 重大的失效条件发生概率不大于 10^{-5}。

(4) 微小的失效条件发生概率不大于 10^{-3}。

(5) 无安全影响的失效条件无量化概率要求。

(6) 全机发生灾难级事故的总概率不大于 10^{-7}。

由于现代飞机系统高度综合和复杂的特点,适航当局对因研制错误而造成飞机失效状态的可能性极其关注。

2.3　飞机设计的核心驱动力——客户需求

波音 777 飞机设计的亮点如图 2-12 所示,其中满足客户需求是核心。

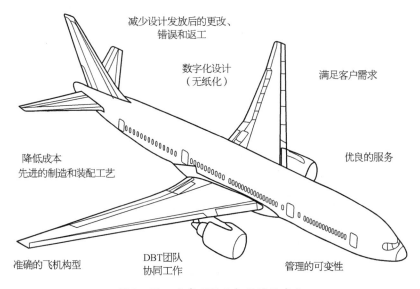

图 2-12　波音 777 飞机设计的亮点

DBT—设计/建造团队

商用飞机的需求定义如图 2-13 所示。

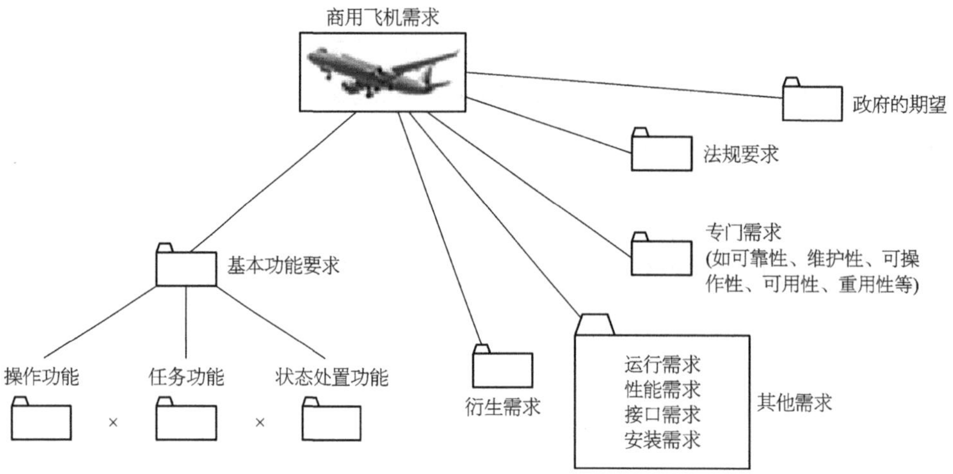

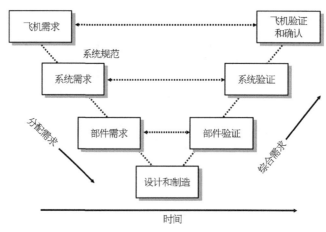

图 2-13　商用飞机的需求定义

在我国,商用飞机需求中首先是政府的期望。因为承担研制任务的企业都是国有企业,主制造商和国内供应商是政府指定的,资金由政府投入,所以政府的期望,如飞机定位、政策和策略、运营环境、用户公司、上市时间、进度计划、监督机制、评审标准等,起着决定性作用。

此外,商用飞机需求还包括法规要求、专门需求、其他需求和衍生需求等。其中,基本功能要求由操作功能、任务功能和状态处理功能构成,它们是矩阵的相乘。操作功能包括起飞前操作、起飞操作、飞行操作和着落后操作等。任务功能包括承载旅客和货物、完成货主的任务、完成非盈利任务等。状态处理功能包括完成正常操作功能、完成反常操作功能、完成应急操作功能等。还包括其他需求和衍生需求等。

正确识别和捕获客户需求是一个反复的过程。商用飞机需求的“V”字图如图 2-14 所示。

图 2-14　飞机需求的“V”字图

"V"字图的左边是需求从上而下的分解,分配给系统层,再分配给部件层。"V"字图的右边是需求的自下而上的综合。需求的符合性验证从部件层开始,到系统层验证,再到飞机层的验证和确认。

以波音777飞机为例,飞机层需求分配到飞行控制系统的过程如图2-15所示。

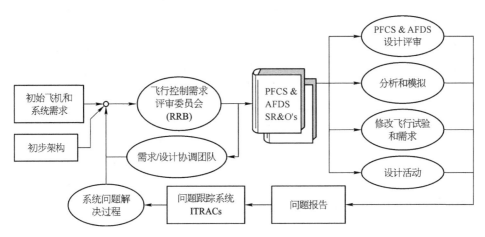

图 2-15　波音 777 飞机的需求分配到飞行控制系统

如何定义一架"正确的"飞机是需求工程的目标。需求工程是以自上而下和自下而上的方法,并以迭代和并行的流程,实现需求的符合性。空客公司的需求工程如图2-16所示。

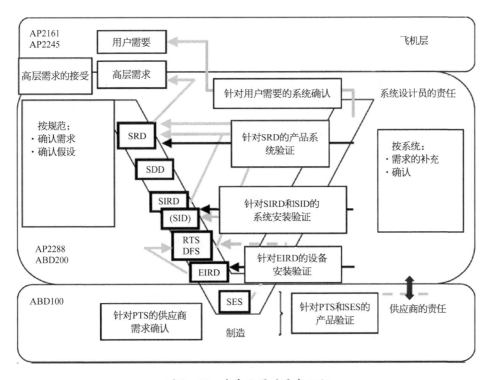

图 2-16　空客公司的需求工程

需求文件应包括 SRD(系统需求文件)、SDD(系统描述文件)、SIRD(系统安装需求文件)、SID(系统安装文件)、PTS(采购技术规范)、SIDP(系统安装设计原则)、EIRD(设备安装需求文件)、TDD(技术描述文件)、SES(供应商设备规范)。

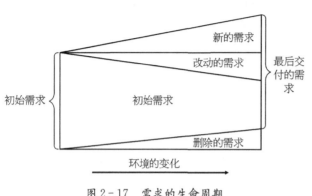

图 2-17 需求的生命周期

SRR(系统需求评审)是一个重要的节点,它确认系统层需求已经被充分理解了,允许开发商(承包商)建立一个初始的系统级功能基线。一旦建立基线,便开始定义功能、性能和系统级以下项目的物理属性,并将它们分配到执行功能的物理元素。

由于开发环境的变化,需求可能变化。需求变化的示意图如图2-17所示。

需求的变化通常是微量的,而且一直在受控之中。需求必须是充分正确的和完整的,以便产品符合所适用的适航要求和客户需要。需求的正确性表示一种程度,意指需求的个体是否是清楚的、可验证的,与其他需求是不相矛盾的,以及该需求是否必要的。需求的完整性是指一组正确的需求的完整程度,当一个系统在寿命周期各个阶段所规定的运行环境的模式下,满足客户、用户、维修人员、审定局方以及飞机、系统、项目开发人员等方面的需求。

需求正确性和完整性的分析流程如图 2-18 所示。

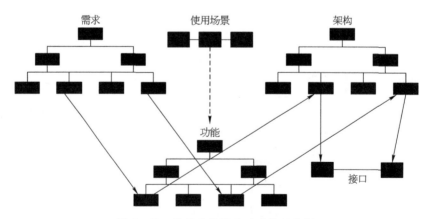

图 2-18 需求完整性和正确性的分析

需求的正确性和完整性必须在每一个层面上被认可,包括飞机(顶层)、系统和组件级的需求的验证和确认。

2.4　商用飞机的功能架构

在需求基线定义过程中，就应着手功能分析，建立功能架构。功能架构是在功能分解和分配过程中，不断迭代，反复权衡其影响，逐步建立起来的。

架构在系统设计中起着中心作用。它是解决系统的复杂性、功能行为、紧急行为和非功能性需求方面的核心，如图 2-19 所示。

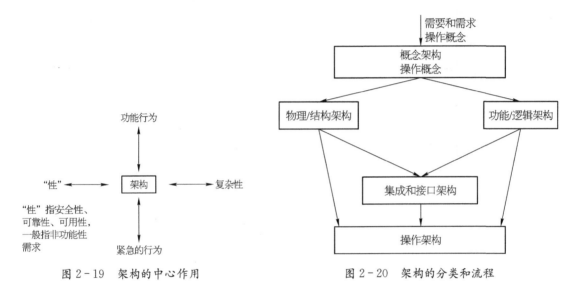

图 2-19　架构的中心作用　　　　　　　　　　图 2-20　架构的分类和流程

架构分物理架构、功能架构、集成和接口架构，以及操作架构，它们的关系如图 2-20 所示。

架构原理应用于系统的所有层次，如图 2-21 所示。

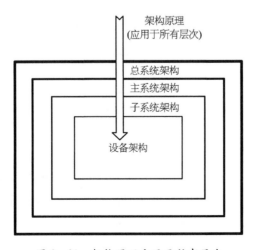

图 2-21　架构原理应用于所有层次

从客户需求到功能架构的建立过程如图 2-22 所示。

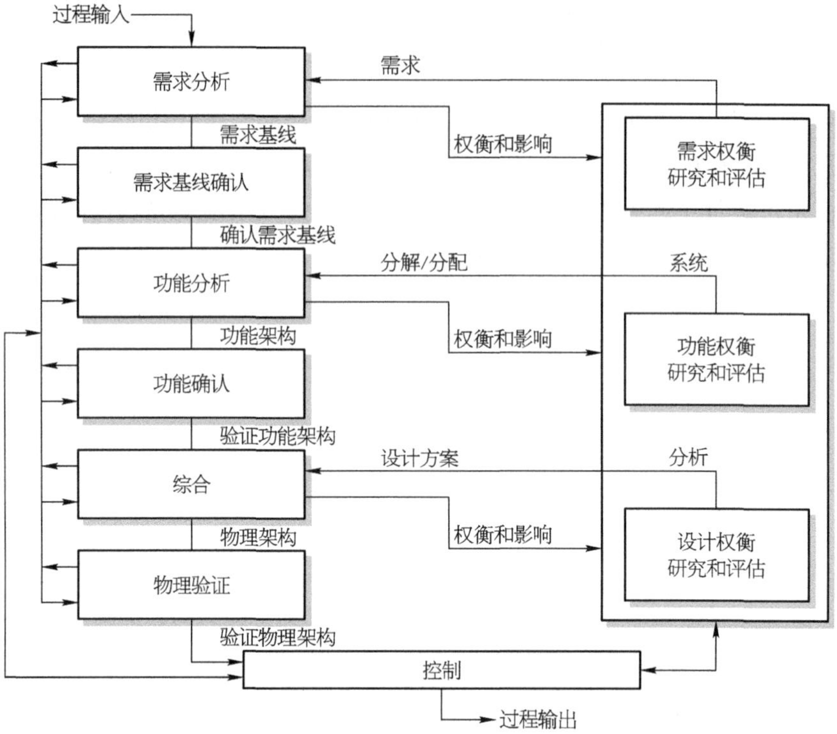

图 2-22　功能架构的建立过程模型

波音 777 飞机飞行控制系统的架构设计流程如图 2-23 所示。

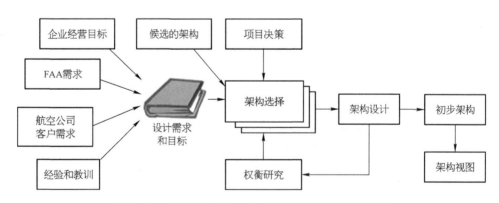

图 2-23　波音 777 飞机飞行控制系统的架构设计流程

设计需求和目标(design requirement & objective，DR&O)来源于企业经营目标、FAA 需求、航空公司客户需求，以及过去的研制经验和教训。可靠性、成本、重量和气动力构型作为权衡分析的因素，放宽静安定度也是一种选择，用于减少重量和阻力。

商用飞机一般的功能架构如图 2-24 所示。

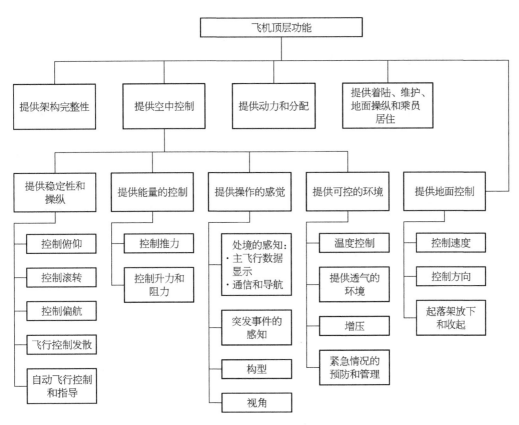

图 2-24 商用飞机的一般功能架构

典型的商用飞机产品架构如图 2-25 所示。

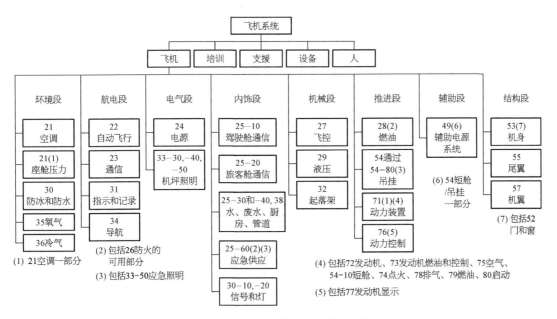

图 2-25 典型的商用飞机物理架构

2.5   飞机研制的生命周期

ARP4754A 给出了飞机研制生命周期的三个阶段：概念设计阶段、研制阶段和制造/运行阶段(图 2 - 26)。

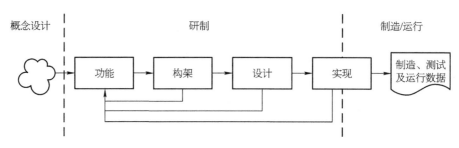

图 2 - 26   飞机研制过程

在概念阶段(也就是研究和初步研制阶段)确定飞机总体性能和构型,比如载荷和航程、飞机大小、发动机数量和位置、机翼剖面、制造和设计中新技术的使用等。研制阶段在概念阶段之后,为生产/运行阶段的实施行动做准备。当具备下列条件时,才是研制阶段的完成。

(1) 向制造厂提供制造/测试信息。

(2) 递交和批准所有的规章符合性资料。

(3) 设计满足所有的内部符合性资料(按要求)。

(4) 向飞机运营商提供限制、维护与其他运营信息。

波音飞机的研制过程分为概念设计、联合定义、详细设计、制造、首飞和支援,并给出了关键的评审节点,包括选择构型、确认概念、授权销售、项目发布、开始主装配、首飞、验证和首架交付,与 ARP4754A 的过程一致,而且做了细化,如图 2 - 27 所示。

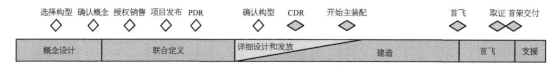

图 2 - 27   波音飞机的研制过程

图 2 - 28 介绍了空客飞机研制的生命周期过程,同样符合系统研制指南 ARP4754A,并被认为是一个最佳的实践。

空客飞机的研制过程还可分为非详细设计阶段和详细设计阶段。在非详细设计阶段,通过需求工程来捕获和确认客户需求,选择最佳的飞机方案,在详细设计阶段才进入发图和制造,开始飞机的建造,如图 2 - 29 所示。

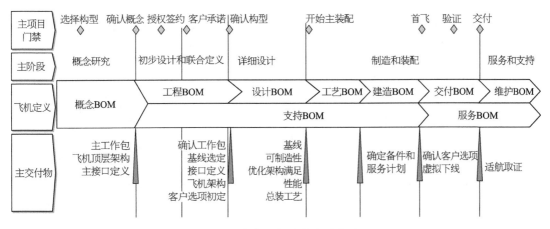

图 2-28　空客飞机的生命周期过程

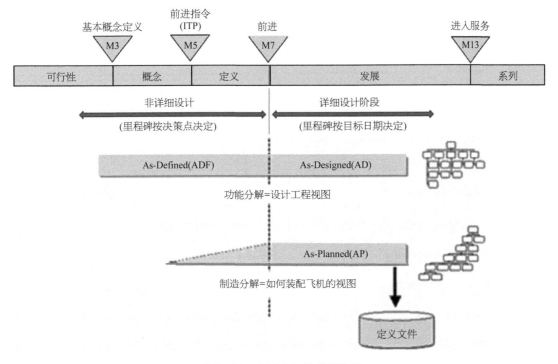

图 2-29　案例飞机的研制阶段

　　飞机研制过程可以用"V"字图表示,如图 2-30 所示。图中有两个部分组成:系统工程部分和产品工程部分。系统工程部分主要是正确地定义一架飞机,而产品工程部分是正确地建造一架飞机。

　　飞机的研发是分层次地和自上而下进行的,研发的顺序如图 2-31 所示。

　　从系统上一层来的需求出发,作为本层研发的依据,研发本层的产品。当本层产品研制成功之后,再从本层产品的需求出发,研制下一层产品,进行综合迭代和验证。对每一

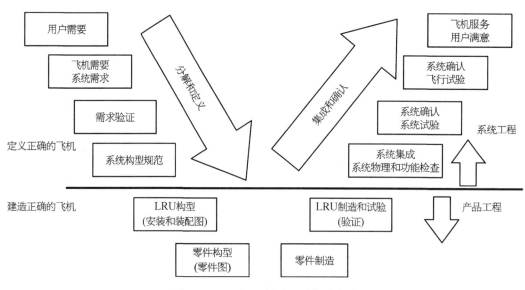

图 2-30　飞机研制过程的"V"字图

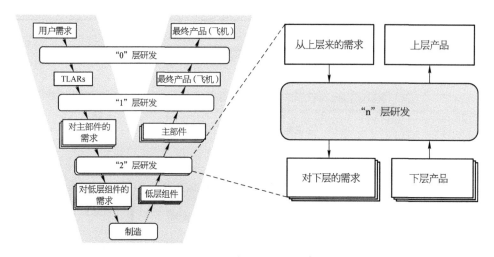

图 2-31　系统研发的顺序

层产品的综合验证,从单元到组件到全机,保证了飞机的顶层需求的实现。

2.6　系统功能分析技术

功能需求的分解和分配过程如图 2-32 所示。

通过功能流方块图(functional flow block diagrams,FFBDs)描述任务顺序和关系。功能流方块图如图 2-33 所示。

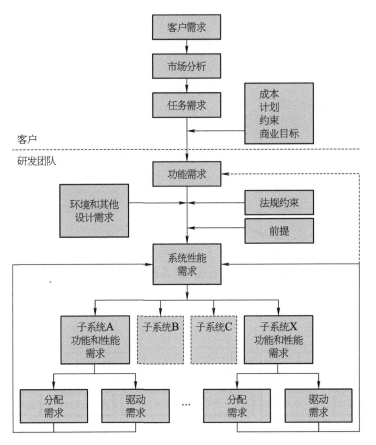

图 2-32　功能需求的分解和分配过程

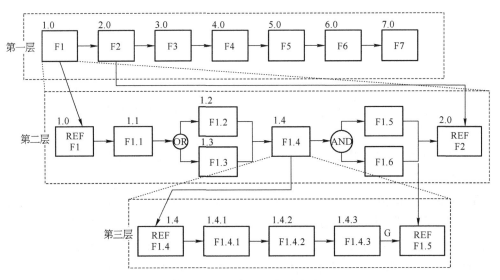

图 2-33　功能流方块图的图例

　　将同一个层次上的功能组合(需求和性能目标)连接到产品结构的节点上。图 2-34 表示功能域(F 域)与产品结构域(C 域)的关联。功能架构与物理架构的对应关系如图 2-35 所示。

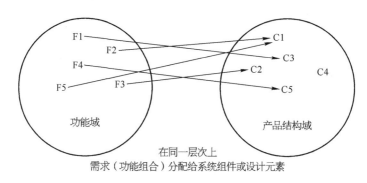

图 2-34　功能域与产品结构域的关联

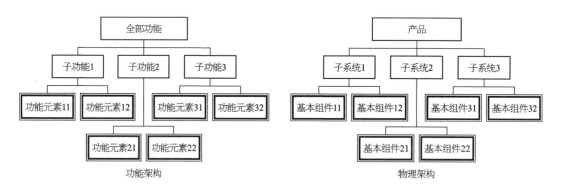

图 2-35　功能架构与物理架构的对应关系

　　系统功能分析有许多方法,但比较普及的方法是:

　　(1) FFBDs——描述任务顺序和相互作用。

　　(2) N2 图(或 N×N 互动矩阵)——标识相关系统的主因素间的相互作用或接口。

　　系统 FFBDs 如图 2-36 所示。系统 FFBDs 表示系统之间的联系。

　　N 平方图(N² 图或 N2 图)是一种矩阵形式的图表,表示系统元素之间的功能或物理接口。主要用于系统的标识、定义、制表、设计和分析功能和物理接口。一个 N 平方图的形式如图 2-37 所示。

　　系统元素或功能被放在对角线上,N×N 方形矩阵的其余部分表示接口的输入和输出。若出现空白部分,表示有关的元素或功能之间不存在接口。N 平方图能够成功地表示低层(组件功能层)的接口。除了定义接口之外,N 平方图还能准确找出接口中可能存在冲突的区域,并强调输入和输出的依赖假设和要求。应用 N 平方图,建立系统接口间的相互作用矩阵,如图 2-38 所示。

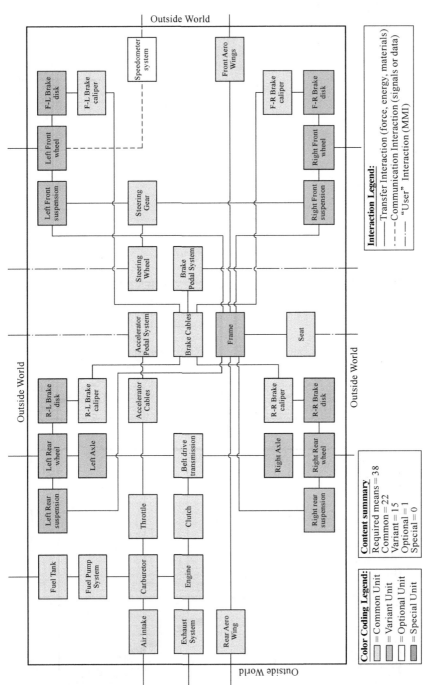

图 2-36　系统 FFBDs

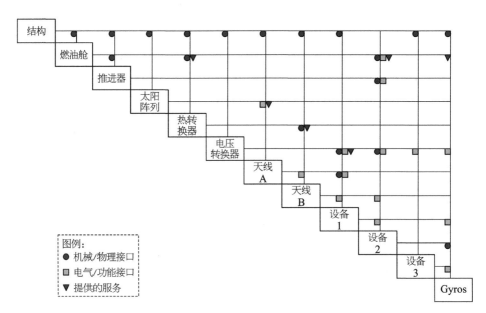

图 2-37 N平方图的形式

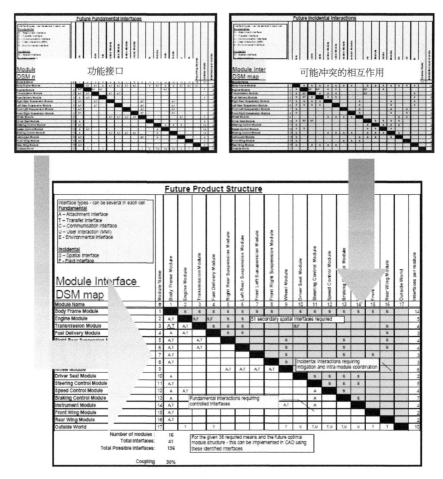

图 2-38 接口的相互作用矩阵

系统功能分析方法综合如图 2-39 所示。

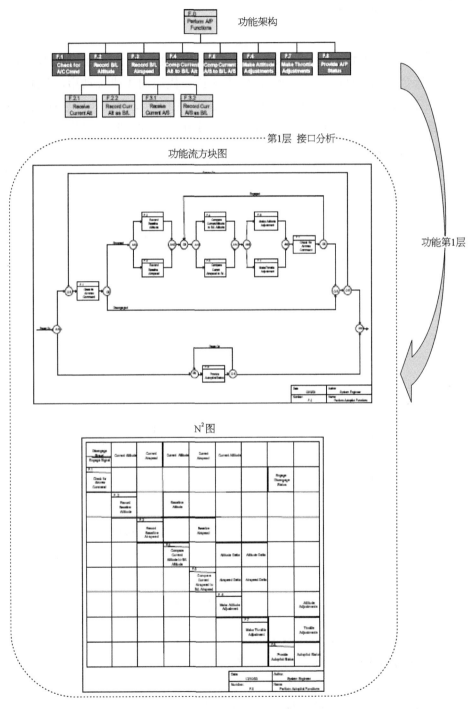

图 2-39　系统功能分析方法

2.7　飞机安全性分析

竞争的激烈、成本的增加以及越来越高的客户期望,正促使飞机制造商加快新产品开发的步伐,以安全、可靠、舒适、经济、环保、快捷的新一代民用飞机推动市场洗牌,获取更多份额。航空公司十分看重飞机的安全性和可靠性,优良的安全性和可靠性是民用飞机的主要"卖点"之一。航空公司优先选择那些安全性和可靠性卓越的飞机,才能保证航空公司获取丰厚的利润。

飞机的安全性设计是一项特殊的设计工作,是商用飞机的一个门槛,不能掉以轻心。飞机安全性分析的过程如图 2 - 40 所示。

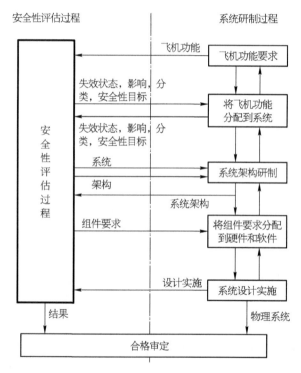

图 2 - 40　飞机安全性分析过程

安全性设计和研制过程的相互关系如图 2 - 41 所示。图中的两条主线为自上而下的安全性需求研制与确认和自下而上的安全性需求验证。

空客飞机的安全性分析过程如图 2 - 42 所示。

空客公司在 A380 飞机研制中提出了如下的设计思想:

(1) 在新项目中采用已成熟的和经证明了的基本技术。

(2) 追求实在的利益。

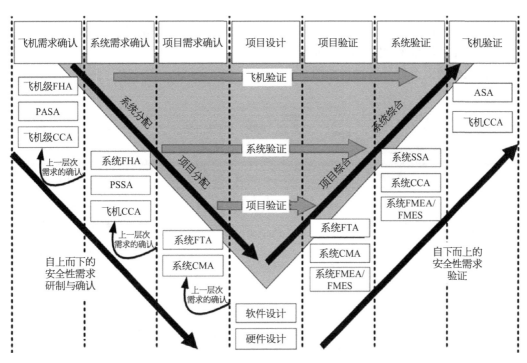

图 2-41　安全性设计和研制过程的"V"字图

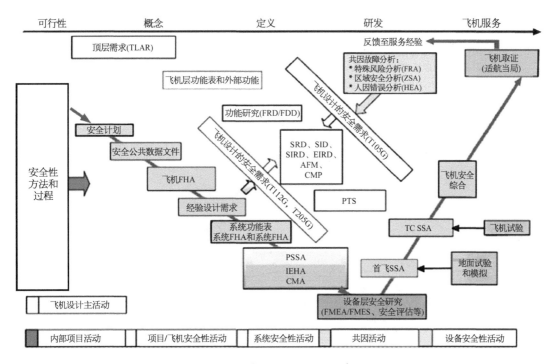

图 2-42　空客飞机的安全性分析过程

（3）整个设计都必须优化。

（4）考虑所有的利益共享者的成本及风险，即可承受性、可维修性、保障性。

（5）与客户和操作者保持沟通和协商。

波音飞机的安全性分析过程如图 2-43 所示。

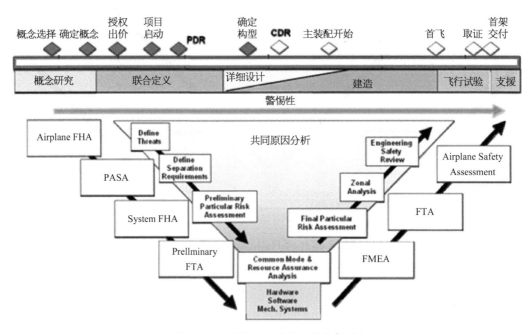

图 2-43　波音飞机的安全性分析过程

FHA—功能危险评估；PASA—初步飞机安全性评估；PSSA—初步系统安全性评估；
FMEA—故障模式和影响分析；SSA—系统安全性评估；FTA—故障树分析；CCA—共因分析

作为开发过程起点的飞机功能定义为 FHA，提供飞机级功能危险清单。飞机分配给系统的功能既是系统设计的起点，也是系统的功能危险分析的对象。

在安全性设计中，必须考虑飞机所可能遇到的各种恶劣情况，如图 2-44 所示。

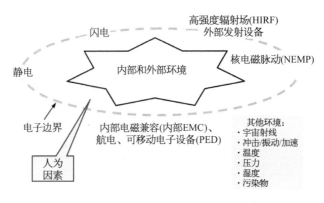

图 2-44　飞机可能遇到的恶劣情况

　　在人为因素中，不仅要考虑驾驶员执行正常操作，还要考虑驾驶员执行反常操作，以及驾驶员执行应急操作。

　　国外数据显示，飞机失事的人为因素占 80.5%，其中机组人员因素占 62%，操作程序占 15%，维修不当占 3.5%。人为因素已成为影响现代航空安全的核心因素。

Chapter 3

并行工程在飞机研制中的应用

3.1 并行工程的理念

3.1.1 并行工程理念的提出

并行工程(concurrent engineering，CE)，也称并行设计(concurrent design，CD)或同步工程(simultaneous engineering，SE)，其概念是由美国国防部防御分析研究所(The Institute For Defense Analyses，IDA)在1988年12月发表的著名的R-338报告中提出的:"系统工程是一种系统的集成方法，采用并行方法处理产品设计及相关过程，包括制造过程和支援过程。这种方法力图使产品开发人员(跨功能团队)从一开始就能考虑到产品从概念设计到产品报废的整个产品生产周期中的所有因素，包括产品质量、成本、进度计划及用户需求。"

根据这一定义，并行工程是组织跨功能、多学科的开发小组，在一起进行并行协同设计，同时考虑产品设计、工艺、制造、支援等下游各方面可能出现的问题，及时沟通，使问题尽早暴露在设计阶段，并加以解决，保证产品研制"一次成功"。

并行工程方法有着强大的生命力。由于科学技术的进步，它已经成为一种广泛认同的系统方法，朝着产品设计生命周期总体优化方向发展。因此，并行工程得到工业界的重视，在国外的公司和组织里广泛应用，特别是航空工业。

图3-1表示飞机研制采用并行工程。

并行工程与传统的设计方法有本质区别。传统的飞机研制过程如图3-2所示。

传统的顺序(串行)设计过程，即按照概念设计—详细设计—工艺设计—加工制造—物理样机—试验和验证的顺序工作，每个部门和人员都只做其中的一部分工作，工作做完以后把结果移交给下一部门，进行后续的工作，如此串行地安排进度。设计图纸和报告一般按专业发放。由于在设计阶段不能很好地考虑产品的可制造性、可装配性、可生产性、可维护性等多种因素，因而不可避免地造成设计图纸频繁更改、开发周期长、成本高等问题。串行设计伴随着频繁更改和重设计，如图3-3所示。

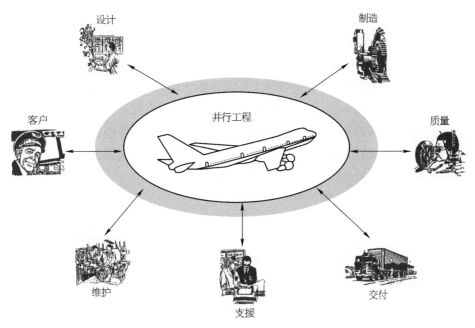

图 3-1　并行工程的理念

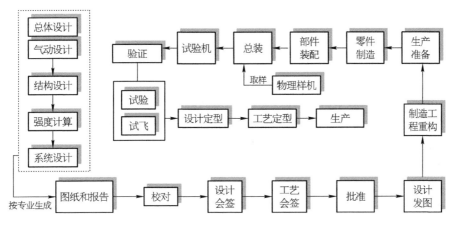

图 3-2　传统的飞机研制过程

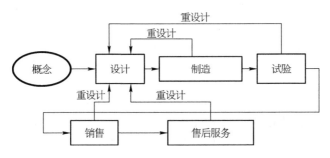

图 3-3　串行设计伴随着频繁更改和重设计

　　而并行工程是一种全新的设计模式,它建立在综合产品团队(integrated product team,IPT)体制上。首先,从项目管理的角度,编制工作分解结构(work breakdown structure,WBS),把产品研制分解为若干工作包(work package,WP),分派给相关的团队去完成,并用合同形式规定其任务要求(合同分解结构)。综合产品团队成员来自不同的专业,能自主地、独立地考虑该产品生命周期内遇到的所有问题。这样就把长周期的产品设计过程分解为许多以工作包为单位的短周期的自主设计循环的集合。

　　并行工程与串行设计方法有本质区别。并行工程包括团队间的并行协同和团队内的自主工作,如图3-4所示。

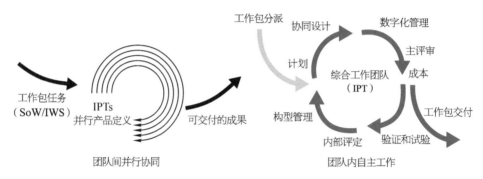

图3-4　并行工程的本质

　　并行过程与串行开发过程的不同还可以用图3-5表示。

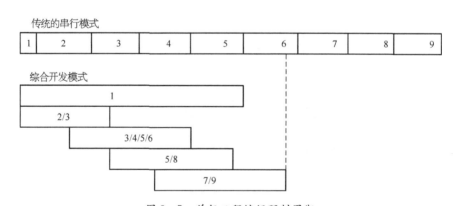

图3-5　并行工程缩短研制周期

1—研发计划;2—概念设计;3—概念评审;4—初步设计;5—设计评审;
6—详细设计;7—试制工程;8—生产原型;9—生产、试验、销售

　　从研制周期上看,并行工程明显缩短了研制周期。用案例来说明,并行工程与串行的设计方法相比,设计总周期缩短了40%,如图3-6所示。

　　从图可见,产品并行设计的总周期缩短了40%,其中,14%来源于初步设计阶段的缩短,33%来源于详细设计阶段的缩短,10%来源于数据发放的缩短。但是,概念设计周期

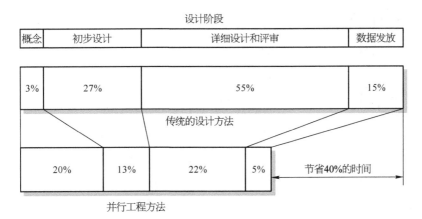

图 3-6　并行工程与传统的设计周期对比

则加长 17%。

据统计，并行工程取得的效益概括如下：

（1）改进了设计质量，奇迹般地减少早期生产中的工程更改请求（大于 50%）。

（2）通过并行工程，产品研制周期与串行产品设计相比，缩短了 40%～60%之多。

（3）通过多功能团队的集成产品和过程设计，制造成本减少了 30%～40%之多。

（4）通过产品和过程设计优化，报废和返工减少了 75%。

并行工程还加快了产品数据成熟过程，如图 3-7 所示。

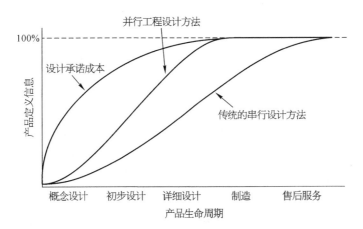

图 3-7　产品数据成熟过程

在并行工程中，每个综合产品团队自主地开展协同设计，利用先进的设计方法 DFx（面向……的设计），进行并行产品定义，避免了常见的设计错误，保证了可制造性、装配性和可维护性，使设计工作"一次就能做对"（设计一次成功率），减少了设计错误。因此，并行工程的设计发放数据的成熟度得到了大幅提高。

3.1.2　并行工程的特征

并行工程的特征可用图 3-8 来描述。

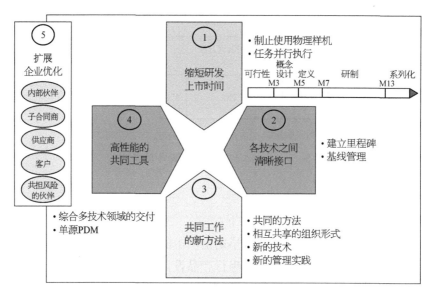

图 3-8　并行工程的特征

并行工程的特征可用以下六个方面来描述：

（1）缩短研发上市时间。缩短产品研发上市时间,既是对综合产品团队的工作进度要求,也是对整个项目的总目标所要求的。缩短上市时间已成为新产品开发成败的关键。为缩短新产品上市时间,并行工程的主要策略是用虚拟样机代替物理样机和业务的并行执行。

（2）清晰的接口关系。"接口"常指各专业之间或各系统之间的接口关系,这里主要指工作包之间或综合产品团队之间的接口关系。清晰的接口关系要用文件来规定。接口控制文件的生成、细化、评审和发放,是在设计进程中逐步完成的。接口文件通过审核,批准后上升为构型文件,进入构型基线管理,作为后续详细设计的基准。因此并行工程需要采用基线管理,先建立里程碑,再进行基线管理。

（3）新的协同工作方法。协同工作方法表现在共同的方法、便于沟通的组织形式、新技术的采用、集成的管理方法。把这些工作方法编制为工作程序（procedure）,每个成员都必须共同遵守,有严明的纪律,并且有一个统一的数字化平台,来提供并行工程的实施环境,达到知识共享,并保证设计过程和设计活动的可控性。

（4）高性能的共同工具。并行工程应使用高效的设计工具,需要有 CAx 和 DFx 软件工具、知识库、标准件库、材料库、设计分析系统和应用软件等。

（5）扩展企业级的优化。每个复杂的产品都是主制造商和合作伙伴联合研制出来的。因此一个大的项目可能是多组织、多地域、多系统的集成,包括合作伙伴/供应商、子合同商、客户以及共担风险的伙伴等,它们在一个企业级的产品生命周期管理系统(product life-cycle management,PLM)管理下,形成产品单一数据源(single source of product data,SSPD),保证产品数据的一致性和完整性。

企业级的集成可以把局部的优化汇集为项目的总体优化。

(6) 保证综合产品团队的职权的落实。发挥各综合产品团队的积极性,团结全组员工,为项目的总目标奋斗。

3.2　并行工程的规划

3.2.1　并行产品定义

综合产品团队依靠共同的并行工程过程、共同的方法、共同的工具,开展面向产品生命周期的产品设计工作,称为并行产品定义(concurrent product definition,CPD)。

以飞机为例,并行产品定义的内容如图 3-9 所示。

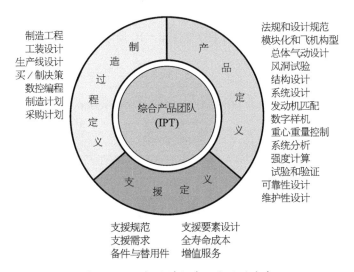

图 3-9　飞机的并行产品定义的内容

并行产品定义的内容主要包含三个方面:

(1) 产品定义。即产品的工程定义,包括法规和设计规范、模块化和飞机构型、总体气动设计、重量重心控制、结构设计、系统设计、强度计算、系统分析、数字样机、动力匹配、标准化体系(材料规范、工艺规范和标准件等)、试验和验证大纲、可靠性设计、维护性设计等,定义了产品的工程设计内容。

(2) 制造过程定义。包括自制/外购决策、制造工程、装配工艺、工装设计、生产线设计及规划、制造计划、数控编程、制造资源管理以及采购计划等,采用一些新的设计方法,如面向制造的设计(design for manufacturability,DFM)、面向装配的设计(design for assembly,DFA)、数字预装配(digital pre-assembly,DPA)、虚拟模拟技术、数字化工装设计(digital tool design,DTD)等。

面向制造的设计和面向装配的设计是并行工程中最重要的技术之一,它是指在产品设计阶段尽早地考虑与制造有关的约束(如可制造性和可装配性),全面评价产品设计和工艺设计,减少产品制造阶段的工艺错误和返工,降低成本,提高产品研制的质量。

(3) 支援定义。支援定义包括支援规范、支援需求、支援要素设计、全寿命成本、备件和替用件、增值服务、操作手册和培训手册等。在产品设计的一开始,就必须考虑产品使用(服役)中的问题,如安全、寿命、维护等,提高客户的满意度。现在,客户十分重视包括使用成本在内的产品的全寿命成本,增值服务将是主制造商的重要经营理念,为客户创造更多的使用价值。

3.2.2 并行工程的总体规划

在项目启动之初,应做好并行工程的规划。例如,波音 777 飞机组织了 238 个设计建造团队,这些团队是如何建立起来的? 它们怎样协同工作? 它们的边界和接口如何规定? 这就需要进行并行工程的总体规划。

产品研制的并行工程过程("V"字图)如图 3-10 所示。

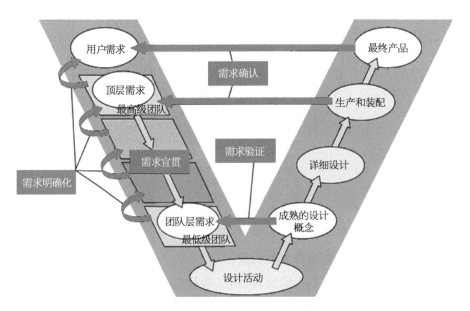

图 3-10　产品研制的并行工程过程("V"字图)

"V"字图的前半部分是工作分解的过程,成立各层次的综合产品团队,并定义其工作任务;后半部分是并行产品定义、建造和集成的过程。

综合产品团队组建的时机、进度、协同和工作节拍则由集成进度计划（integrated scheduling，IS）控制，协调综合产品团队的步调，形成目标一致的合力。并行工程的总体规划如图 3-11 所示，它是制定集成进度计划的依据。

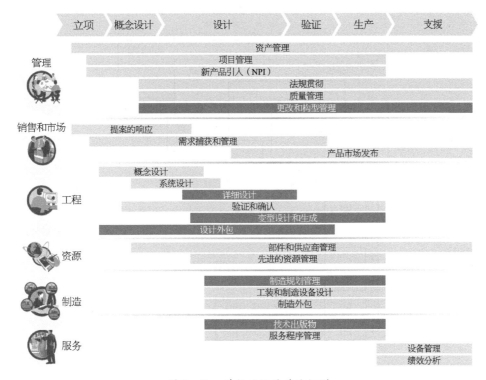

图 3-11　并行工程的总体规划

并行工程的总体规划就是按照产品研制计划，合理安排并行工程的工作内容，定义综合产品团队的任务。

3.2.3　并行工程的组织架构

飞机项目的 IPT 团队一般分为三层或四层，与飞机工作分解结构 WBS 相似。第一层为项目团队层，由项目副总裁和总经理担任组长，下辖一个项目办公室和一个分析和综合团队。第二层为飞机系统层，包括飞机和通用单元。第三层为飞机的主部件和集成的系统。第四层为各个解决方案的产品研发团队。

洛克希德公司 ADS F-22 项目的团队体系如图 3-12 所示。

空客公司民用飞机项目（A380）的并行工程组织框架如图 3-13 所示。

在空客公司的组织框架中，并行工程的管理团队分为四个层次，即项目管理团队（第零层，共 1 个）、飞机部件管理团队（第一层，共 7 个）、部件管理和集成团队（第二层，共 20 个），以及子装配件设计和制造团队（第三层，共 100 个）。前三个层次属于面向管理和集成的团队，而子装配件设计和制造团队是面向设计和制造的团队。

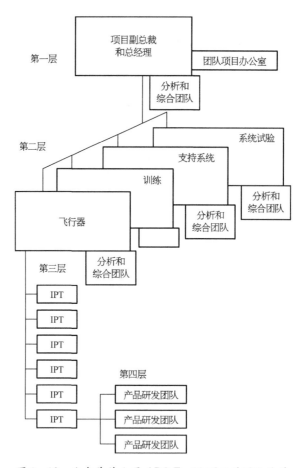

图 3-12　洛克希德公司 ADS F-22 项目的团队体系

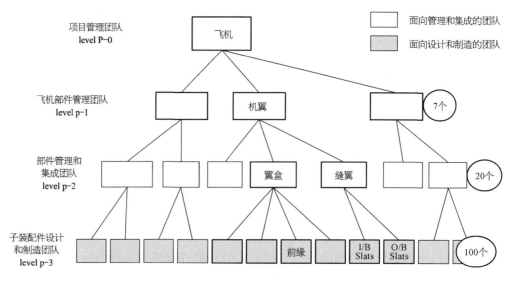

图 3-13　并行工程的组织架构

3.3　集成产品和过程开发

并行工程的最佳实施方法是集成产品和过程开发(integrated product and process development，IPPD)。集成产品和过程开发是一种系统化的产品开发方法,通过综合产品团队的实时沟通和合作,达到设计成本和性能目标,增加产品的客户满意度,对标准化、模块化、减少装配工作量和提高交付速率等都将产生重大影响。

IPPD 是一种系统性技术,以降低研发成本和首先入市作为产品开发过程的关键驱动力。IPPD 能实现如下目的:

(1) 减少产品开发时间和交付的周期。

(2) 减少系统和产品的成本。

(3) 减少风险,减少复杂性。

(4) 改进质量,提高设计质量和交付的产品质量。

IPPD 方法的优势非常明显,正如图 3 - 14 所示。

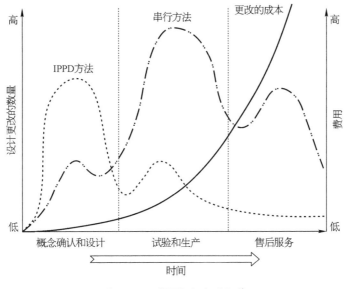

图 3 - 14　IPPD 方法的优势

1995 年,美国国防部(department of defense，DoD)指令要求,必须把 IPPD 方法和综合产品团队应用于采办过程,并预期可取得最大成效。DOD 还发布了 IPPD 指南。美国 DOD IPPD 手册把 IPPD 定义为三个组成部分:相互协调的团队组织;共享的创造力;并行的工程活动。

3.3.1　集成产品和过程开发的活动过程

IPPD活动瞄准客户，目的是满足客户需求。准确地理解客户需求是至关重要的。在设计、性能、生产、支持、成本和操作要求等方面求得平衡，以优化系统的生命周期成本。

尽管许多成功的 IPPD 案例包含共同的因素，但 IPPD 并没用一个普适的解决方案和执行策略，因为它与具体的产品和过程相关，存在差别。

通常的 IPPD 活动过程如图 3-15 所示。

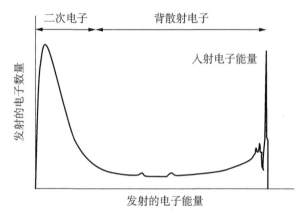

图 3-15　通常的 IPPD 活动过程

IPT 过程（IPT 的建立和执行过程）是整个 IPPD 过程关键的部分。

3.3.2　集成产品和过程开发的功能模型

作为一种系统化的产品开发方法，IPPD 的功能模型如图 3-16 所示。

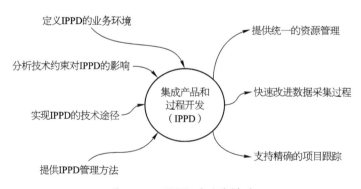

图 3-16　IPPD 的功能模型

IPPD 的功能是将输入转换为输出。IPPD 的输入是：定义 IPPD 的业务环境；分析技术约束对 IPPD 的影响；实现 IPPD 的技术途径；提供 IPPD 管理方法。IPPD 的输出是：

提供统一的资源管理；快速改进数据采集过程；支持精确的项目跟踪。

3.3.3　设计循环的迭代过程

设计循环的迭代过程如图 3 - 17 所示。设计循环有三个：设计解决方案的循环；功能层次的循环；高层需求的循环。

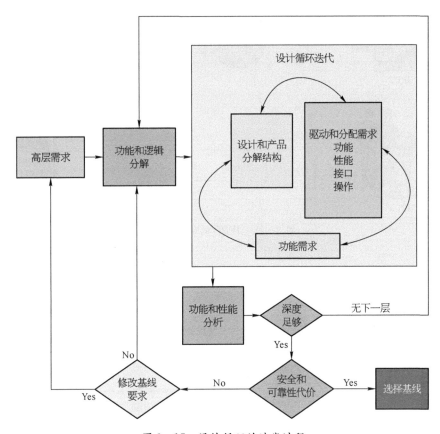

图 3 - 17　设计循环的迭代过程

3.3.4　集成产品和过程开发的运行环境

IPPD 的运行环境如图 3 - 18 所示。

在 IPPD 运行环境中，管理区域可以分为四个区域：支持过程区域；项目过程管理区域；工程过程区域；过程管理区域。这四个区域的关系如图 3 - 19 所示。

通常，人们最关注的地方是工程过程区域，因为这是 IPPD 交付成果的生成区域。但是 IPPD 的管理不仅仅是工程过程的管理，它只能存在于整个 IPPD 环境中，单独出来是毫无意义的。IPPD 运行环境的管理是 IPPD 成功的保证。

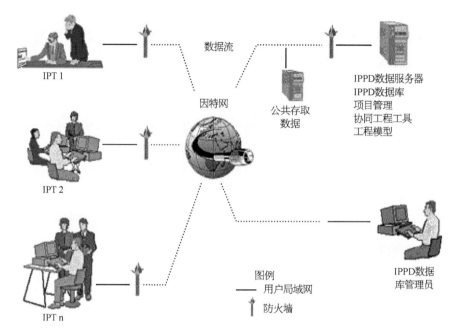

图 3-18 IPPD 的运行环境

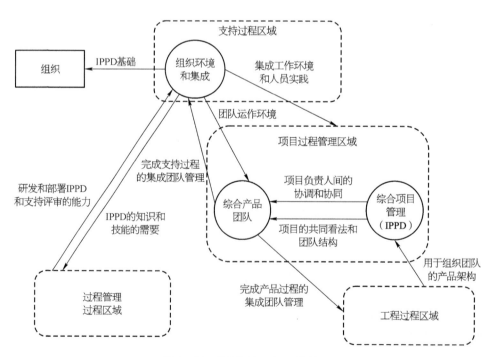

图 3-19 IPPD 的运行环境管理

3.4　综合产品团队

3.4.1　综合产品团队的组织原则

综合产品团队又称为跨功能团队(cross-functional team，CFT)，是并行工程的组织机构，它能提升协调、沟通和合作能力，减少复杂性和成本，保证产品的质量。

综合产品团队按照统一的工作流程，熟练使用统一的设计工具，考虑生命周期中的各种因素，在项目规定的进度里，优化设计方案，提交并行产品定义的工程数据集，最大程度地利用有限的资源，完成设计任务，节省研制成本。

综合产品团队的主要职能是：

(1) 接受分配给团队的设计任务。接受工作说明书(statement of work，SOW)分派的设计任务，包括方案优化设计、并行产品定义、数字预装配模型(数字样机)、制造过程定义、支援定义、分析验证、保证进度、进行成本核算等，交付整套的设计文件(工程数据集)。

(2) 根据统一的并行产品数据的管理规定(程序和流程)，开展并行设计，保证数据是正确的、有效的、一致的。

(3) 利用仿真技术和预装配技术，建立数字样机，验证产品的可制造性、可装配性和可维护性。

(4) 利用网络技术和可视化技术，开展协同设计，发挥成员的积极性和创造性，加强成员间的沟通和协调，最大限度地利用知识的重用性。

(5) 通过设计的迭代和优化，确认设计结果满足合同要求。

(6) 严格管理产品数据的发放。

(7) 在规定的周期和成本核算内，交付并行产品定义的工程数据集。

(8) 落实团队的责权利要求。

(9) 遵从法规的规定。

组建 IPT 必须满足的以下条件：

(1) 承担产品或过程(或一个大系统的部件)研发中的有限任务。

(2) 由跨功能的成员组成，其中的核心成员应坚持工作在产品的主要研发阶段。

(3) 有可定义的、可量化的团队业绩考核指标。

(4) 专一的团队领导。

工作包是 WBS 的基本元素，也是 WBS 中最基础的单元。把适当层次的工作(工作包)指派给某个人或某个组织负责。

WBS 将产品分解为便于管理的工作单元(工作包)，并与组织分解结构(organizational breakdown structure，OBS)形成关联矩阵，即把项目的工作包与相关组织(IPT 团队)之间建立并行工程的组织体系。

WBS 与 OBS 两者的关系矩阵称为"责任分配矩阵"(responsibility assignment matrix)。责任分配矩阵是一种将项目组织结构与 WBS 联系起来的结构,可确保项目工作范围中的每一个元素被分配到某个责任人或组织。

图 3-20 是 WBS 和 IPT 组织的关系图。

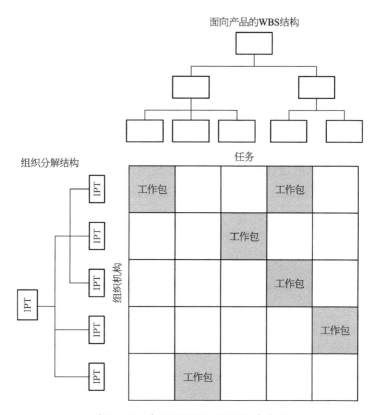

图 3-20　合同 WBS 和 IPT 的关系图

并行工程的工作单元划分取决于 WBS 的分解层次,即 WBS 分解到哪一级,并行工程就实施到哪一级。而 WBS 分解的级别的确定,与产品的类型、复杂程度、资源、工作量,以及合同目标有关。

一般来说,并行工程管理的工作单元(工作粒度)与组织分解单元(组织粒度)保持一致。

衡量一个 WBS 是否定义合理,看项目的所有任务是否已被完全分解,可以参考以下的标准:

(1) 每个任务的状态和完成情况是已经量化了,并能够度量的。

(2) 明确定义了每项任务的开始和结束。

(3) 每项任务都有一个可交付的、可考核的成果。

(4) 工期易于估算,且在可接受的期限内。

（5）容易估算成本和资源需求。

（6）各项任务是可以相互独立进行的。

在评估 WBS 分解的合理性和完整性时，应采用"百分之百原则"。该原则的定义是：一个 WBS 单元的下一级分解（子层）的总成必须百分之百地表示上一级（父层）单元。

3.4.2　综合产品团队的组建

综合产品团队是 IPPD 的基础。IPTs 的组建除了集成项目管理、分派的产品（工作包）、项目计划的要求之外，股东和项目发起人的作用是不容忽视的，因为 IPTs 的组建不是一个纯技术问题，它涉及公司的利益、目标和人际关系，使 IPTs 形成一个合力，需要公司领导层的指导。

综合产品团队的管理框架如图 3-21 所示。

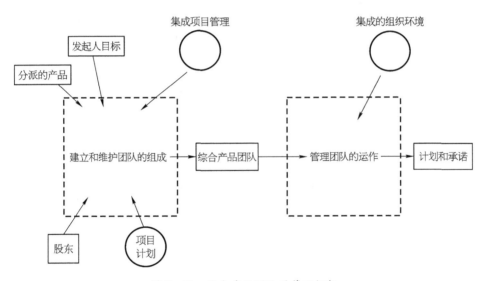

图 3-21　综合产品团队的管理框架

综合产品团队管理由两部分组成：建立和维护团队的组成；管理团队的运作。IPTs 在集成的组织环境中运作。

IPTs 的组建原则：

（1）按 WBS 与 OBS 的对等原则，根据项目管理的要求，将产品分解为若干个工作单元，分配给综合产品团队。

（2）上一级团队应对设计团队 IPTs 之间的接口进行定义和管理，对接口文件进行有效控制。

（3）依据合同管理和（或）法规授权的管理部门的要求，下达团队任务，规定各团队的设计要求和交付状态，并协调团队的工作节拍，实现项目的总体目标。

（4）均衡各 IPTs 的工作量，进行进度管理和成本控制。

（5）提供并行工程的工作环境，强调 IPT 内部的协同和沟通。

（6）由优良中心（centers of excellence，CoE）统一和协调各团队的工作方向。

IPT 团队的组建过程如图 3-22 所示。IPT 团队的组建流程如图 3-23 所示。表 3-1表示 IPT 团队的组建步骤。

图 3-22　IPT 团队组建过程

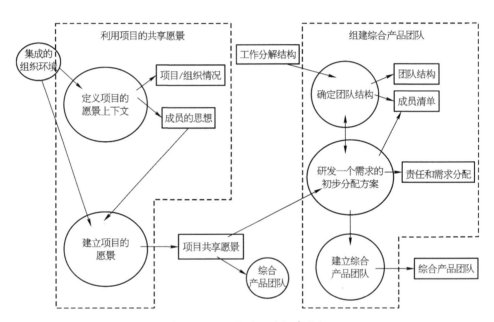

图 3-23　IPT 团队的组建流程

表 3-1　IPT 团队的组建步骤

步骤	描　述	内　　容
1	定义项目的 IPT 团队结构	定义项目的组织结构
2	建立第一层团队	战略管理层团队
3	项目工作包分解	开发 WBS
4	编制和评审 IPT 计划	
5	定义系统设计环境和规则	
6	组建下层 IPT 团队	
7	IPT 团队的工作说明（SoW）	规定 IPT 的任务、目标、成本、进度、交付物、接口、约束

(续表)

步骤	描述	内 容
8	赋予 IPT 团队的责任和权限	任命 IPT 的组长,在高一级的行政关系上组成支持 IPT 工作的领导小组。IPT 组长的职责是定义工作单元开发计划、分解任务、定义任务承担人员角色、定义完成任务的必备资源。上级领导者应保证 IPT 组长得到该团队所需的各种资源,包括人、财、物等
9	接纳 IPT 团队成员	
10	熟悉团队的操作环境	
11	计划和举行"首次会议"	
12	团队培训	衡量 IPPD 的成熟度
13	团队工作的分配	IPT 组长将这些计划提交给领导小组,与功能部门协商确定 IPT 成员,签订任务书(合同)。IPT 成员必须由功能(专业)部门授予权力,能代表功能部门进行决策,他们将按照批准了的计划行事,执行具有资源约束的任务
14	IPT 的管理	IPT 不再执行行政系统的审签制度,而是从上下游用户的需求出发,实行集体负责的决策模式,由授权者审签。设计结果的质量可以通过质量保证程序、门径管理、协同评审及 IPT 组长最终确认。功能部门的负责人和专家的意见可作为 IPT 决策的参考依据,但不作为决策
15	过程评估和持续改进	
16	监控团队进程	用 IWS,报告团队活动情况
17	在项目周期中支持团队工作	各综合产品团队 IPTs 之间相对独立,它们之间的协调问题由上一级综合产品团队 IPT 负责管理
18	团队交付物的文件化	
19	项目关闭	

3.4.3 战略管理层(第一层团队)的作用

并行工程的组织架构如图 3-24 所示。

并行工程的组织架构由四层结构组成,即高级领导层团队、领导层团队、IPT 团队和下层设计团队。前三层的职责如下所述。

1) 高级领导层团队的主要职责

(1) 战略管理层。提出整体规划和项目计划,负责所有团队的整体业绩,优化过程,保证团队之间和团队之内的内聚力。

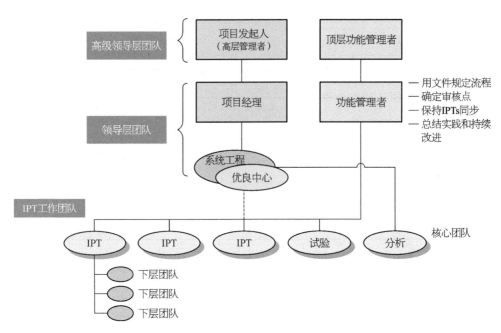

图 3-24　并行工程的组织架构

（2）定义、边界、确定优先权。

（3）消除障碍。

2）领导层团队的主要职责

（1）战术管理层。

（2）指导、支持、资源管理。

（3）消除障碍、决策。

3）IPT 工作团队的主要职责

（1）操作管理层。

（2）承担、管理、执行。

（3）识别障碍、通过数据。

高级领导层团队之所以重要，是因为它是项目组织者、团队体制的"大脑"、"自上而下"设计的源泉，以及项目团结的核心。

虽然 IPT 团队组织形式提高了产品设计的效率，然而它还不能保证每个 IPT 团队与企业的总目标时时刻刻保持一致，形成统一的合力。为了发挥整个企业的核心能力，这种凝聚合力的工作最好由优良中心来完成。

此外，CoE 还负责指导和开发专业领域的关键技术。每个产品的顶层及分系统层均设有 CoE，致力于先进技术的引入和应用，让先进技术能迅速转化为新产品的创新内容。CoE 推动新技术、新工艺及员工技能的开发，使 IPT 团队能够获得新的技术和知识，更出色地完成其工作。

CoE 在产品开发初期,负责指导产品概念的开发和确定产品技术参数和设计目标(物理的、功能的、成本的等),研究所需的研发保障能力,制定顶层技术规定。在项目进程中,CoE 随时都可以有效、实时地识别项目的风险,规避风险,或使风险降低到最低程度,把风险降低后的任务再分派给 IPT 团队。

CoE 起着横向协调、沟通和保持各团队(IPTs)的合力的作用,控制项目的进度和总体目标。

3.4.4　综合产品团队的全面管理

综合产品团队的管理常常理解为纯技术工作上的协调,容易忽视对 IPTs 的全面管理,不利于 IPT 团队的成长。

综合产品团队的全面管理框架如图 3 - 25 所示。

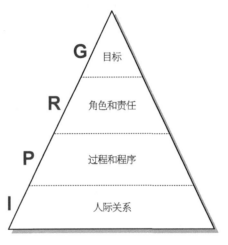

图 3 - 25　综合产品团队的全面管理

对综合产品团队的全面管理可以用四个字母表示:G、R、P、I。

1) 目标(G)

团队的任务和目标是否清楚,并被大家所接受?

2) 角色和责任(R)

(1) 团队成员的角色责任是否清晰和被充分理解?

(2) 所定义的角色是否有意义并能支持团队的目标?

(3) 团队成员是否有资质并具有完成他们责任的资源?

3) 过程和程序(P)

是否有一致同意的计划、过程和程序,能指导团队开展项目工作?

4) 人际关系(I)

(1) 团队成员之间的工作关系是否健康和团结一致?

(2) 团队中,是否有可信任的、视野开阔的、公认的核心层?

综合产品团队的管理流程如图 3 - 26 所示。

IPT 的管理分为两部分:建立团队组织和管理团队操作。建立团队组织有三个环节:识别团队的任务、识别知识和技能、指派合适的团队成员。团队组织的成败取决于 IPT 的成熟度,通过培训和专家指导提高 IPT 的成熟度。管理团队操作有几个环节:建立共享的愿景(统一认识)、建立团队图表(路线图)、定义角色和责任、建立操作程序,以及与接口团队协同。要求:目标明确、责任清楚、规则记牢、主动发挥、沟通协同。

IPT 生存的周期长短按任务需要而定,一般存在于设计阶段,完成并行产品定义,投入试制,有的直到样机验证和审核通过为止。

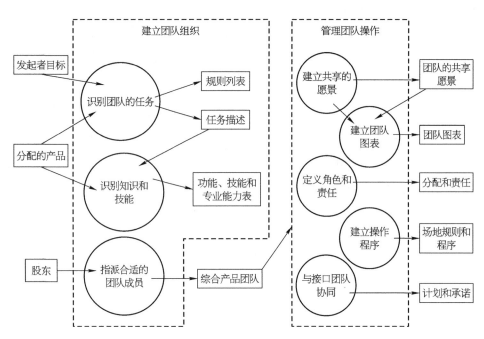

图 3-26　综合产品团队的管理流程

像其他一切事物一样,综合产品团队也会有诞生、成长和终止的生命周期过程,如图 3-27 所示。

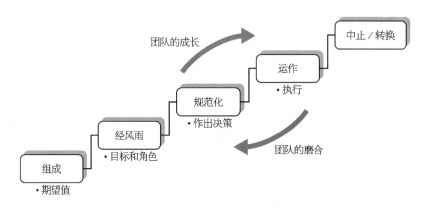

图 3-27　综合产品团队的生命周期

综合产品团队建立后,团队的成员需要相互了解和沟通,建立团队的规章制度,设计流程需要磨合,才能合理、规范和有效,才能形成 IPT 团队的"战斗力"。

综合产品团队的成员可分为核心成员和一般成员两种类型。他们来自不同专业和部门,同时又是各专业和部门的全权代表。在不同的产品开发阶段,IPT 的任务重点可能不同,因此它的组成人员也应按需要进行适当调整,但核心成员要保持稳定。

波音公司强调 IPT 的成员应有一个良好的工作环境,便于适时沟通、协同和合作,责权义分明,才能发挥主观能动性。

IPT 的上级团队对下级团队负有指导、协调和管理责任。同一层面的 IPTs 之间也需要经常沟通和协调。

3.4.5 谨防虚假的"团队"

罗伯特·G·库伯在《新产品开发流程管理》一书中批评了虚假的"团队"。他一针见血地指出：

我在描述跨职能团队时强调"真正的"这个词，是和公司中常见的许多"虚假的"或者"假装的"团队相对而言，鉴别虚假团队的信号包括：

(1) 所谓的团队成员只在会议上出现，但他们并没有真正投入到团队中来，他们在会议上只是职能部门的代表而已。

(2) 团队成员并没有获得从"日常工作"中解脱出来的时间，这种团队活动只是堆积在已经很繁重的工作日程之上。

(3) 团队成员许诺在下次会议之前完成某些任务，但是他们"真正的工作"常常起到阻碍作用，或者他们所在的职能部门的领导把他们分配到其他任务中去了。

(4) 团队成员被分配了许多责任，但被赋予很少的权力。职能部门领导人仍然可以对项目进行决策，经常是从很远的地方介入微观管理。

(5) 团队成员没有得到什么优劣评论，或者一贯地按照团队取得的成果获得报酬。

3.5 能力成熟度模型与集成产品开发

3.5.1 能力成熟度模型集成

按系统工程的观点，项目的成功取决于人、技术、过程三方面的能力成熟度（capability maturity model，CMM）。

能力成熟度模型集成（capability maturity model integration，CMMI）是一个改进综合过程效率的方法，它向组织提供了过程效率的基本要素和 20 个一般过程领域的大纲。构型管理就是其中的一个。CMMI 不告诉你如何去做构型管理，而是提供特性和证据，使构型管理过程成为更有效的。CMMI 可作为项目的、部门的和整个组织的过程改进指南。

CMMI 的过程领域包括过程管理、项目管理、工程、支持。CMMI 模型总结了业界最好的实践，企业和政府已经发现 CMMI 在实现他们的商业目标方面是富有成效的和十分有用的。

CMMI 将工程领域分支的 CMM 整合为 CMMI 产品集，如图 3-28 所示。

能力成熟度模型包括系统工程（systems engineering，SE）成熟度、软件成熟度（SW）、IPPD 成熟度和供应商采办（supplier sourcing，SS）成熟度，它们在工业界、系统工程学会和政府的组织和帮助下，整合为能力成熟度模型集成。

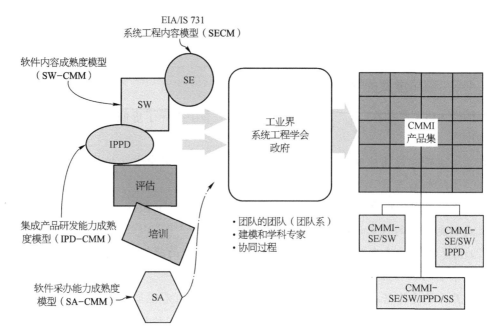

图 3 - 28　CMMI 的产品集

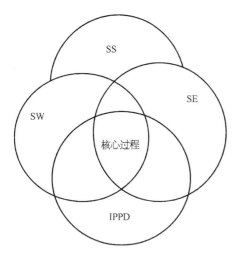

图 3 - 29　SE、SW、SS,以及 IPPD 的集成

能力成熟度模型集成的集成关系如图 3 - 29 所示。

CMMI 是实践经验的总结,不是抽象的理论。从实践经验出发,CMMI 主要是考虑这些实践如何满足过程区域的目标,摸清它的上下文关系。CMMI 模型不规定组织或项目应包含的过程。对组织所选择的计划和执行过程,CMMI 描绘了必要的最少的准则。

EIA - 731 是美国国家标准协会制定的能力成熟度标准——系统工程能力成熟度模型(systems engineering capability model),它的主要内容有:

(1) 定义过程聚焦区域。

(2) 定义每一个聚焦区域的能力层次。

(3) 需回答如下问题,即评估组织在完成活动所达到的成熟度是什么等级。

(4) 提供推荐的得分计划。

(5) 提供推荐的评估管理方式。

(6) 对特定的业务需求,允许剪裁聚焦领域和问题,得到解决方案。

CMM 把一个公司的过程成熟度分为五个级别(表 3 - 2)。每一个级别都是下一流程改善的基础,除了初始级(initial)之外,达到每一成熟度等级,就表示组织在所定义的流程领域内,创建了相应的基础。

表 3-2　能力成熟度级别规定

成熟度级别	描述	能力
1 级 初始级	开发过程处于无序状态	没有系统工程实践 没有恰当定义工作产品
2 级 可重复级	建立起了基本的项目层次的管理过程	需求管理
		项目计划
		项目监控和控制
		供应商协议管理
		度量和分析
		过程和产品质量保证
		构型管理
3 级 定义级	建立起了整个公司范围的标准的开发过程,2 级的管理过程进一步得到系统化和细化	需求研发
		技术方案
		产品集成
		验证
		确认
		组织过程聚焦
		组织过程定义+IPPD
		组织培训
		集成项目管理+IPPD
		风险管理
		决策分析和决定
4 级 管理级	开始对过程和产品质量进行定量化管理	对项目的执行过程和效果进行量化管理 对产品质量进行定量化管理
5 级 优化级	公司建立起过程优化机制,过程得以不断改进,并且这种改进是受控的	优化 持续定量的过程改进

　　CMM 把开发过程划分为关键过程域(key process area,KPA)进行描述,比如构型管理就是一个关键过程域。

　　对每个关键过程域,CMM 先定义其总体目标,然后按照通用的五个共同特征(common feature)再细分成关键实践(key practice,KP)。五类共同特征是承诺执行、有能力执行、实际执行、度量与分析、执行验证。

CMMI 还包含一套如何评定流程成熟度的方法与标准,称为标准 CMMI 评估过程改进方法(the standard CMMI assessment method for process improvement,SCAMPI),描述了如何鉴定流程成熟度的等级。

3.5.2　IPPD 与 CMMI 的集成

随着民用和军用组织对 IPPD 的深入研究,人们注意到:

(1) 各组织进行了以团队为基础的集成产品开发(integrated product development,IPD)的实践。

(2) 有机会接触到 IPD 执行中好和坏的案例:赢得的利益和必须面对的问题。

(3) 对案例数据进行的解释和分析。

CMMI 向企业和政府提供了一系列的集成产品,用于支持过程和产品改进:

(1) 改进过程的效率,进而改善了过程的投资收益。

(2) 在应用了多重能力成熟度模型(CMM®s)及相关的成熟度模型(CMs)后,缩短了研制周期和减少了复杂性。

(3) 开发了新的成熟度模型,可以涵盖系统工程和软件工程学科以及 IPPD 概念。

因此,一个公司贯彻 CMMI® 的方针,可以影响 CMMI® 的进展,让更多的学科进入到集成团队,更好地理解 IPPD 对组建团队和共享创新的要求,合理地研究 CMMI® 需求对 IPPD 和组织产生的利益。

IPPD 与 CMMI 的集成框架如图 3-30 所示。

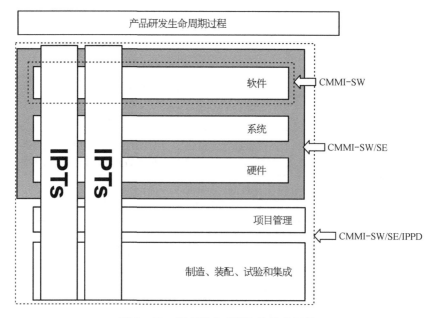

图 3-30　CMMI 与 IPPD 的集成框架

研发能力成熟度模型(CMMI®－DEV)与 IPPD 的集成能够避免并行工程的某些缺陷,改进并行工程过程的质量和效率,使产品研制获得真正的成功。

3.6　并行工程在飞机研制过程中的应用举例

3.6.1　并行工作轮

并行工作轮是并行工程方法论模型,是一种并行工程的最佳实践案例,如图 3－31 所示。

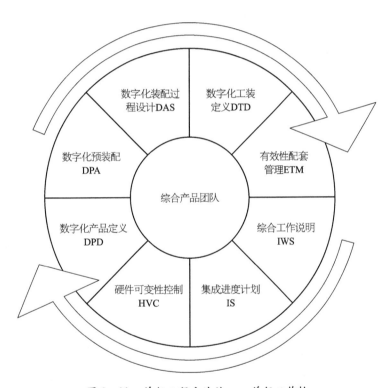

图 3－31　并行工程方法论——并行工作轮

并行工作轮建筑在协同工作的平台上,这个平台归结为以下要点:共同的并行工作流程、共同的方法、共同的工具和及时的沟通。

并行工作轮以综合产品团队为轴心,以并行产品定义的八个主要方面为轮辐,组成了一个并行工程设计体系,指导并行工程不断迭代和优化。

并行工作轮每旋转一圈,并行工程就完成了一个循环。并行工作轮的不断运转,说明并行设计的不断迭代和优化的过程,直至满足公司合同的要求,进入工程设计的发放程序。

并行工作轮贯彻全新的设计理念,采用先进的设计技术,包括数字化产品定义、数字化装配过程设计、数字化预装配、数字化工装定义、硬件可变性控制。用综合工作说明明确团队的工作任务,用集成进度计划控制工作进度,用有效性配套管理管理产品构型。

3.6.2　飞机产品数据的并行定义过程

综合产品团队通过共享数据库进行数据共享和协同工作。飞机产品数据的并行定义过程如图 3-32 所示。

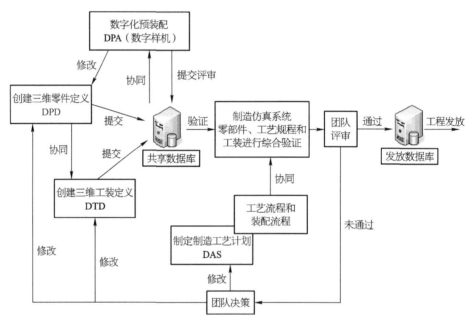

图 3-32　飞机的并行产品定义过程

并行产品定义的过程是以三维零件定义为基础,围绕着数字样机展开的。以 IPT 团队的组织形式,采用新的设计工具,按统一的流程,各专业人员协同工作,进行设计迭代和优化,共同完成并行产品定义。新的设计方法 DFx 提高了并行产品定义的知识化。

并行产品定义完成后,经过评审和审批,进入工程发放数据库,发放产品设计数据。

3.6.3　团队绩效的监控

通过综合项目管理监控团队的绩效,如图 3-33 所示。

3.6.4　项目节奏轮

项目节奏轮是一个项目管理、构型管理和工程过程管理之间的协调平台。项目节

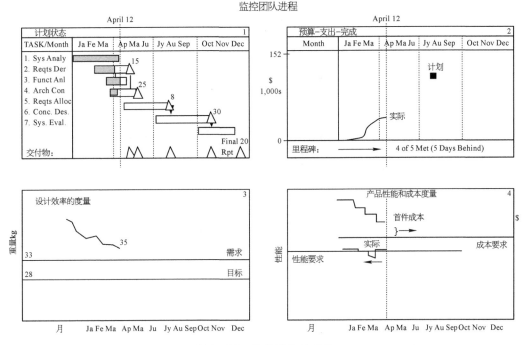

图 3-33　监控团队的绩效

(a) 完成每一项任务的团队计划状态；(b) 团队的花费与计划的关系；(c) 设计效率的度量，比如重量、所需功率、包线尺寸（体积）、设计图的错误率、返工时间等；(d) 其他的设计效率度量——首件的生产成本

奏轮的"运转"能够使一些跨功能、跨系统、跨组织的问题得到迅速的识别、协调和解决。项目节奏轮的"运转"，还能够发现新的问题，引入新的理念和解决方案。当问题找到以后，能区分轻重缓急，安排优先次序，提出行动项目。项目节奏轮的"运转"，可以使项目管理者的眼睛关注最重要的问题，将团队的视线从小问题上移开，集中到大方向上。

项目节奏轮用于并行产品定义数据的评审，也用于工程更改的评审。

1）项目节奏轮的优点

（1）能够快速地发现问题和风险。

（2）区分优先次序，将精力集中在最关键的、最重要的问题上。

（3）引入新的机遇和思想，解决重大工程问题。

（4）对影响项目的重大工程更改做出明确的决定。

2）项目节奏轮的内容

项目节奏轮的模型如图 3-34 所示。

项目节奏轮包含如下方面内容：产品定义评审；样机评审；质量评审；综合评审；团队评审；技术论坛；CCB；PCB。

按项目节奏轮的管理方法，首先应建立一个运转计划，编写项目节奏轮的管理程序，

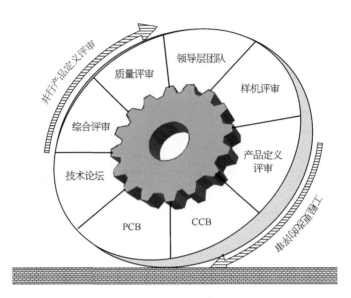

图 3-34　项目节奏轮模型

PCB—项目控制委员会(program control board);
CCB—构型控制委员会(configuration control board)

并把它常态化和制度化,成为企业日常工作程序。对于不同的项目或不同的研制阶段,项目节奏轮的内容和节奏可以按需改变。

第4章

构型管理的产生和发展

4.1 构型管理的演变

4.1.1 构型管理的由来

构型管理的概念是美国军方、美国航空航天局、欧洲太空局等在管理飞机、舰艇、火箭等大型武器装备的研发过程中总结出来的。

20 世纪 50 年代前,产品开发规模比较小,复杂程度也不高,从产品概念、设计和更改、研制到交付的全过程常常是由一组人手工管理便可控制。

到了 20 世纪 50 年代后,在冷战和军备竞赛的背景下,随着美国军方对新式武器装备的需求增加,投入大量军费,研制先进武器系统。美国国防部把武器系统的研制交给承包商完成,因此,该承包商就获得了武器系统开发权,军方行使控制权。

先进的武器系统是一个复杂的系统。随着科学技术的进步,产品变得非常复杂,涉及多个科学领域,研制难度增大。人们认识到,这样复杂的产品不可能再由一组人来控制设计和制造,常常需要多个公司的广泛协作。如果没有约束、控制和管理武器系统研制过程的能力,军方便难以获得满足性能要求的、按计划完成的、不超过军费预算的产品。在处理各种接口问题和横向协调时,面临大量的跨系统和跨组织的更改,经常产生混乱。由于产品的开发可能经历好几年,若遇到项目负责人员变动的情况,很可能丢失了许多重要的信息。

当时,军方对大型武器装备的采购感到管理不力,对承包商的沟通和控制处于"无章可循"的状态,造成了不少损失,其管理混乱状况如图 4-1 所示。

鉴于此,美国军方认为,必须建立一个规范的、

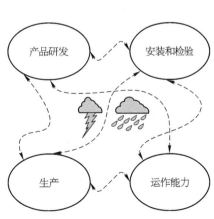

图 4-1 武器系统的采购无章可循

可靠的、科学的体系来控制工程更改，以确保最终产品符合合同规定的要求。为了避免混乱情况的继续发生，美国国防部，特别是美国空军，率先提出了 AFSCM375《系统管理条例》。美国空军在 1962 年，在研发喷气式飞机某型号时，为解决承包商的控制和通信问题，制定和发布了另一个用于构型管理的标准，即 AFSCM375-1《研制和采购阶段的构型管理》。这是历史上第一个构型管理标准，该标准提出了基线、技术状态记录和买卖双方的责任等概念。

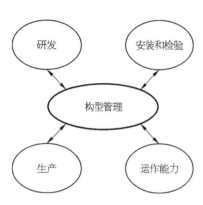

图 4-2 美国空军的第一个构型管理框架

图 4-2 是美国空军的第一个构型管理标准的框架。

从此以后，美国军方和国防部相继制定的其他构型管理标准（MIL 和 DoD 标准）都遵循这一标准。例如，MIL-STD-480《构型控制——工程更改、偏离和超差》、MIL-STD-481《构型控制——工程更改（简要形式）》、MIL-STD-482《技术状态状况纪实、数据元素及有关特性》、MIL-STD-483《系统、设备、军需品与计算机程序的构型管理》等。

美国空军提出构型管理有两个目的：一是如何按照性能、功能要求作为总的系统研制基础，来定义系统的采办过程；二是提供一个详细的"路线图"，控制在该系统的生命周期内的所有工程活动。

美国军方运用构型管理标准取得了令人瞩目的效果。同时也发现了不足之处，主要问题是标准的数目过多、目标分散，某些要求重复，标准中也有不协调和不能很好利用最新技术的成分。为此，美国国防部于 1992 年 4 月颁布了 MIL-STD-973《构型管理》标准，代替这些分散的军用标准。至此，构型管理统一了认识，形成了一门管理学科。

构型管理是系统工程管理的极为重要的组成部分，是系统工程在大型复杂产品研制中的应用。

从承担武器系统研制的承包商们的立场来看，他们从长期的商务活动中，特别是从新产品开发失败的教训中，认识到军方的构型管理要求是"利大于弊"，有利于规范和改善它们的产品研制过程。构型管理与公司的利益相一致。

通常，大型武器装备具有下列特点：

（1）分散设计和制造，产品相当复杂。数以万计的零件和一二十种系统的集成。

（2）开发周期长。要记录设计和工程更改的历史。

（3）业务流程严格。须遵循明确的设计规范和过程定义。

（4）业务保密性高。信息的组织和安全十分重要。

为了得到军方和政府的合同，提供合格的产品和服务，承包商们知道，必须强制性地贯彻构型管理标准，才能获得订单和改善武器系统的研制管理水平。

4.1.2　构型管理的强制性

构型管理从它诞生开始,就具有"强制性"色彩。政府和军方通过构型管理控制承包商的研制过程,确保可以采购到满意的武器。

图 4-3 是美国国防部给出的构型管理过程模型。

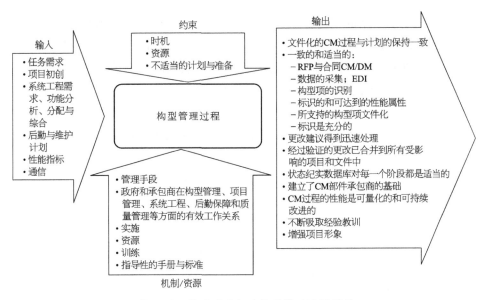

图 4-3　美国国防部的构型管理过程模型

CM—构型管理(configuration management);DM—数据管理(data management);
RFP—投标申请书(request for proposal);EDI—电子数据交换(electronic data interchange)

构型管理过程模型由以下功能项组成:

(1) 输入项。任务需求;项目初创;系统工程需求、功能分析、分配与综合;后勤与维护计划;性能指标;通信。

(2) 约束项。时机;资源;不适当的计划与准备。

(3) 机制/资源项。管理手段;政府和承包商在构型管理、项目管理、系统工程、后勤保障和造价管理等方面的有效工作关系;实施;资源;训练;指导性手册与标准。

(4) 输出项。文件化的 CM 过程与计划的保持一致;一致的和适当的,包括 RFP 与合同 CM/DM、数据的采集(EDI)、构型项的识别、标识的和可达到的性能属性、所支持的构型项文件化、标识是充分的;更改建议得到迅速处理;经过验证的更改已合并到所有受影响的项目和文件中;状态纪实数据库对每一个阶段都是适当的;建立了 CM 部件承包商的基础;CM 过程的性能是可量化的和可持续改进的;不断吸取经验教训;增强项目形象。

构型管理的目的有以下一些:

(1) 建立构型管理计划。

（2）建立构型。构型包括：系统和构型项的需求；恰当的鉴定数据；重要的设备、工具和其他数据，它们的构型对建立研发保证体系以证明需求一致性是重要的；在研发、生产和操作期间产生的任何其他数据，它唯一地用于标识系统/构型项的版本。

（3）实施技术上和管理上的控制。包括：标识系统构型与构型基线相关的修改状态和更改控制；提供控制，以保证更改被记录、批准和执行，标识问题和它们的解决方案被记录。

保证相关的系统数据的物理存档、恢复和控制得到维护。美国国防部要求武器系统在满足性能指标的前提下，降低全生命周期费用，缩短研制、设计、制造和维护周期，提高武器系统的可靠性和可维护性，最大可能地提高武器系统的战备能力。为了不使武器的采购变得越来越昂贵，他们经常要问：我们是否用最好的方法采购到所需要的武器？

美国陆军部把重要武器系统的采办按时间进程分为任务分析阶段、概念阶段、论证与审定阶段、全面研制阶段、生产阶段、装备部队阶段、使用阶段和淘汰阶段。每个重要阶段的分析论证从逻辑程序上都从问题说明开始，经过系统设计、系统综合、系统分析、方案优化，直至进行决策、制定下一阶段计划。在内容上必须从军事、法律、经济、工程技术、运筹及管理方面综合进行论证，而且必须有这些方面的专家参加。这就是武器系统采办过程三维结构方法论。

美国军方利用系统工程理论，依靠构型管理的规则，成功地控制和管理着武器系统的研制，保证采购任务顺利完成。海军的"北极星计划"和国家航空航天局的"阿波罗计划"就是成功的例子。

承包商们把贯彻军方的构型管理规范视为"必须贯彻"的强制要求，并在美军标的基础上，制定出各公司自己的构型管理计划（或手册）。

构型管理的重要性得到了普遍承认，构型管理成为政府、军方和工业界公认的、必须遵循的规则。人们已经认识到，在大型武器系统的采办中或新产品研制中，构型管理的必要性和重要性。

正如构型管理规范中指出的那样："总之，每个成功的项目都有好的构型管理；每个被问题困扰的项目都因缺少或没有构型管理。"

有些专家一针见血地总结出一条"构型管理定律"：构型管理是产品研发的基础。没有构型管理，不论你的能力有多强，预算金额有多庞大，开发的测试过程有多严格，或者开发的技术有多卓越，都将导致产品研发纪律的松散瓦解，成败只能听天由命。把构型管理做好！不然，你就别想改善你的开发过程！

至此，构型管理从军方的要求走向了企业的自觉性行为。

4.1.3　构型管理的领域

"构型管理"虽然是美国国防部采办大型武器系统和控制研制过程的产物，在随着科学技术发展的今天，以及新产品加快更新换代，得到了普遍认识的构型管理原理迅速从军用推向民用，掀起了震撼世界工业界的一场改革。

20 世纪 90 年代初,构型管理受到国际标准化组织 ISO 的重视,经过几年的努力和协调,1995 年 4 月正式颁布了 ISO10007《质量管理 构型管理指南》。

1998 年,电子工业协会颁布了构型管理标准——ANSI/EIA - 649 - 1998"美国构型管理国家标准(national consensus standard for configuration management)"。EIA - 649 标准提供了基本的构型管理原则以及工业界实施的最好经验,用以确认产品的构型和产品更改的影响管理。

2004 年,美国国家标准协会(ANSI/EIA)发布了构型管理规范的新版 ANSI/EIA - 649A - 2004。

构型管理得到了政府和工业界的共识。政府和工业界都需要构型管理。

(1) 好的构型管理可以使企业获得如下收益:

① 保证产品的可生产性和可重复性。

② 提高产品的性能、可靠性或维护性。

③ 延长产品的生命周期和改进可支持性。

④ 减少设计缺陷。

⑤ 控制项目成本/进度/技术完整性。

⑥ 实现产品双向互换性。

⑦ 成本节省及避免失败。

(2) 承包商(制造商)亲身感受到构型管理的明显好处包括:

① 对研制、制造、试验和交付中的产品信息一目了然。

② 保证产品数据的一致性。

③ 控制研制成本。消除非授权更改,降低更改的影响,控制更改的合并,减少维护和重用的成本。

④ 协助项目管理。正确标识产品基线,评估更改对项目的影响,协调接口关系,识别风险和化解风险。

⑤ 构型管理支持一切构型管理活动。支持内部的和正式的设计评审;完成功能构型和物理构型的验证和审核;保持可追溯性;控制工程更改;数据更改的一致性等。

⑥ 保证接口协议的贯彻。标识接口需求;分析更改对接口的影响;控制对接口定义的更改。

(3) 构型管理已经成为制造商们的自觉行动,它们从适用性和应用性方面,对构型管理规范进行裁剪和扩展,实现本地化,纷纷建立了本公司的构型管理系统。其中,具有里程碑意义的是波音公司的"定义和控制飞机构型/制造资源管理系统"(DCAC/MRM 系统)。

(4) 构型管理已扩展了传统的范畴,延伸至制造资源管理、供应商管理、项目管理、客户服务管理、市场营销以及质量管理等领域,构成了一个企业级的大规模信息集成平台,整合了企业的产品数据。

4.2 构型管理的规范

从 1993 年开始,美国国防部发现了军用标准和技术规范与民用标准之间存在矛盾,阻碍了军事工业的发展。为了减少研制经费、分散风险、利用民间资源,着手对历经 40 多年的美国军标体系进行改革。美国政府规定,在今后的武器研制工作中,无论是硬件还是软件,都要尽量采用民用技术;要改革合同制,使之更加接近商业合同的签订程序;允许国防合同商(承包商)用自己的资金开发军用和民用产品;国防部重视开发军民两用技术,破除传统上将军用与民用工业标准隔离的种种障碍。

1998 年 7 月,ANSI 发布了 EIA - 649 "National Consensus Standard for Configuration Management"(《构型管理的国家标准》)。

2000 年 9 月 30 日,美国国防部中止了 MIL - STD - 973 的使用,用 EIA - 649 民用标准取代。

2001 年,美国国防部发布了 MIL - HDBK - 61A(SE)《军用手册 构型管理指南》,作为一个指导性手册,指导政府的采办工作。

2004 年,ANSI 发布了构型管理规范的新版 ANSI/EIA - 649A - 2004。

图 4 - 4 表示了构型管理规范的演变情况。

GEIA - HB - 649 是贯彻规范 ANSI/GEIA - 649A - 2004 的辅助配套手册;CM - STDs 指其他有关构型管理的标准。

经过 20 多年的总结和发展,构型管理规范成为一个概念清晰的新规范 ANSI/GEIA - 649A(国防采购项目采用 MIL - HDBK - 61A),如图 4 - 4c 所示。

ANSI/EIA - 649A - 2004 将构型管理归纳为 5 个功能和 41 个原则,如图 4 - 5 所示。缺少其中的任何一个功能,都不能构成真正的构型管理。

构型管理规范要求所有构型管理功能的应用是平衡的和一致的。

ANSI/GEIA 649A - 2004 的意图和目的是:

(1) 将构型管理扩展为全方位。整个产品生命周期各阶段;扩展基线方法学;与全球标准(ISO、其他 ANSI - STD 标准等)协调术语和定义;总结全球化的 CM 功能和原则的最好实践。

(2) 构型管理归结为 5 个功能和 41 个原则。

(3) 统一了分散在各种规范中的构型管理标准,进行了整合,并加入了最新的工业实践。

(4) 将数字数据管理与构型管理的所有功能集成。

今天,在竞争"白热化"和经济"全球化"的形势下,企业从"独家打天下"走向有统一价值链和运行规则的企业群体——"精益企业"(虚拟企业),走向全球化产品开发。构型管理也受到市场驱动而得到发展。制造商为了提高产品创新能力,加速产品更新换代,在

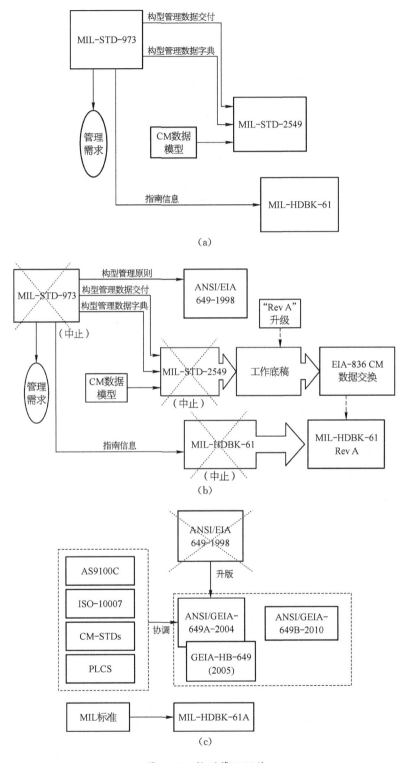

图 4-4　构型管理规范

（a）早期的构型管理标准；（b）构型管理标准的演变；（c）最新的构型管理标准
PLCS—产品生命周期标准（product life cycle standards）

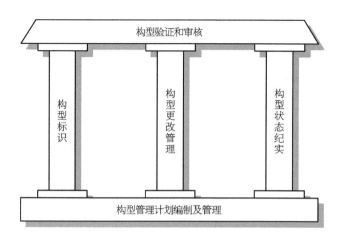

图4-5　构型管理的五大功能

新规范 ANSI/EIA - 649A - 2004 取消了 ANSI/EIA - 649 - 1998 中的数字数据的构型管理功能(CM of digital data),并将其合并到其他功能之中

"数字化""网络化""集成化"技术的推动下,构型管理赋予了新的内容,例如跨系统、跨领域、跨平台的产品信息集成,新型的主制造商/合作伙伴/供应商协同产品开发,精益企业(虚拟企业)的构型管理等。

构型管理的发展经历了 50 年,大致可分为三个阶段,即强制性阶段(美军标)、自觉性阶段(民用标准)和走向市场驱动。

在世界日新月异的商业环境中,构型管理也受到市场需求的驱动,为此,构型管理协会(Institute of Configuration Management,ICM)提出了 CMII 规范。CMII 规范是传统的构型管理加上持续改进。

图 4-6 是构型管理标准 CMII 的基本理念。

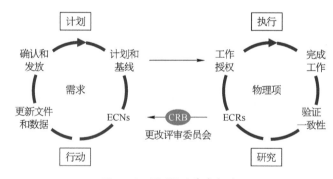

图 4-6　CMII 的基本概念

ECN—工程更改通知;ECR—工程更改请求;CRB—更改审查委员会

CMII 对传统的构型管理做了以下几个方面的改进:协调更改流程;优化重用标准和最好的实践;保证了所有的客户需求是清晰的、简明的、有效的;良好的沟通;验证每一种情况的结果一致性;向安全、质量、进度、成本、利润或环境等方面延伸,重点转向保证产品

数据的完整性。

CMII还把"项目管理""构型管理",以及"质量保证"紧密联系起来,统一在构型管理过程中。项目管理的目标、意图、计划和决策,指导着构型管理的方向;而产品质量的确认和验证的依据,需要借助于构型管理的产品数据仓库;构型管理是产品数据处理的基础和载体,如图4-7所示。

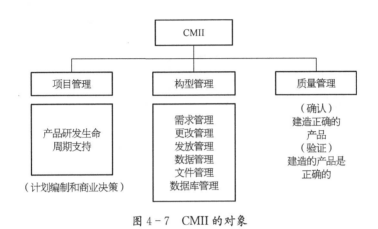

图 4 - 7　CMII 的对象

4.3　商用飞机构型管理

商用飞机是一种特殊的商品,世界各国都实行许可证准入制度,持有适航证才能允许商业运营,这是保证客户安全性的必要手段。

商用飞机又是一种极为复杂的系统,工业界和适航当局一致认为,只有按照系统工程的方法,才能确保商用飞机的安全性。适航当局认为,按照 SAE ARP 4754A《商用飞机研发指南》,就可以达到商用飞机安全性的最低要求。

适航审定不是用来束缚商用飞机发展的,而是促进商用飞机发展的推动力。适航条款是政府站在公众立场,保护开发商的利益,同时又是公众所能接受的安全性最低要求。

研发商用飞机的主要作用力如图4-8所示。

在图4-8中,客户需求和法规符合性是最主要的。

完整的飞机和系统研发过程模型如图4-9所示。

构型管理是系统工程的一项保障机制,它们之间的关系如图4-10所示。

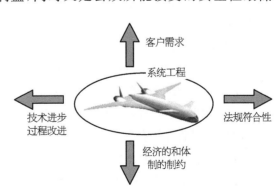

图 4 - 8　研发商用飞机的主要作用力

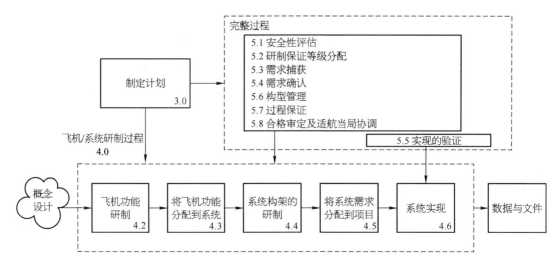

图 4 - 9　飞机和系统研制过程模型

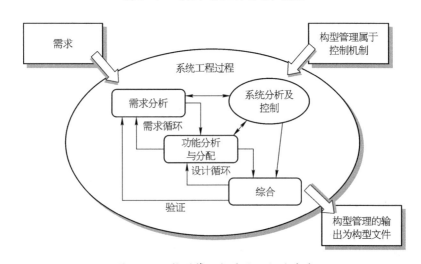

图 4 - 10　构型管理与系统工程的关系

在系统工程过程中,构型管理属于控制机制。通过"构型管理计划""构型标识""构型更改管理""构型状态纪实"和"构型验证和审核"五大功能,用技术和行政的手段,建立起规范化的新产品研发秩序,保证设计目标(产品属性)的如期实现。

构型管理的输出文件为构型文件,建立产品研制的构型基线。

商用飞机的构型管理框图如图 4 - 11 所示。

商用飞机研发采用的构型管理规范是 ARP 4754A 和 EIA - 649B。

商用飞机构型管理过程的模型如图 4 - 12 所示。

构型管理的责任有下列这些:

(1) 制定需求管理计划。

(2) 维护客户批准的需求跟踪矩阵。

(3) 监督需求更改控制过程。

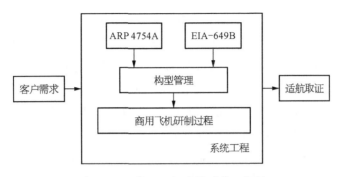

图 4-11　商用飞机的构型管理框图

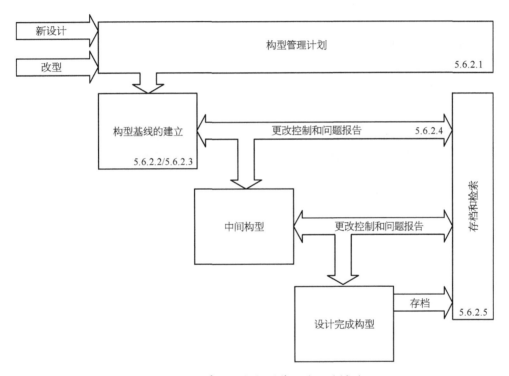

图 4-12　商用飞机构型管理过程的模型

（4）对需求矩阵进行更改管理。

（5）维护需求的修改历史。

（6）分析和评估需求的可行性、正确性、完整性以及对项目的影响。

4.4　不做构型管理的结果

美国航空航天局（National Aeronautics and Space Administration，NASA）的系统工程手册（2007）对构型管理的重要性做了如下论述。

不做构型管理可以造成项目的困惑、不确定性、低的生产率和无法管理构型数据。在哥伦比亚的那场事故调查中,哥伦比亚事故调查委员会发现了硬件与非受控文件之间的矛盾,由此导致了失败。不做构型管理被列为这次失败的原因之一。不执行构型管理将产生严重影响,称之为构型管理的缺失。在 NASA 内部,构型管理的缺失导致项目的延期和工程问题,特别是对快速原型方法研制的项目(如 X - 37 项目)。如果构型管理能够恰当地执行,在功能和物理构型审核中发现差别,就能得到及时处理。

如果不做构型管理,下述影响是可能发生的,并在过去已有先例:

(1) 由于不恰当的构型管理,造成任务失败和资产的损失。

(2) 由于不恰当的构型管理,造成收集任务数据未成功,导致任务失败。

(3) 由于不恰当的构型管理,引起重大的任务延期,招致附加成本增加。

(4) 由于不诚实的验证数据、零件和子系统的不恰当验证,导致重大任务成本增加和进度延期。

如果构型管理不恰当地执行,许多问题可能发生在制造、质量、接受、采购等领域。

NASA 的论述是航天部门的实践经验的总结,对航空部门同样适用,而且更加突出。在民用飞机研制中,不恰当的构型管理或不做构型管理将造成更严重的后果,可能使飞机制造商破产、产生航线事故、使乘客失去生命和财产,以及法律责任。

第5章

构型项概述

5.1 构型项的定义

构型项(configuration items，CIs)是构型管理的基本单位，是构型管理的基本对象。

MIL-STD-973 最早提出了"构型项"的概念：构型项是能满足最终使用功能，并被指定作为单个实体进行构型管理的硬件、软件或其集合体(注：2000 年美国军方宣布终止 MIL-973，代之以 MIL-HDBK-61A 和 EIA-649A)。

构型管理规范都给出了构型项的定义，由于侧重不同，字面上有一些区别，但本质是一样的。SAE ARP4754A 对构型项的定义是：构型项是处于构型控制之下的飞机、系统、项目和有关的数据。EIA-649B 对构型项的定义是：构型项是一个产品或产品组件，因为它的需求、功能或产品关系备受构型管理的关注，故被指定为构型项。

分析 EIA-649B，可以得出构型项含义的要点是：

(1) 构型项(CI)是为最终产品提供特定功能的一个产品，或是复杂产品结构中的主要组件。

(2) CI 的选定方法是在产品研制中，把系统需求分解到构型项(item)上，使之可以进行独立研制。构型项可标注其组件的更改有效性。

(3) 构型管理特别关注构型项，因为它们通常是系列化的，并经受设计评审和构型审核。

(4) 确定 CI 和 CSCI(软件构型项)的工作，主要在产品需求的分析和分解中进行，以形成最初的产品结构。

(5) CI 和 CSCI 的选择与供应链中的位置有关。产品研发者常把供应商的高层最终产品作为 CI。

构型项具有如下的特征：

(1) 对于复杂系统，初步选择 CI 一般限于工作分解结构的主部件，其主要功能设计部件一般都列为 CI。

(2) 当系统设计进展时，复杂项目进一步划分为组件时，可以定义下一层的 CIs。

（3）每一个 CI 都表示为一个可分开研制的实体，它至少完成一个最终使用功能。

（4）CI 的选择应反映出同一层的各个 CI 中的高度独立性。次要组件的 CI（在详细设计过程中被推荐为 CI）与上层 CI 在功能上应是关联的。

（5）CI 接口的复杂性在一个系统内应是最小的。复杂性常常引起风险和成本的增加。

（6）一个 CI 的所有子装配件应具有共同的任务、安装和研发要求。

（7）对于具有共同组件、子系统或支持要求的系统，在两个系统的共同装配件层内，每一个共同项目都应设置为一个 CI。

（8）一个多相似的系统，其独有的唯一组件应标识为那个系统的 CI。

在系统架构中设置"构型项"的原因有：

（1）构型项是处于构型控制之下的飞机、系统、项目和有关的数据。

（2）它可单独研制，并承载特定的功能需求。

（3）可标识有效性。

（4）用于供应商构型管理。

（5）用于需求符合性验证。

（6）阻隔工程更改的扩散。

（7）用于飞机构型配置。

5.2　构型项的产生和选择

构型项是在产品需求捕获和分解过程中产生的，与产品 WBS 的形成同步，如图 5-1 所示。

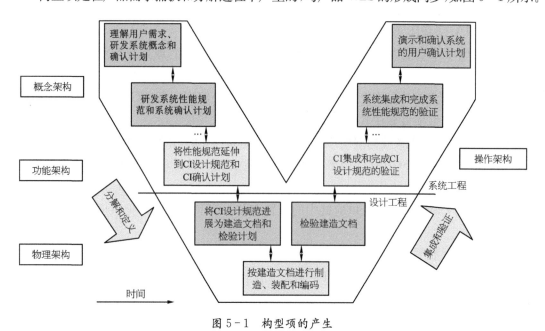

图 5-1　构型项的产生

　　将客户需求转化为产品功能,产生最初的"概念架构"。将全机功能分解到系统功能,研发系统的性能规范,再将性能规范赋予构型项 CI,最后完成"功能架构"。有了飞机和系统的需求之后,通过系统工程过程,获得产品的最佳解决方案,得到了产品的"物理架构"。

　　飞机功能架构与物理架构的对应关系如图 5-2 所示。

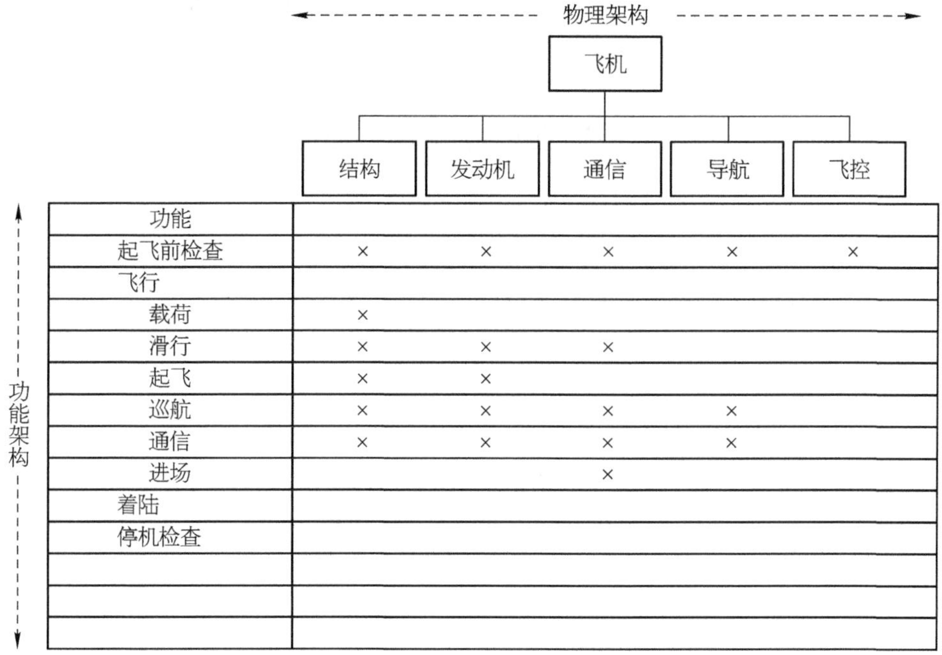

功能	结构	发动机	通信	导航	飞控
起飞前检查	×	×	×	×	×
飞行					
载荷	×				
滑行	×	×	×		
起飞	×	×			
巡航	×	×	×	×	
通信	×	×	×	×	
进场			×		
着陆					
停机检查					

图 5-2　功能架构与物理架构的矩阵

　　满足功能要求的飞机解决方案,即物理架构。

　　飞机层的功能需求反映了客户需求,所以飞机本身就是一个构型项。根据构型项的定义,按照产品构型管理的"粒度",自上而下地选择构型项,如图 5-3 所示。

　　飞机子系统的构型项选择过程如图 5-4 所示。

　　如何选择构型项,需要根据产品复杂程度和构型管理控制的深度而定。CIs 的数量多少与产品的复杂程度有关,也与系统集成度有关。CIs 不能选择太多,否则会影响构型管理的清晰度,使构型管理变得非常琐碎复杂,抓不住要领,并且增加管理成本;CIs也不能选择太少,太少则缺少向下层的有效分解,不利于对子系统的构型管理进一步深化。

　　选择构型项应考虑的因素有使用环境和功能特性、物理特性、技术复杂性/风险、涉及多个用户或发展商、新的不成熟的技术、期望达到的控制水平、不同的后勤保障要求(售后服务)。

　　但是应该清楚,在选择构型项时,不是每一个实体都要一直处于构型管理控制之下。只有那些需要构型控制的实体才选择为构型项。

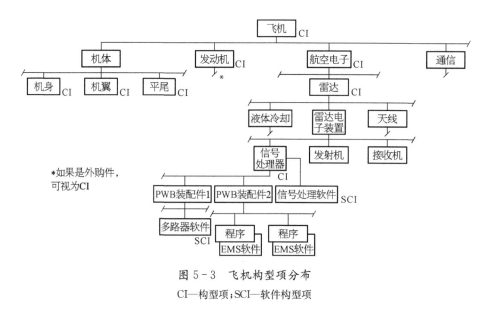

图 5-3 飞机构型项分布

CI—构型项；SCI—软件构型项

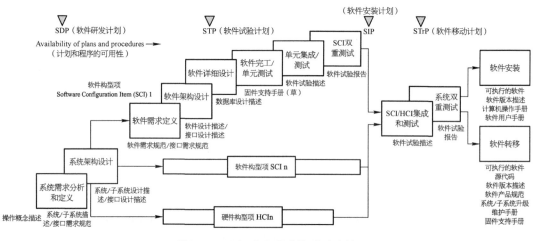

图 5-4 飞机子系统的构型项选择

选择构型项时，必须明白两个重要问题：

（1）选择什么（what）？什么实体应处于构型控制之下？

（2）何时（When）开始把实体置于构型控制之下？构型项选择得太早，犯了官僚主义的错误；构型项选择得太晚，导致混乱。

空客飞机的构型项选择有独到之处。空客飞机选择构型项的主要准则是能够管理"PAT 金字塔"的性能参数和物理特征，当低层发生更改时，更改原则上不蔓延到高层产品结构。

此外，空客的构型项选择准则还包括：可能涉及高风险、安全和使命的成功的重大项目；新的或改进的技术；采购对象；后勤和维护方面的要求；影响与其他公司的接口的稳定性。

5.3 构型项的生命周期

构型项的生命周期如图 5-5 所示。

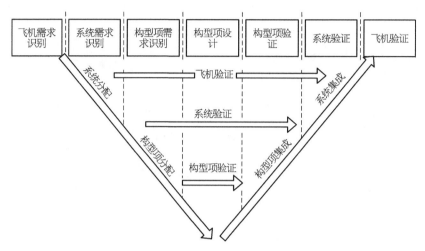

图 5-5　构型项的生命周期

构型项的生命周期包括飞机需求识别、系统需求识别、构型项需求识别、构型项设计、构型项验证、系统验证和飞机验证。

在飞机研制过程中,由于种种原因,已经选定的构型项有可能更改。需要注意的是构型项之间的关联关系,一个构型项的更改可能影响另一个构型项。

构型项更改的过程如图 5-6 所示。

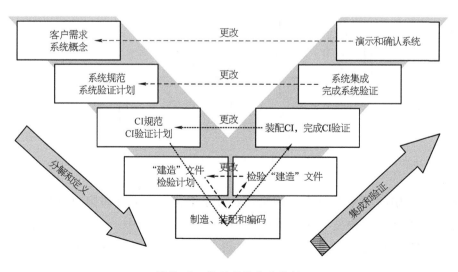

图 5-6　构型项的更改过程

　　构型项与适航审定的关系非常密切,适航当局常常抽取一些关键的构型项,进行符合性检查。构型项在适航审定中的作用如图 5-7 所示。

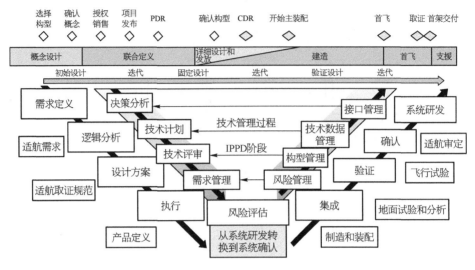

图 5-7　适航审定过程中的构型项

5.4　构型项的架构

　　CIs 的分布形态呈"树状"结构,其层次结构示意图如图 5-8 所示。

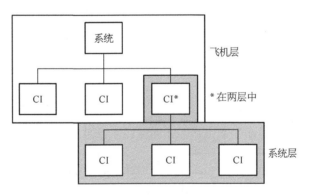

图 5-8　CIs 的架构

　　在图 5-8 中,有些构型项在主视图(政府/主承包商)中,有些构型项在主承包商/子承包商视图中,还有些构型项在子承包商/子子承包商视图中。构型项之间是相互独立的。但是,有的构型项,如图中的 CI*,横跨两个视图,表示该构型项既属于政府/主承包商视图,同时又是主承包商的顶层要求。

主视图的构型项是政府/主承包商提出的控制项,它将在主承包商的视图中分配,成为子承包商的控制项。子承包商视图是子承包商提出对下一级承包商的控制项。

有关构型项架构的几点注意事项如下所示:

(1) 系统/构型项架构包括物理架构和相关的产品和服务。

(2) 项目规范描述的系统/构型项,包括系统/构型项性能和构型项详细规范。

(3) 系统规范描述系统需求,而构型项性能和构型项详细规范描述构型项需求。

(4) 构型项架构定义与 WBS 的研发同步。

5.5　构型项的扩展

空客公司把构型项的用途延伸到产品架构中,作为设计更改扩散的分界线,如图 5-9 所示。

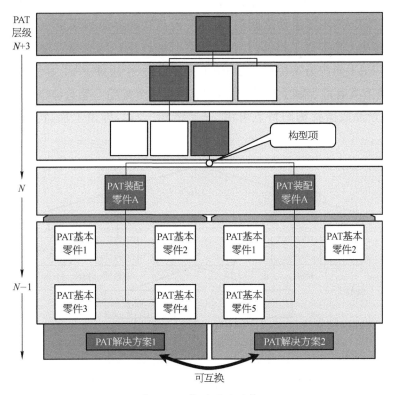

图 5-9　构型项的延伸

PAT—产品/装配树(product & assembly tree),也称为 PAT 金字塔

构型项就是一个分界线,在产品/装配树结构中,更改的影响到此为止,不再向上传播。

在一个产品/装配树中,一个构型项是在产品/装配树结构中两个相邻层级之间的一条连接线上引入的一个节点。以此点为分界点,构型状态分两种情况:

(1) 下面的产品/装配树金字塔的构型状态需要进行更改控制,必须经过构型管理部门审核。

(2) 上面的产品/装配树结构的构型状态不受影响。

空客公司的构型项是这样选择的:

(1) CI 的选择标准是,CI 以下部分的功能、接口独立于 CI 以上的部分。

(2) 所有的更改应该以可控的方式进行,在 CI 这个大伞的保护下进行。

(3) 随着研制工作的推进,在 PAT 的不同层次上均会产生 CI,通常而言,CI 会不断向树状结构的更低层推进。

(4) CI—PS—CI 层级向下推进,直到推到一个足够低的零/组件(如标准件),不需要对其进行构型变更控制。

构型项的根本特点是,在构型项上可以附着上不同的可互换和互不包含的产品/装配树解决方案,如图 5-9 所示。互换性的要求是,对附着在同一个构型项上的所有 PAT 解决方案来说,它们与周围零组件之间的外形、配合与功能界面必须是一样的。如前所述,每一个 PAT 解决方案要以工程部门与制造部门(或许还有其他部门)之间达成一致意见为基础。一个 PAT 解决方案组成一个 PAT 金字塔,一个组件 PAT 零件作为金字塔的塔顶。PAT 解决方案有待于赋予构型意义,即它可以被分配给一架具体飞机。

空客飞机产品数据架构的特点可用"三层结构"表示,即由上层、构型层和下层组成(图 5-10)。

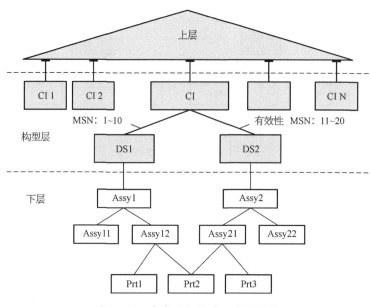

图 5-10　空客飞机的产品数据结构

DS—解决方案

上层结构是通用的、不变的,所有的民用飞机都基本相似。由飞机、主部件(major components)、段件(sections)、ATA 章(ATA sections)和 ATA 节(ATA zone)组成,如图 5-11 所示。

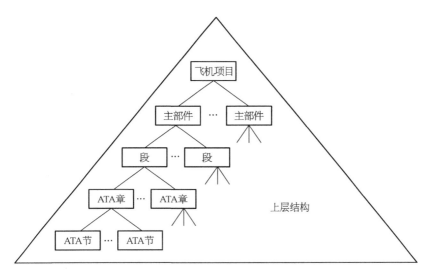

图 5-11　空客飞机产品结构的上层

飞机产品的构型配置功能位于第二层,即"中层"或"构型层"。

构型层的主要作用是配置飞机的构型。客户飞机的构型是由客户选项驱动的。客户选项—CI—DS 的关联解决了客户飞机构型配置问题。

构型层的另一个作用是控制 CI 的成熟度,使构型项 CIs 乃至整机的设计要求(飞机顶层 CI)满足设计要求。因此,对一架标准型飞机而言,构型层在飞机研制过程的不同阶段有不同的表达形式,以空客飞机研制的里程碑 M7 为分界点。在 M7 之前,非详细设计阶段,一个 CI 可能对应两个以上的 DS,进行方案对比、迭代和优化,而在 M7 之后,一个 CI 只能对应一个 DS,以优化的方案进入详细设计。

下层结构是设计解决方案 DS 的细化,相当于一个装配件,可用零件清册表示。DS 一直分解到基本单元为止(零件)。DS 与零组件、设计文件、规范、试验验证报告等关联。

第6章

现代飞机的产品结构

C hapter 6

6.1 飞机的工作分解结构

6.1.1 工作分解结构概述

工作分解结构是一种面向可交付成果的、对项目要素进行分组的层次结构,它定义了项目的整个工作范围,每下降一级表示对项目工作的更详细定义。

WBS 分解到底层为工作包。工作包的研制任务被分派给综合产品团队,用合同工作分解结构(CWBS)定义合同工作范围及交付成果。

工作分解结构的指导原则仍然是 MIL‐STD‐881(防务装备项目工作分解结构)。虽然 MIL‐STD‐881 属于军用规范,但民用飞机的工作分解结构的原理和方法是一致的,所以开发民用飞机的工作分解结构仍参照美国军标 MIL‐STD‐881执行。

WBS 是一个完整的项目管理工具,它支持产品研制和生产阶段的项目管理、系统工程、成本估算、挣值管理、构型管理、风险管理和合同分工。工作分解结构还用于建立项目规划、进度安排、成本估算、预算、跟踪、报告和实际费用累计,以及用于设计模型(或工程图样)和文件的编码系统。

从工作分解结构 WBS 的定义中,明确了以下概念:

(1) WBS 是以产品为中心的层次结构,由硬件、软件、服务、资料和设施组成。它在系统工程工作中形成的。

(2) 工作分解结构显示并确定了要研制的和/或在生产的产品,并建立起要完成的工作单元之间及它们与最终产品之间的关系。

(3) 工作分解结构可说明每一级别的详情。所有的工程项目或合同都需要提供报告依据。

MIL‐HDBK‐881A 给出了飞机的工作分解结构的一般形式,如图 6‐1 所示。

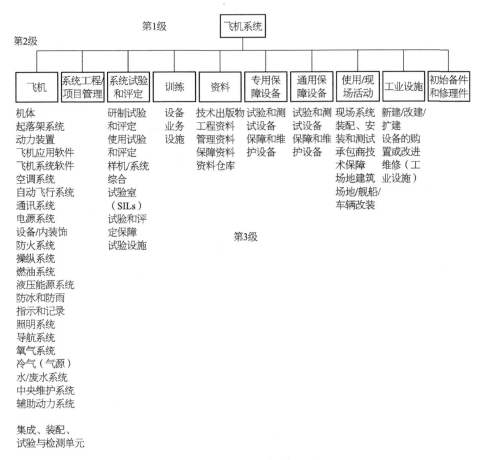

图 6-1　飞机的工作分解结构

6.1.2　工作分解结构的体系

工作分解结构是一个完整的体系。工作分解结构的体系结构如图 6-2 所示。

图 6-2 给出了 WBS、OBS、CBS、SOW、主进度、主计划等的关系。但是，严格地说，工作分解结构 WBS 只有两类，即项目 WBS 和合同 WBS。

1) 项目 WBS(program work breakdown structure，PWBS)(项目 WBS 简称为 WBS)

项目 WBS 覆盖了整个项目，至少包含项目的上三层。项目 WBS 用于：

(1) 定义整个项目。

(2) 能覆盖项目的所有的单元，并用于研发和扩展低层的 WBS 单元结构。

(3) 所定义的工作单元仅仅与一个特定的工作结果相关，保证活动没有遗漏或重复。

开发民用飞机 WBS 的目的是为项目经理(管理层)提供工程项目的工作分解结构的框架，在应用和延伸合同工作分解结构时起指导作用。

2) 合同 WBS(contract work breakdown structure，CWBS)

合同 WBS 是一种用于报告目的，并被供应商按需延伸的 WBS。从项目工作分解结构延伸到合同工作分解结构，如图 6-3 所示。合同 WBS 用于：

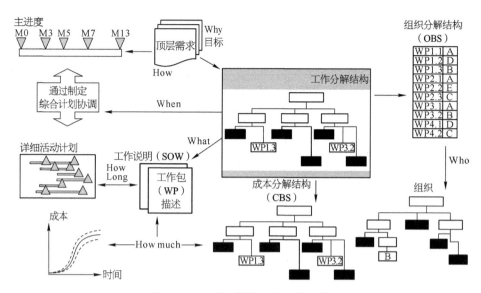

图 6-2　工作分解结构的体系结构

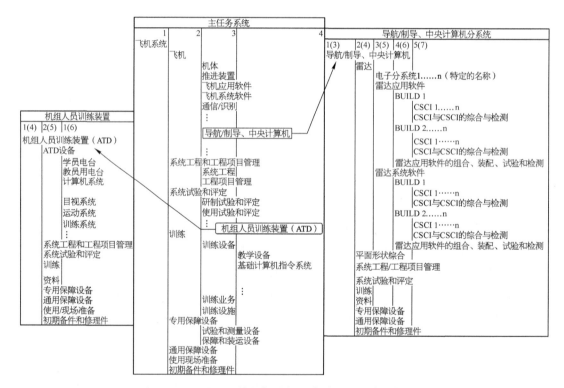

图 6-3　从项目工作分解结构延伸到合同工作分解结构

（1）扩展供应商承担的产品的所有单元。

（2）供应商按合同工作说明（contract work statement）及时提供工作报告。

6.1.3　开发 WBS 的步骤

WBS 的开发过程如图 6-4 所示。

定义产品　　　　　规范剪裁　　　　　按设计成熟过程
　　　　　　　　　　　　　　　　　创建和完善WBS

图 6-4　WBS 的开发过程

WBS 的开发大致有以下步骤：

1）定义产品结构

工作分解结构是以产品为核心的，首先要清晰定义所研制的产品。

2）对 WBS 规范进行剪裁

因为 MIL-STD-881 属于军用规范，包含了许多军机内容，所以要对 MIL-STD-881 规范及附录进行剪裁，删除那些不适合民用飞机的部分（有关军用飞机的部分），增加现代民用飞机产品特征的部分以及与产品研发体制相关的内容。

3）按设计过程创建和完善 WBS

WBS 是在飞机研制过程中定义，并指导飞机产品的进一步分解。在项目生命周期的各阶段（可行性阶段、概念设计阶段、产品定义阶段、产品建造阶段和生产阶段），WBS 的形式是不一样的。WBS 的开发过程见表 6-1。

表 6-1　WBS 的开发过程

阶段	系统工程内容		WBS 开发
可行性阶段	—需求定义 —技术储备 —系统工程 —商务研究 —顶层性能和功能要求 —法规要求		• 没有正式定义的 WBS
概念阶段	顶层性能	• 需求分配 • 产品研发目标	—CCDR 计划 —项目 WBS 第一级

（续表）

阶段		系统工程内容	WBS 开发
定义阶段		• 产品主要能力 • 接口方案 • 支援约束 • 用户操作技能约束 • 规范和法规的约束	—进度和成本估算 —WBS 单元的 CAIV
	初步设计	• 顶层设计要求 • 设计规范和法规 • 接口关系和规划 • 强制性验证要求 • 功能描述 • 试验规范	• WBS 第二级 • 供应商研发 SoW • 批准合同 WBS • 继续 CAIV • 成本/进度的检查
	详细设计	—详细设计以及检查合规性 —各构型项之间的接口协调 —关键构型项的风险管理 —可制造性、可装配性、可维护性 —试验要求和规划 —设计资料（构型文件）的完整性 —初步的产品规范	• WBS 第三级/第四级 • 批准项目 WBS • 供应商研发 SoW • 批准合同 WBS • 供应商对合同 WBS 延伸 • 继续 CAIV • 成本/进度的检查
建造阶段	原型试制	• 详细设计信息 　—图纸 　—数字化图形文件 　—软件清单 　—试验和验证 　—验收准则	• 维护项目和合同 WBS 　—更改管理 　—构型管理 • 继续 CAIV • 成本/进度报告
生产阶段		维护产品基线，客户构型管理	• 维护项目和合同 WBS • 优化供应链 • 提高生产率

注：CCDR—承包商成本数据报告（contractor cost data report）；CAIV—费用为独立变量（cost as an independent variable）。

6.1.4　开发 WBS 应遵守的规则

1) 100%规则

WBS 包含了项目范围内所定义的 100%工作，并且用所完成的工作（包括项目管理）来标识所有的交付物——内部的、外部的、过程中的。

100%法则是 WBS 的开发、分析和评估的最重要的指导法则之一。这个法则应用于 WBS 架构内的所有层次，"子层"的所有工作的总和必须 100%地等于"父层"的工作，同时 WBS 不应包括任何在项目实际范围之外的工作，也就是说，不包括 100%以外的工作。

要提醒的是，100%法则也适用于活动层，在每一个工作包里的活动所表示的工作必须达到工作包要完成的工作的 100%。

2）互不重叠规则

除了 100% 法则之外，还有一个重要的法则，即 WBS 的任何两个单元之间的定义范围不能重叠。如果边界含糊不清，可能引起重复工作或责任和权限的不清。同样，这种重叠也会引起项目成本核算的混乱。

应用 WBS 词典有助于澄清 WBS 单元之间的差别。WBS 词典用里程碑、交付物、活动、范围、日期、资源、成本、质量等描述了 WBS 的每一个组成部分。

3）WBS 只规划结果，而不规划活动

如果一个 WBS 的设计者试图捕获 WBS 中的任何一个活动细节，他或许关注了太多的或太少的活动。太多的活动可能超过 100% 的父层范围，太少的活动可能少于 100% 的父层范围。最好的办法是依照 100% 法则用结果（交付物）来定义 WBS 单元，这就保证不会过度地偏离规定的方法，同时允许项目参加者的创造性思维。对于新产品研发项目，保证 WBS 面向结果的最常用的技术是使用产品分解结构（product breakdown structure，PBS）。当项目提供了专业服务时，通常的技术是捕获所有计划的交付物，建立面向交付物的 WBS。

WBS 按项目阶段（即初步设计阶段、详细设计阶段等）再细分，但必须保证用交付物定义的阶段是清晰的，用入口定义和出口准则，或批准的详细设计评审文件来标识。

不同研制阶段（里程碑）的 WBS 开发完成后，应对 WBS 进行核查。核查内容包括以下方面：

（1）项目的范围是否描述清楚，指标是否可靠。

（2）各项交付物（成果）是否清晰定义。

（3）WBS 的层次是否合理，并与项目目标层次统一。

（4）工作、成果和目标之间的逻辑是否正确。

（5）交付物（成果）的指标是否可度量（数量、质量、时间、成本）。

（6）工作包的资源分配是否合理。

（7）风险是否可以接受。

（8）WBS 的分解过程是否如实反映设计阶段的成果。

开发 WBS 时易犯的几种错误：

（1）WBS 只描述功能，不描述产品。这就使得项目管理者不清楚项目的整个范围，只在形式上（而不是实质上）对产品负有责任。

（2）WBS 有分叉点，与 WBS 单元的集成关系不一致。例如，在分布式架构的飞行操纵系统中出现了与硬件项相关的软件，而这些硬件项将在 WBS 的下一层被集成和验证。这将导致难以分配集成的责任和计算集成的成本以及系统组件的试验成本。

（3）WBS 与 PBS 不一致。这个错误有可能造成不能完全实现产品分解结构描述的产品，并且使管理过程复杂化。

（4）形式上照抄国外的样板。不问外国公司的国情，不问飞机的不同，不问"样板"的由来，照搬照抄。

（5）用"写文章"的方法开发 WBS，不与产品的特征和生命周期相结合，不与产品研制过程互动，把 WBS"固化"为论文。

6.1.5　基于 WBS 的项目管理

项目是指一系列独特的、复杂的并相互关联的活动，这些活动有着一个明确的目标或目的，必须在特定的时间、预算、资源限定内，依据规范完成。项目参数包括项目范围、质量、成本、时间、资源。

项目管理是指把各种系统、方法和人员结合在一起，在规定的时间、预算和质量目标范围内完成项目的各项工作。即从项目的投资决策开始到项目结束的全过程进行计划、组织、指挥、协调、控制和评价，以实现预定的目标。

WBS 是项目管理的基础。基于 WBS 的项目管理框架如图 6-5 所示。

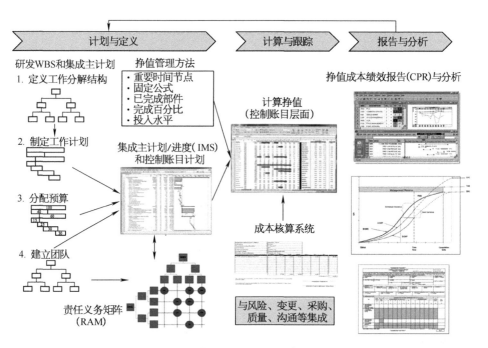

图 6-5　基于 WBS 的项目管理框架

基于 WBS 的项目管理包括：研发 WBS 和集成主计划（定义工作分解结构、制定工作计划、分配预算、建立团队）；定义责任义务矩阵；挣值管理方法；集成主计划/进度（integrated master schedule，IMS）和控制账目计划；计算挣值（控制账目层面）；成本核算系统；挣值成本绩效报告（cost performance report，CPR）与分析；与风险、变更、采购、质量、沟通等集成。

6.1.6　民用飞机 WBS 举例

作为参考，给出某民用飞机的 WBS 案例（表 6-2）。

表 6-2　某民用飞机的 WBS 案例

1级	2级	3级	4级	说明
飞机系统				
	飞机			
		机体		
		机翼	外侧翼盒	
			内侧襟翼	
			外侧襟翼	
			……	
			机翼集成	
		机身	41 段	
			43 段	
			46 段	
			……	
			有效载荷集成	
			机身集成	
		平尾		
		主起落架		
		……		
		机体集成、装配、试验和检验		
		航电系统		
			Common Core System (CCS) Navigation - FMS Navigation - TMS Navigation - ADRS Navigation - ERS Navigation - IRS Navigation - CM App Displays and Crew Alerting Integrated Surveillance Communications - SATCOM Communication-Recorders e-Enabling(Crew Information System) Maintenance Systems 航电系统软件 航电系统集成、安装、试验和验证	公共核心系统 导航- FMS 导航- TMS 导航- ADRS 导航- ERS 导航- IRS 导航- CM App 显示和机务警告 综合监控 通信- SATCOM 通信-记录 机务信息系统 维护系统

（续表）

1级	2级	3级	4级	说明
		座舱系统		
			Broadband Offboard Satellite System Cabin Services Systems Emergency Lighting System Inflight Entertainment System Telephone System Video Surveillance System 座舱系统集成、安装、试验和验证	宽带外接卫星系统 座舱服务系统 应急照明系统 空中娱乐系统 电话系统 电视监控系统
		飞行控制系统		
			Flight Controls Electronics High Lift Primary Flight Controls Autoflight Integrated Standby Flight Displays 飞控系统软件 飞行控制系统集成、安装、试验和验证	飞行控制电子 高升力 主飞控 自动飞行 综合待命飞行 显示
		电气系统		
			Cargo Compartment Lighting Electrical Power Conversion Primary Power Distribution Remote Power Distribution CBIC Electrical Power Generation Lighting Proximity Sensing/Air-Ground Network Current Return Window Heat High Voltage DC Racks and MC 电气系统软件 电气系统集成、安装、试验和验证	货舱照明 电源变换 主动力分配 远程动力分配 CBIC 电气动力 照明 接近探测/空-地 网络 电流回路 窗户加热 高压DC行李架
		燃油系统		
			Fuel Quantity Indicating System Nitrogen Generating System 燃油系统集成、安装、试验和验证	油量指示系统 氮气发生器
		环境控制系统		
			Equipment Cooling Moisture Control Humidification	设备冷却 湿度控制 加湿

（续表）

1级	2级	3级	4级	说明
			CACTCS Cabin Pressure Control System Conditioning Cargo Air Conditioning， Ventilation EE Cooling Power Elect Cooling Integrated Cooling System Compressor Ice Prot. System(CIPS) Cargo Fire Protection System Engine Anti-Ice(EAI)System Primary Ice Detection System Wheel Well Fire Detection System Rain Removal System(RRS) Wing Ice Protection System(WIPS) 环控系统集成、安装、试验和验证	CACTCS 座舱压力控制 货舱空气调节 通风 EE冷却 电源冷却 综合冷却系统 压气机防冰 货舱防火 发动机防冰 主防冰系统 机轮防火 除雨 机翼防冰
		有效载荷		
			Cargo Handling System Galley Lavatories General Lighting Oxygen System Water/Waste System Dimmable Windows 有效载荷系统集成、安装、试验和验证	货物处理 厨所 盥洗室 通用照明 氧气系统 水/废水 窗
		液压系统		
			Electric Motor Pump Hydraulics Subsystems Hydraulic Distribution Ram Air Turbine 液压系统集成、安装、试验和验证	电气马达 液压子系统 液压分配 空气涡轮
		机械系统		
			Wheels and Brakes Brake Control and Monitor Landing Gear Actuation Nose Wheel Steering 机械系统集成、安装、试验和验证	机轮和刹车 刹车控制和监控 起落架驱动 前轮转向
		驾驶舱		
			Flight Deck Control Panels Flight Deck Area Illumination Flight Deck Access System 驾驶舱系统集成、安装、试验和验证	仪表板 仪表板照明 仪表板通道

（续表）

1 级	2 级	3 级	4 级	说明
		发动机系统		
			EEC/EMU Thrust Reverser System Fire and Overheat Detection Auxiliary Power System(APS) 发动机系统集成、安装、试验和验证	EEC/EMU 反推力系统 防火和过热 辅助动力系统
	飞机级应用软件	飞机系统软件		
	飞机级系统软件			
	系统工程/项目管理			
	系统试验和评定			
		研制试验和评定		
		使用试验和评定		
		样机/系统综合试验室(SILs)		
		试验和评定保障		
		试验设施		
	训练			
		设备		
		业务		
		设施		
	资料			
		技术出版物		
		工程资料		
		管理资料		

（续表）

1级	2级	3级	4级	说明
		保障资料		
		资料仓库		
	专用保障设备			
		试验和测试设备		
		保障和维护设备		
	通用保障设备			
		试验和测试设备		
		保障和维护设备		
	使用/现场活动			
		现场系统装配、安装和测试		
		承包商技术保障		
		场地建筑		
		场地/舰船/车辆改装		
	工业设施			
		新建/改建/扩建		
		设备的购置或改进		
		维修（工业设施）		
	初始备件和修理件			

6.2   现代飞机的产品分解结构

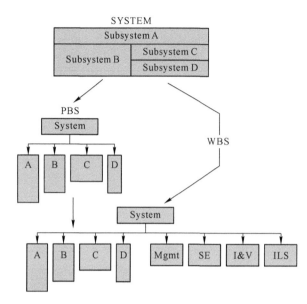

图 6-6   PBS 和项目 WBS 的关系

6.2.1   产品分解结构概述

产品分解结构是产品的层次化分解结构,如硬件项、软件项和信息项(文件、数据集等),用于产品逻辑的和功能的分解过程。PBS 应分解到产品的最低层。

PBS 与项目 WBS 密切相关,可以认为 PBS 是项目 WBS 的一个部分,或项目 WBS 包含了 PBS,如图 6-6 所示。

6.2.2   WBS 与产品结构视图的映射

定义工作分解结构 WBS 首先要定义产品分解结构 PBS,且相关资料不能与项目定义矛盾。产品分解结构是从项目管理角度观察的产品结构。

而产品结构(product structure),即产品的物料清单(bill of materials,BOM),是产品及其零组件关系的分层次的视图,表示一个复杂产品自顶向下的所有层次结构,直至底层零件和材料。每一层都用相关的构型文件描述(如工程图纸、零件细目表、规范、软件需求、设计文件,以及工艺/生产文件等)。

物料清单是产品分解结构的另一种表现形式。

通过 WBS 的工作包,把 WBS 与产品结构 BOM 关联起来,就是把项目管理对象与产品设计对象关联起来。

F-35 飞机的产品结构视图如图 6-7 所示。

洛克希德·马丁公司把产品视图(产品结构树)和 WBS 关联起来,给出了 F-35 飞机的产品综合模型(或称为产品综合视图),如图 6-8 所示。

通过产品综合视图可以看出构型项、构型文件、综合产品团队,以及工作包等之间存在着关联关系,也就是说,它把项目管理、构型管理和工程过程管理统一起来,描述了它们之间的联系,也就构成了企业产品信息集成的框架,为构型管理和项目管理之间架起了桥梁。

6.2.3   零件的构型信息

零件是产品数据管理(product data management,PDM)中的一个基本管理对象。零

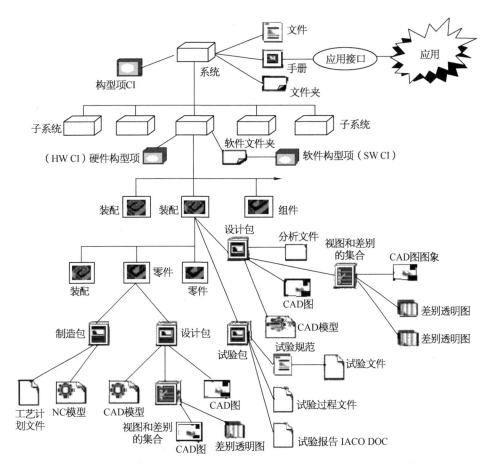

图 6-7 F-35飞机的产品结构

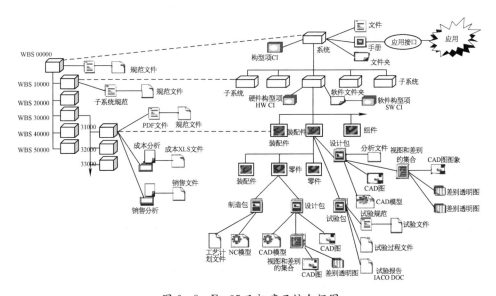

图 6-8 F-35飞机产品综合视图

件的构型信息的组成如图6-9所示。

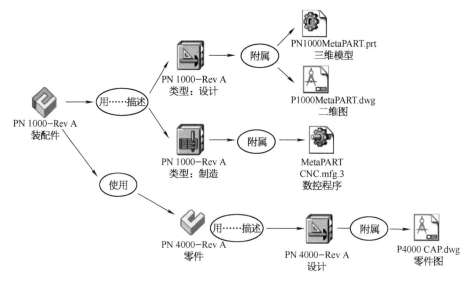

图6-9 零件的构型信息的组成

图6-9中的零件是一个装配件,零件号为PN1000,其版本为Rev A。该零件有如下的关系对象:使用关系(uses)、描述关系(is described by)、附属关系(attaches),以及依赖关系(depends on)。

零件通过这些关系与相关的文件、数据和所使用的零件相链接。

零件信息模型可用图6-10表示。

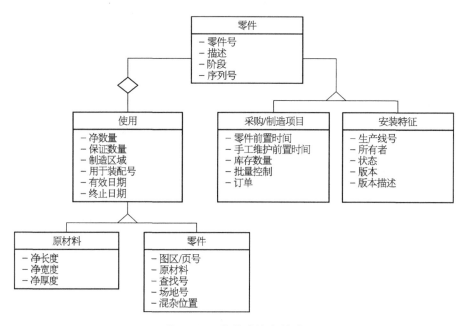

图6-10 零件的信息模型

（1）使用关系。描述所使用的零件和原材料。使用关系的属性包括数量、质量要求、制造区域、下一级装配件号、有效性等。使用的对象包括零件和原材料：零件，即所使用的零件，其属性包括图页、制造者、零件号等；原材料，其属性包括原材料的长度、宽度和厚度等。

（2）采购/制造项目关系。描述该零组件为本公司自制，或向供应商采购。其属性为零件交付周期、手工维护期、库存量、份额控制等。

（3）安装特征关系。描述安装计划、安装要求、工艺规范等。其属性为生产线号（PIN号）、业主、状态、版本，以及版本描述。

零件细目表（parts list，PL）是设计输出的另一个主要文件。

产品及其所有的零组件（包括原材料）都有自己的 PL。PL 也是产品数据管理系统产生的一种报表，是产品结构的另一种表现形式。

如果该零件已是产品结构的最底层，则在 PL 中就不出现它的下属零件，但可包括它的毛料、原材料或组分等。

PL 一般包括如下条目（节）：表头节（title）、版本节（revisions）、零组件专用数据（part specific data）、组件节（components）、互换性节，以及标准注释节（standard notes）。

其中，版本节中有如下属性：版本号、版本说明、批准日期、更改级别、阶段、类型。

零组件专用数据节中有如下属性：定义零组件的图页和区域、旗注、工艺规范、表面处理要求、安装要求。

PL 的关系模型如图 6-11 所示。

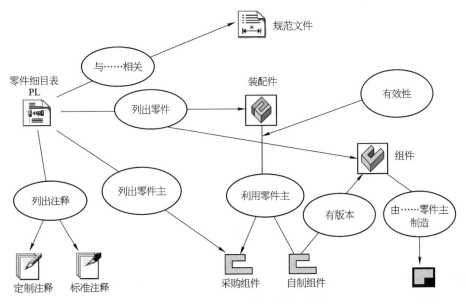

图 6-11　零件细目表的关系模型

PL 通过关系对象，与规范文件、装配件、零件主、注释文件等关联，同时通过版本和有效性与更改管理相通。PL 不能孤立存在，应由 PDM 系统自动生成。PL 也不能用手工填写,避免写错。

对模块化设计的飞机,除了一般类型的零件细目表之外,零件细目表的类型还包括:

(1) 模块零件细目表(module parts list,MPL)。

(2) 工艺零件的零件细目表(manufacturing part parts list,MPPL)。提供最终制造产品(-900)构型的文件。

(3) 供应商模块零件细目表(supplier planning parts list,SMPL)。

(4) 供应商定制零件细目表(supplier custom parts list,SCPL)。用于指定的飞机号,用来标识对于此架飞机哪些模块和零件有效的文件。

6.2.4　民用飞机 PBS 举例

图 6-12 给出了某民用飞机的 PBS 案例。

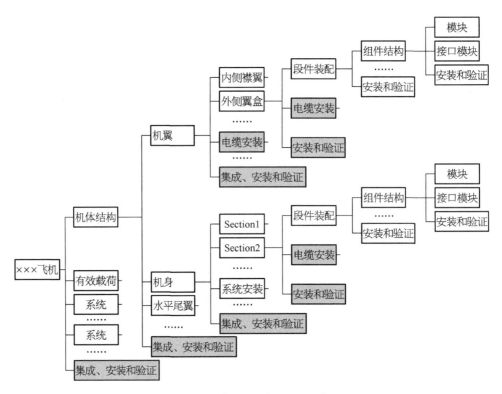

图 6-12　某民用飞机的 PBS 案例

该案例飞机为模块化结构,未标示模块的下层结构。接口模块包括模块之间的接口,也包括子系统之间的接口。

系统的安装分散在部装中进行,因此系统的分解与此相适应。

WBS 的通用单元,即装配、安装、试验和验证单元,出现在 PBS 的相应层次。

6.3 架构的整合

常见的工作分解结构有产品分解结构（PBS）、工作分解结构（WBS）、组织分解结构（OBS）、功能分解结构（FBS）、系统分解结构（SBS）。有时我们还使用通用工作分解结构（gWBS）。

通用工作分解结构指的是把飞机所有的设计、研发、生产、测试、取证和维修的工作分解成各个层级。通用工作分解结构不是针对一架具体飞机的，而是这一类飞机所有工作的汇总，是本公司长期总结出的飞机研制工作的全部工作。

各种工作结构的整合如图 6-13 所示。

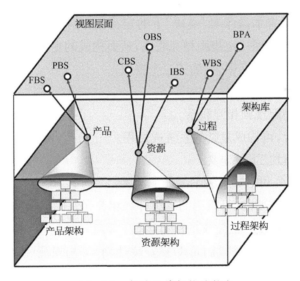

图 6-13　各种工作架构的整合

整合后的工作分解结构可以进行解剖，得到它的各种剖面，图 6-14 就是其中的一个

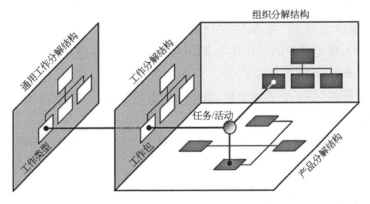

图 6-14　工作分解结构、组织分解结构和产品分解结构之间的关系

剖面。

从通用工作分解结构的一个元素对应工作分解结构中的某个元素,这种对应关系可以检查工作分解结构是否遗漏某项工作。工作分解结构的某个元素,产生某项任务/活动,它的结果就是产品分解结构的某个交付物,而这个任务是由某个组织来完成,即组织分解结构的某个元素。

6.4　飞机产品模块化的基础

6.4.1　模块的定义

1) 经济学家对"模块"下的定义

日本产业经济学者青木昌彦对"模块"下的定义是:模块是指半自律性的子系统,通过和其他同样的子系统按照一定规则相互联系,从而构成的更加复杂的系统或过程。

在青木给出的"模块"定义中,明确了三个要点:

(1) 模块有半自律性。

(2) 模块之间按一定规则相互联系。

(3) 通过模块组合,可构成复杂的系统或过程。

2) 波音公司对"模块"下的定义

在制造业界,波音公司对"模块"下了如下定义:

(1) 模块是产品所需要的、可重用的零组件和相关元素的逻辑结合。

(2) 模块包括了该模块产品定义的所有数据:零组件(3D/2D模型及零件细目表);相关元素,包括装配图页(或数字样机 DMU)、安装计划、工艺规范、工装、技术通报、合格证验证数据和质量数据。

(3) 模块不是一个可制造的最终项目。

(4) 模块的有效性采用可用制造序列号(line number available)来标识。

(5) 模块用来满足选项(options)的功能要求。

选项是供客户选择的"菜单",客户通过客户选项选择(customer specific option selection,CSOS),确定客户的个性化需求,并按此组合模块,生成客户飞机构型(airplane specific configuration table,ASCT)。

这里强调,"模块"是一个管理对象,是一个抽象的事物。"模块"不是一个物理上的概念,是不能"制造"出来的。

根据上述定义,模块常用模块零件细目表描述。每个模块都有一份模块零件细目表。

3) 模块零件细目表

模块零件细目表中包括如下属性:

(1) 题头信息:模块号、版本、模块零件细目表标识号、题头、机型、合同号、日期。

(2) 一般信息：模块拥有者、PIN 号、交叉引用。
(3) 版本信息：版本、版本说明、批准日期、更改号、阶段、类别。
(4) 模块特定数据：注释题头、注释说明。
(5) 模块安装要求：零件或标识号、说明、注释题头、注释说明。
(6) 组件：所需数量、零件或标识号、说明、注释题头、注释说明。
(7) 定位器编号表。
(8) 标准注释。
MPL 的样张片段如图 6 - 15 所示。

模块零件细目表	XXXXX公司	EXPORT CONTROL COM	CAGE 81205	编号： 168A3001-15	版本 A	第1页 共6页
MPL标识号： 168A3001-15#A 题头：壁板安装件				MODEL 737 / 合同号：	日期：	

OWNER　KISSINGER, JONNA/BJK4688　　PIN/ITEM　1863-0000

CROSS REFERENCES　SEE SEPARATE AIRPLANE MODULE LIST FOR NEXT HIGHER ASSEMBLY DATA
SEE SEPARATE PICTURE SHEET DATA LIST FOR FLAGNOTES AND GEOMETRY RELATED NOTES

. . . 版本 . . .

版本	版本说明	批准日期	更改号		阶段	类别
A	THIS MODULE WAS CONVERTED FROM APL AND IS EQUIVALENT TO THE APL PRE-MODULE. EQUIVALENT MEANS - THE TYPE DESIGN DATA IN PDM AGREES WITH THE BILL OF MATERIAL RELATIONSHIPS AS DEFINED IN APL AND MEETS THE PDM MODULE STATE APPROVAL REQUIREMENTS. CONVERTED FROM APL DRAWING 186A3001, REVISION U, OUTSTANDING ADCN'S NONE.	12-27-2002	PRR NA	39999	PRODUCTION	

. . . 模块特定数据 . . .

注释题头	注释说明
精简作业流：	1

. . . 模块安装要求 . . .

零件或标识号	说明	注释题头	注释说明
PSCC186A3001	INSTALLATION REQUIREMENTS	DRAWING	186A3001 SHEET 11

（续下页）

(a)

模块零件细目表	XXXXX公司	EXPORT CONTROL COM	CAGE 81205	编号： 168A3001-15	版本 A	第2页 共6页
MPL标识号： 168A3001-15#A 题头：壁板安装件				MODEL 737 / 合同号：	日期：	

（接前页）

零件或标识号	说明	注释题头	注释说明
		AIRPLANE MAINTENANCE ZONE INSTALLATION NUMBER	330 15 OPPOSITE TO 16=
		DRAWING AIRPLANE MAINTENANCE ZONE	186A3001 SHEET DL NOT AVAILABLE
		DP	DRAWING PICTURE SHEET 11
		OP	-15 OPPOSITE -16.
		PICTURE SHEET INSTALLATION REQUIREMENTS	INSTALL ALL HOLES, CUTOUTS, AND OTHER INSTALLATION REQUIREMENTS DEFINED ON THE LISTED PICTURE SHEET/INSTALLATION NUMBER, INCLUDING ALL STANDARD PARTS THAT ARE NOT OTHERWISE LISTED IN THE BILL OF MATERIALS.
		REF.DOC. 186A3001	BAC1534-63A PROCESS SPEC BAC5801 PROCESS SPEC BAC5000 PROCESS SPEC

. . . 组件 . . .

所需数量	零件或标识号	说明	注释题头	注释说明
1	186A3008-5	BRACKET	DRAWING AIRPLANE MAINTENANCE ZONE INSTALLATION NUMBER ZONE	186A3001 SHEET 11 330 15 B2
1	186A3008-7	BRACKET	DRAWING AIRPLANE MAINTENANCE ZONE	186A3001 SHEET 11 330

PARENTHESIS () INDICATES SUBSTITUTE PART

（续下页）

(b)

图 6 - 15　模块零件细目表的样张片段

　　模块的数据结构如图 6‑16 所示。模块数据包括设计数据（零件细目表）、安装计划、所需工装、支援项目（备件等）。

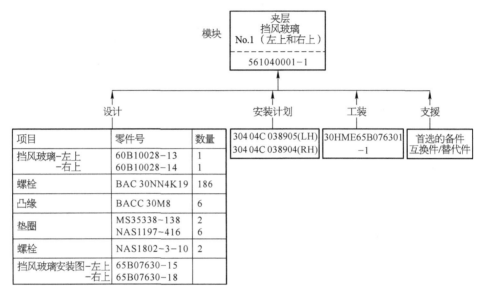

图 6‑16　模块的数据结构

6.4.2　模块的分类

1）按配置类型分类

按配置类型，模块可分为基本的和稳定的模块、可重用模块，以及客户特定模块三类。

（1）对应于主型号选项和次型号选项的模块皆为基本的、稳定的模块。主型号选项是用机体型号和尺寸来描述的，如波音 737、747、757、767、777。次型号选项是对主型号的进一步区分，用次型号标识符表示，如波音 737‑700、波音 737‑800 等。

（2）对应于客户可用选项的模块为可重用模块。

（3）对应于客户特定选项的模块为客户特定模块。

在一般情况下，飞机的大部分零组件属于稳定的和基本的模块。可重用模块相比之下数量较少一些，这些模块是制造商设计的或客户曾经选用过的，反映了大多数客户的需求。而客户特定模块反映了客户的特殊要求，其数量应限制在更小的范围内，它们需要工程重新设计和验证，影响产品交付周期和成本。对客户特定选项的承诺要符合公司的营销策略和长远利益。

2）按性质分类

模块按性质分类如图 6‑17 所示。模块按性质分类，可分为基本模块、预发展模块、可重用模块、外购模块、面向生产速率的模块、变型产品的公用模块。

3）按选项关系分类

根据模块与选项的关系（即模块和选项之间的关联关系），还可将模块分为独立模块

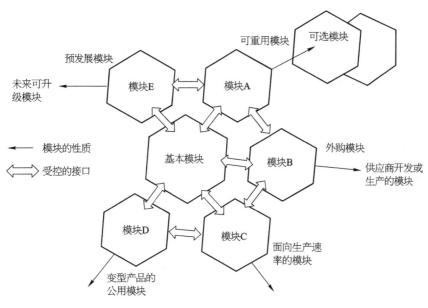

图 6-17　模块的分类

和依附模块两种。

（1）独立模块是指满足或部分满足一个单一选项的模块，其数据可以全部满足或部分满足相应的一个选项，如图 6-18 所示。

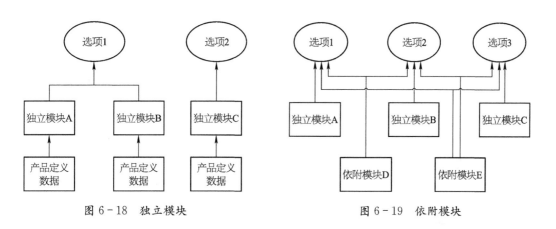

图 6-18　独立模块　　　　　　　图 6-19　依附模块

（2）依附模块指只有当某些特定的选项组合的条件下才能使用的模块，如图 6-19所示。

在图 6-19 中，若客户只选择"选项 1"，则独立模块 A 被选中；若客户只选择"选项2"，则独立模块 B 被选中；若客户同时选择了"选项 1"和"选项 2"，则有三个模块同时被选中，即独立模块 A、独立模块 B 和依附模块 D。

4）其他分类

模块还可分为功能模块和结构模块两大类。

（1）功能模块是在客户对产品功能需求的基础上，将产品的功能自顶向下地分解为各个子功能，再分配给相对独立的模块，承担相应的子功能，这种具有一个或多个功能的模块称为功能模块。功能模块的组合便能够达到产品的总体功能要求。按照这样的原则建立的功能模块，不仅具有相对独立的功能，而且具有功能互换性。

（2）结构模块通常用于承载功能模块，是功能模块的载体。例如飞机结构件就属于结构模块，它又是功能模块的载体。但结构模块除了用于安装功能模块之外，同时它本身也具有使用功能。

6.4.3　模块的标识

模块的标识用模块号和版本号进行控制。

模块的标识为

$$XXXAXXXX - DDD\_CCC/NNN$$

其中，XXXAXXXX 为模块基本号；DDD 为模块构型号，或称模块号，三位数字，奇数为左件，偶数为右件；CCC 为模块版本号（工程）；NNN 为模块制造版次号（工艺）。

一个模块可以有多个构型，即可以有多个构型号，如 182A2401 - 1、182A2401 - 3、182A2401 - 5 等。

模块版本分为设计版本和工艺版次。设计版本表示对工程数据的更改，用英文字母表示；工艺版次表示对制造数据的更改，用数字表示。制造版次不能单独使用，它必须与相应的设计版本联合起来才有意义。

以机翼前梁组件（左件）模块为例，若机翼前梁组件（左件）模块的编号为 182A2401 - 3_A/3，表示设计版本为 A，工艺版次为 3。

模块必须符合构型的意图。如果构型意图发生改变，则模块要用新的模块号重新标识。

6.5　模块化设计

6.5.1　产品模块化设计的需求

产品模块化设计是一种现代产品设计理念。产品模块化设计的需求来源于：

（1）客户需求。安全和可靠性需求、系列化和多样化需求、交付周期和准时交付的需求、降低全寿命成本的需求、维护性需求等。

（2）公司商业利益的需求。上市时间和产品交付周期要求，扩大可重用性，加速新产品开发，增加客户满意度，达到商业上的成功。

（3）工业化需求。适应大规模生产的需要，降低成本，简化构型管理，减少错误和返工，提高产品质量，提高一次成功率。

模块化设计的优势主要体现在：

（1）提高产品数据的重用性，可以快速开发出适应客户需要的系列化和个性化产品，开拓市场，提高客户满意度。

（2）按订单配置客户构型，满足客户多样化需求，同时兼顾大批量生产模式的优势，降低成本。

（3）实现产品结构扁平化，简化工程管理和构型管理，提高产品数据管理的有效性和精确度。

（4）按精简作业流（tailored business streams，TBS）和精简物料管理（tailored material management，TMM）组织生产，体现精益生产理念。

（5）采用先进的模块化生产和装配模式，缩短交付周期。

（6）模块化有利于产品的维修性和客户增值服务。

（7）模块的划分有利于合作伙伴（供应商）的接口定义和建立合作研制体制。

波音737-NG飞机的集成制造体系是一个成功的模块化设计案例。

波音737-NG的集成制造体系汇集了客户管理、构型管理、精简的物料管理、供应商管理、生产管理（移动装配线）、资产管理及团队管理等于一体，塑造了一个商业成功的模式。这就是波音公司的核心竞争力。

图6-20表示737-NG飞机的模块化体系。

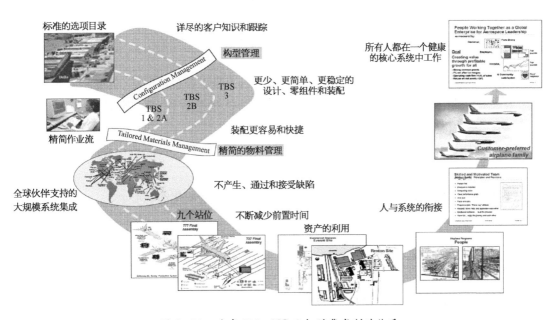

图6-20 波音737-NG飞机的集成制造体系

737-NG飞机的模块化体系是波音成功的典范，表现在：详尽的客户跟踪；更少、更简单、更稳定的设计、零组件和装配；装配更容易和快捷、不产生、通过和接受缺陷；不断减少前置时间；高的资产利用率；人与系统的协同；团队健康运行。

6.5.2 民用飞机模块化设计的"V"字图

民用飞机模块化设计的全过程如图 6-21 所示。

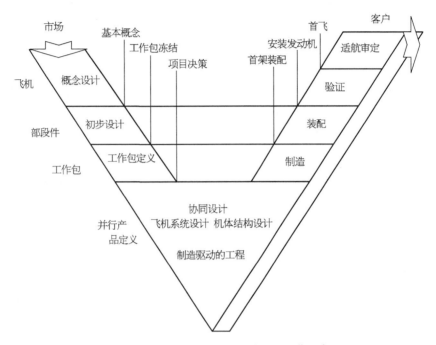

图 6-21 民用飞机模块化设计过程的"V"字图

"V"字图的左边是工作包的分解,"V"字图的右边是工作包的制造、集成和验证。

在飞机研制的时间坐标方向,里程碑有市场需求、概念设计、工作包冻结、项目决策、首架装配、发动机安装、验证和确认、进入服务等。

协同设计是"V"字图的并行产品定义阶段,包括飞机系统设计、机体结构设计和面向制造的工程。

工作包的分解和指派及建造包的集成和验证是产品模块化的核心。

6.6 飞机模块化架构

6.6.1 产品模块化平台

在策划产品模块化时,应该明确模块化的目标是什么。也就是说,要弄清楚为什么要开展模块化?最终要达到什么样的目标?采取什么样的模块化策略?需要制定哪些程序和规则?模块化的实施途径及管理方法是什么?现行的设计体系需要进行哪些改变?

现代产品设计已不再是设计"一个产品",而是设计"一个平台"。利用平台的通用性和模块的重用性,实现产品的系列化和多样化。它的基本思想是开发一个通用的产品平台,利用它能够高效地创造和产生一系列派生产品,使得产品设计和制造过程的重用能力得以优化,有利于降低成本,缩短产品上市时间,还可以实现零部件和原材料的规模经济效应。

所以,模块化平台的建设是一项企业级的战略决策,如图 6-22 所示。

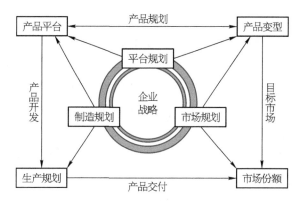

图 6-22　平台建设是一项企业的战略

模块化设计需要两类人员,即平台设计师和产品设计师。

负责模块化总体设计、规划飞机通用结构平台的人被称为"平台设计师"。产品结构平台是自顶而下设计的,即从客户需求开始,进行功能分解和结构分解,得到模块及其组成,建立模块化产品结构。

而产品设计师是在模块化的平台上开展产品设计、制造、验证和集成。

图 6-23 所示为产品模块化的分解和集成的过程。

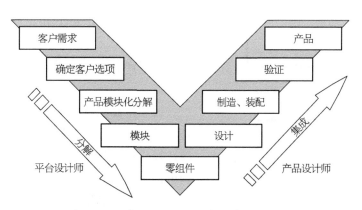

图 6-23　产品模块化的分解和集成的过程

产品"平台"是一个由项目专家创建和维护的产品分解结构,并用选项和选项组合来定义所需的解决方案(构型)。

1) 创建产品平台的关键技术

(1) 产品分解结构的生成、修改和维护。

(2) 组织分解结构的生成。

(3) 按 WBS 与 OBS 对等原则,将工作包分配给综合产品团队。

(4) 定义、维护和查询选项及选项组。

(5) 建立选项与模块的关系。

(6) 模块的并行产品定义。

(7) 利用"向导",将 CAD 模型与产品结构关联。

2) 产品平台的设计

产品平台的设计工作包括通用产品平台的总体设计和特定变量生成。

(1) 通用产品平台设计是设计一个包含若干选项的"产品平台",其设计步骤有分析平台必要的选择性、查询现有产品的重用性、创建通用产品定义(构建支持选项的产品设计;重用已有的和创建新的产品设计数据;建立选择产品选项的规则;若必要,进行评价和迭代)、发放和维护平台。

(2) 特定变量的生成是利用该"平台"来定义和创建若干产品变量,适应广大的客户或市场需求,其生成过程如下:识别所需的特定变量、评价当前平台的重用性、创建变量定义(指定变量选项;用可交付成果创建变量;如需要,编辑、设计和定义可交付成果;如必要,评价和迭代)、发放和维护所生成的变量。

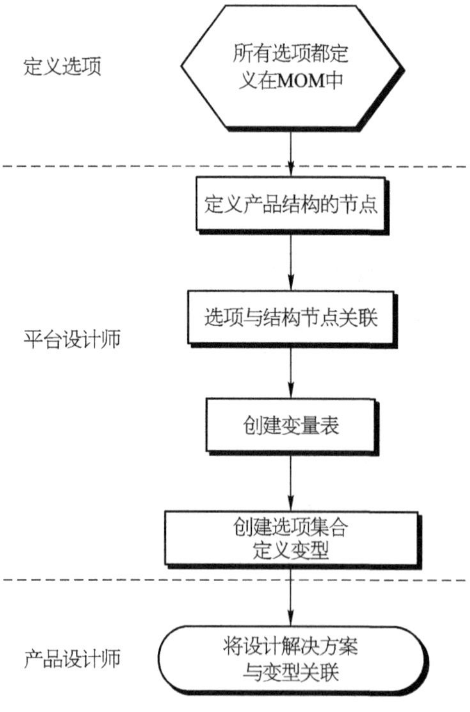

一个客户选项对应一种客户可选择的使用功能,客户选项目录(客户菜单)就是按功能分解的所有选项的汇总。

通过模块与选项的关系,以及模块与模块的关系,可以评估产品模块化分解是否合理,以及模块的工作量大小和整体协调性的平衡情况。

基于产品平台的设计工作流程如图 6-24 所示。

通用产品结构(generic product structure)是一种可生成产品变型的产品结构。当客户选项选择作用于通用产品结构时,从通用产品结构可以过滤出对应于客户选择的构型。

从通用产品结构可以过滤出精确的产品结构,即所谓的"客户构型"。

民用飞机的通用产品结构模型如图 6-25 所示。

产品通用产品结构模型包括下述上下文关

图 6-24　基于产品平台的设计工作流程
MOM—型号选项管理员(model option manager)

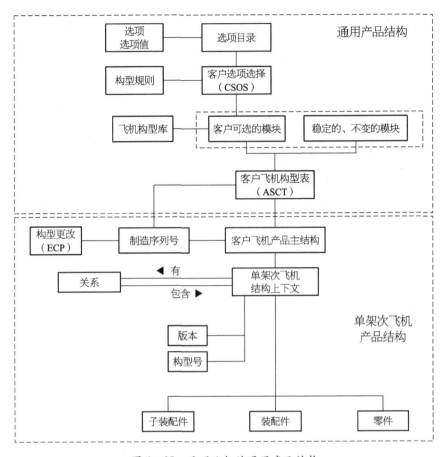

图 6-25　民用飞机的通用产品结构

系:结构上下文;协同上下文;构型上下文;版本上下文;变型上下文;闭包上下文。通用
产品结构模型的上下文关系如图 6-26 所示。

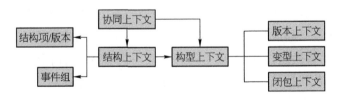

图 6-26　通用产品结构的上下文关系

　　模块化结构的优点在于模块的重用性和可配置性,当通用产品结构以模块为单元进
行搭建时,就显示出它的优越性。

　　过去,波音的 APL 系统和麦道的 PRIMS 系统很难建立通用产品结构。因为客户飞
机的构型是以零件为单位进行管理,在每张图纸上都要标上"有效性"(架次号)。从 777
飞机项目开始,波音公司提出了一种"模块化"构型管理思想。把有效性的标注从零件一

级提升到模块一级,模块标注有效性,而零组件不再标注有效性。

6.6.2　模块化架构的定义和建立过程

模块化产品架构是在系统工程过程中产生的。

将一个复杂的系统或过程按照一定的联系规则分解为可进行独立设计的半自律性子系统的行为,称为"模块化分解"(或"模块划分")。

哈佛大学商学院的鲍德温和克拉克给"模块化"下的定义是:模块化是一种特殊的数据结构,其中参数和任务结构在单元(模块)内是相互依赖的,而在单元(模块)之间是相互独立的。对任何设计来说,单元(模块)间的独立性和相互依赖性可以通过设计或任务矩阵来确定。

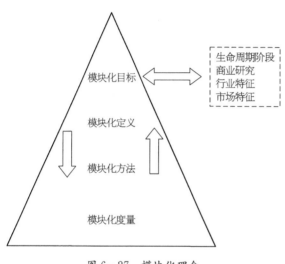

图 6-27　模块化理念

产品模块化的理念包括模块化目标、模块化定义、模块化方法、模块化度量。模块化理念可以用图 6-27 表示。

模块化产品架构是一个逻辑上的产品结构,它按照产品研制目标和业务需求,定义和控制了系统(产品)规范、模块规范和模块接口规范。一个好的模块化架构必须考虑产品的性能、价格、质量和数量的期望值,以及交付的产品的成本和上市时间的期望值,同时适应于产品研制的体制和资源,在此基础上得到的最好的解决方案。

模块化架构由两部分定义组成,一部分是把产品规定的全部功能分解为一系列的子功能和承载这些功能的组件,第二部分是这些组件之间的接口规范,换句话说,就是组件如何衔接在一起成为一个完整产品或系统。接口规范在柔性架构的设计中是很重要的,它允许产品替换组件,配置成不同的变型,而不需要做任何调整。

模块的定义是在产品的功能分解和物理分解的过程中完成的,两者有映射关系,因为物理分解的单元往往承载着功能分解的子功能。

模块化架构定义的过程如图 6-28 所示。

图 6-28　模块化架构定义过程

模块化架构的评审可用以下指标：接口成本；装配资源要求；重用性成本；可制造性指数；可靠性指数；重量；质量指数。

模块化架构的建立过程如图6-29所示。

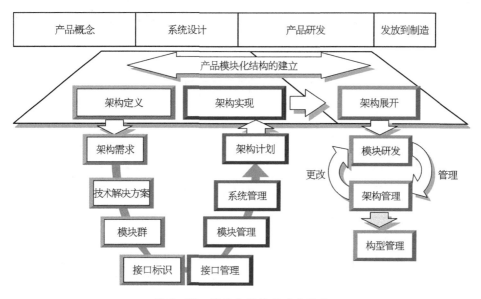

图6-29 模块化架构的建立过程

产品模块化架构的建立有三个过程：架构定义过程；架构实现过程；架构展开过程。

6.6.3 飞机模块化总体方案

模块划分的一般原则有：

（1）功能单元模块化原则。功能单元的划分，取决于用户对产品使用的要求，并借助一定的科学方法对功能和结构进行透彻的分析。

（2）功能单元独立化原则。已分解的功能单元在结构上尽可能做到独立化，以利于不同的组合和搭配，构成多种变型品种。

（3）部件模块化原则。部件是产品设计与制造过程中经过长期的经验积累而形成的结构相对稳定的单元。以部件为模块单元，便于模块的互换，同时也便于借鉴以往的设计成果。部件模块化强调功能的独立性。

（4）组件模块化原则。功能分解细化后，可进一步将部件中的某些组件模块化。组件模块化有时比部件模块化更灵活、更经济。

（5）基础件模块化原则。基础件是产品的大件、承力件或关重件，大多是锻件或数控加工件。

模块的大小（划分的粗细程度）要适当。模块不能过大（划分过粗），太大会难以控制，不便于模块的定义、设计和维护；模块也不能太小（划分过细），太小将失去功能意义，使模块之间关联度增强,模块的独立性降低,从而影响模块的层次结构。

模块的大小(粒度)必须以模块的功能意义、复杂程度、便于管理、重用性和经济性为依据。

图 6-30 是飞机模块化策划的一个总体方案图。这里把飞机模块分为五大类:主结构模块、接口控制模块、装配集成和验证模块、外形和基准模块,以及系列化个性化定义模块。

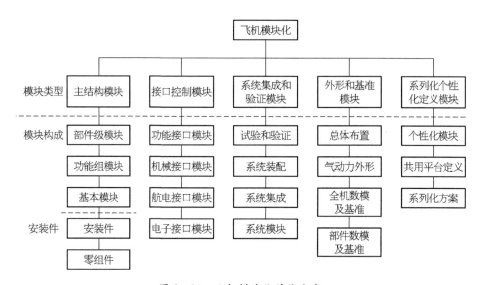

图 6-30   飞机模块化总体方案

(1) 主结构模块承载着飞机系统的功能。飞机的主结构模块划分(案例)如图 6-31

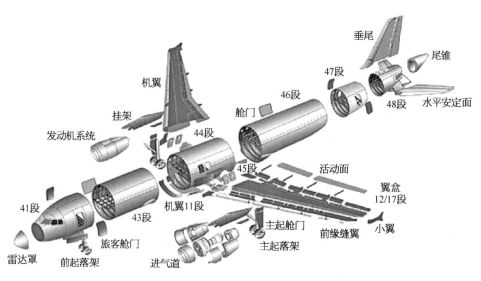

图 6-31   飞机的主结构模块划分(案例)

所示。

（2）接口控制模块包括安装、装配、集成合理试验模块。

（3）装配集成和验证模块包括部件交付、部件对接、全机总装和地面试验四类模块，它是按飞机总装工艺所定义的模块。

（4）外形和基准模块包括总体设计、气动力设计、全机数模及基准、部件数模及基准等模块，用于定义飞机的总体布局、理论外形和设计基准。

（5）系列化个性化定义模块包括公共平台设计和系列化方案两类模块，用于定义飞机的系列化和个性化。

所有模块都是与特定的选项或选项的联合相关的。因此，产品模块化总体方案必须包括选项与模块的关系，如图6-32所示。

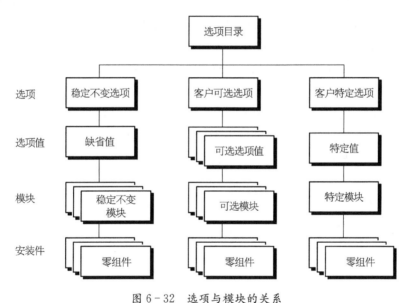

图6-32　选项与模块的关系

将模块结构与选项相关联，才能完整地表示飞机模块划分的思想。

6.6.4　模块的体系结构

模块的体系结构主要说明选项与模块之间的关系。模块体系结构有如下规则。

1）选项与独立模块之间的关系

（1）一个主型号选项或次型号选项可以要求一个或多个独立模块。

（2）可用选项或客户特定选项要求一个或多个独立模块。

2）选项与依附模块之间的关系

（1）一个选项可以对应多个依附模块，反之，一个依附模块可以对应多个选项。

（2）一个依附模块可以对应多于一个的选项组合。

3）主型号与次型号模块之间的平衡

如果大多数使用零件关系是属于次型号的，同时，如果商务订单有保证，则这些基本和稳定的使用零件关系，作为次型号零件，包含在一个单一的次型号模块内。

4）模块与选项或选项组合关系的识别

尽可能做到模块与一个单一选项相配。在一个模块中的所有构型项 CI 都能识别该模块对选项或选项组合的关系。

模块的应用规则如下：

（1）对于一架特定的飞机，一个独立模块只用于一个并且仅仅是一个选项。

（2）若一个独立模块有多个标识号，则只有模块的一个标识号可以用于一架特定的飞机。

（3）除了已用于特定的飞机（给定了有效性）的模块标识号之外，在一般情况下，将用最新的模块标识号来定义新的客户飞机，即规定最新的模块标识号有效。

（4）模块不能通过从其他模块中删除零部件而生成，它具有"只做加法"（add-only）的特性，模块可以通过增加一些特征（如孔特征等）来生成新模块。

（5）一个模块不能嵌套到另一模块上，即模块不能嵌套使用。

（6）每个模块只能支持精简作业流（TBS1、TBS2、TBS3）中的一种。

（7）模块可以与某些产品数据链接，例如系统图表、布线图、系统功能试验和安装计划、工装、验证数据、技术出版物、地面支持设备和其他数据。

6.6.5　基于模块的产品数据结构

基于模块的产品结构如图 6-33 所示。

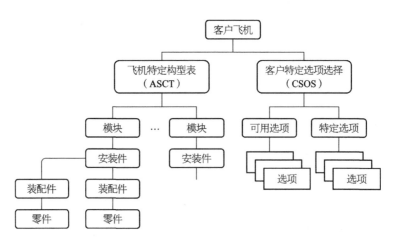

图 6-33　基于模块的产品结构

在图 6-33 中，模块通过客户特定选项选择和飞机特定构型表与客户需求关联。模块通过安装、安装计划、特征与零组件、原材料、工艺规范、供应商等关联。

在基于模块的产品结构下,产品数据关系模型如图 6-34 所示。

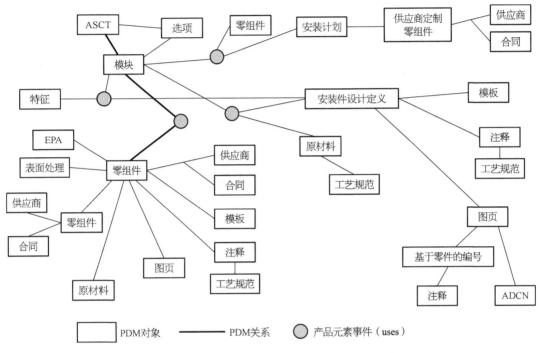

图 6-34　模块化产品的数据关系模型

EPA—工程零件批准;ADCN—先行图纸更改通知

其中,安装计划(installation plan)的结构关系模型如图 6-35 所示。

波音公司把一些部件(或组件)作为外购件,交给供应商制造。用供应商定制零件(supply chain partnership,SCP)定义供应商的采购合同。

模块的安装计划包括安装定义、工装、工艺规范、材料规范、图样和更改信息等。

模块化飞机的产品数据结构以模块为核心组织,构型项 CI 定义在模块上,构型管理从零件提升到模块一级。

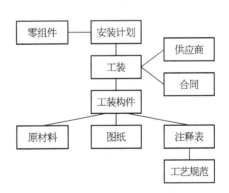

图 6-35　安装计划的结构关系模型

所以说,模块化化解了设计视图与制造视图的矛盾,达到 BOM 视图的统一,使单一 BOM 成为可能,使产品单一数据源的建立有了理论基础。

"我们可以在全球各个站点连接上万名员工,实时获得精确的 BOM 数据",波音公司 PDM 产品和服务总监 Nancy Bailey 说,"使用这个系统能确保我们不论在什么时候都能够在正确的时间、正确的地点获得正确的零件数据。"

6.7 飞机不同设计领域的模块化

6.7.1 机体结构的模块化

飞机模块化结构是一种扁平结构，飞机结构分为两层：上层（飞机-模块）和下层（安装-零件）。

按性质分类，飞机模块可分为机体结构模块和飞机系统模块。

这类民用飞机的结构模块化，基本上按照装配过程（模块化装配）和单元制造要求，进行模块化分解，采用并行工程和 DFM/A 方法进行设计。波音飞机就是这样的典型。对波音飞机（含麦道）的机体结构分解比较容易理解，这里就不再详细讨论。

民用飞机的上层产品结构形式通常是固定的，如图 6-36 所示。

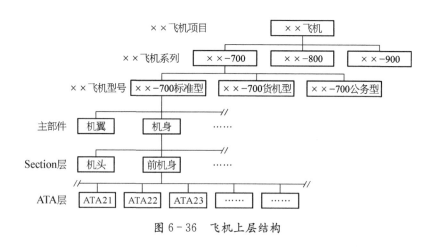

图 6-36 飞机上层结构

上层结构分解到段部件（Section 层），再分解到专业层（ATA 层）。通过段部件组织产品数据。

在上层结构的基础上，遵循 WBS 原则，继续自上而下地进行结构分解，得到分系统的产品结构，再汇总形成飞机的产品结构。

如前所说，飞机产品结构的分解分可成两类，即机体结构的分解与飞机系统的分解，它们的分解方法是不一样的，也称为两个不同的领域。机体结构分解有时称为工业分解，它主要按重用性和模块化生产方面的因素考虑的，而系统的分解更看重系统的可靠性和维修性。因为两者的设计要求（构型项 CI）不同，故分解方法也是不一样的。

在一般的概念里，"飞机主承包商"等同于"飞机总装中心"。飞机总装中心的主要工作是完成合作伙伴（供应商）交付的部件（外壳）的验收、机体的对接，然后进行系统安装和试验、喷漆和出厂试飞。也就是说，飞机的总装放在总装中心进行。

但是，在总装阶段接收的部件带不带系统？在部装阶段是否已预装了系统？这是一个飞机设计阶段必须定义的问题,不是工艺人员可以安排的。它涉及飞机设计目标、技术储备、合作伙伴(供应商)介入层次、模块化深度等。

　　系统的安装可以放在飞机总装时进行,例如 MD90 和波音 737。交付到总装线(车间)的部件,即总装接受的部件,基本上是一个外壳(结构件)。某案例飞机也是如此情况。在总装中进行部件对接,并安装系统。系统安装集中在总装上,总装不仅工作量大,而且工作面铺不开。

　　对于系统安装集中在总装时完成的飞机,飞机的产品结构架构如图 6-37 所示。

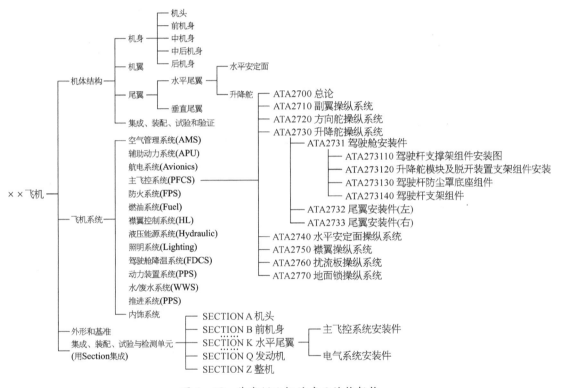

图 6-37　某案例飞机的产品结构架构

　　波音公司 787 飞机发展了模块化方法,在技术、经济平衡下将 787 飞机机体结构与各主要系统的功能结构进行合理分解,通过广泛调研论证选取"模块"供应商,并与其结成战略合作伙伴式联盟,共担研制风险,共享信息资源。波音公司改变了过去仅仅以工艺分离面划分结构的方法,经过优化设计合理分工,基于模块化的设计方法理念,将全机结构划分成多个整体结构功能模块,并赋予一级供应商完整的结构设计制造与系统集成任务和责任。同时波音作为主集成制造商与"模块"供应商共同制定产品的分工界面和标准规范,各自完成分担的任务工作包,最终仍由波音完成产品的总装集成、生产和交付工作。在进行产品系统分解阶段,整个大系统被分解成耦合度很弱的若干模块。由于模块间的耦合度很弱,使各模块的并行开发成为可能,从而大大缩短了系统的开发时间。

6.7.2　机载系统的模块化

飞机模块化的主要难点在飞机系统的模块化分解和集成方面。因为现代飞机系统十分复杂,设计的难度也大,并且升级换代很快,需要多个供应商参与。另外,在飞机系统的模块化分解和集成上技术储备不足,系统设计往往成了飞机设计中的一个难题。

系统除了功能、性能、物理方面要满足飞机的要求之外,特别注重可靠性和维修性指标,故采用面向维修性的设计方法。

图 6-38 是飞机系统设计概念图。

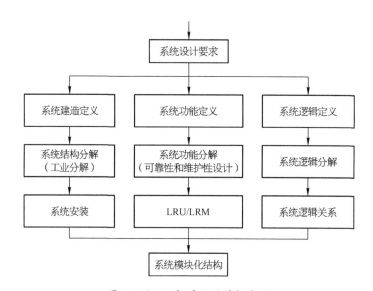

图 6-38　飞机系统设计概念图

以航电系统为例,进行讨论。

航电系统是指飞机上所有电子系统的总和。一个最基本的航空电子系统由通信、导航和显示管理等多个系统构成。

在现代的民用飞机上(如 A380 和 787 飞机),航电系统(如飞行管理、推力管理、中央维护管理、显示管理、飞机状态监控、飞行操纵系统、飞机管理系统、导航系统、通信系统、防撞系统等系统)及非航电系统(如燃油系统、电源系统、液压系统、环控系统、防冰系统、防火系统、起落架系统、舱门系统等)都已实现了模块化和综合化,达到了空前水平。它们共用一个综合信息处理器,建立虚拟平台,用虚拟通道传送数据。在通用的硬件平台上,加载不同的软件模块,可以完成不同的功能要求。全机的计算机资源和信息通过虚拟网络连接,传输指令,不再受物理位置的限制。

飞机系统的开放式、综合化、模块化和智能化推进了飞机模块化的发展。

根据可靠性和维修性设计原理,系统应分解到航线可更换单元(line replace able units,

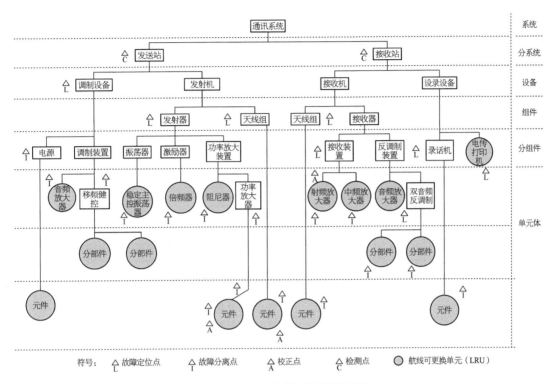

图 6 - 39　系统分解到 LRU/LRM

LRU)或航线可更换模块(line replaceable module，LRM)，其示意图如图 6 - 39 所示。

　　需要强调的一点是，系统软件也是产品结构的组成部分。在现代民用飞机的产品结构中，系统软件的功能越来越重要，且它的开放性、综合性和控制功能不断扩展。系统软件管理常常是构型管理的一个薄弱环节。

　　飞机子系统的标识应符合国际通用规范，如符合 ATA 规范或 S1000D 规范的规定。在这些规范中规定了各子系统包含的内容和不包含的内容。

　　以飞控系统为例，飞机的飞控系统的产品结构树的表述如图 6 - 40 所示。

　　其中，系统定义包括系统功能定义、系统结构定义、系统原理定义、控制律要求的确定和定义、系统主要部件定义、系统重量控制和减重。

　　系统软件和应用软件可以不归宿于飞控系统，而放在飞机系统(WBS 第 2 级)中。这视软件的集成位置而定。

6.7.3　安装、装配、试验和集成单元的应用

　　在 MIL - STD - 881 中，通用工作分解结构单元(即：集成、装配、试验与检测；系统工程；项目管理；系统试验与评定；培训；资料)应用于它们所支持的工作分解结构中的适当级别。

　　举例来说，如果位于工作分解结构中第 3 级的一个单元需要通用单元的支持，那么通

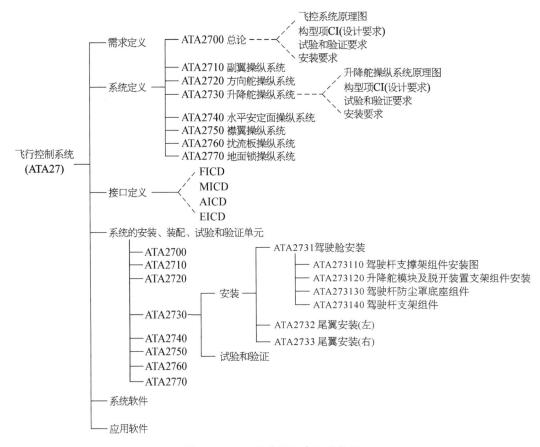

图 6-40　飞控系统的产品结构树

用单元的工作分解结构单元将出现在该工作分解结构的第 4 级，并位于它所支持的那个第 3 级的单元之下。

　　如果在采用了集成、装配、试验和测试单元的范例中，该单元包括了在将 3 级设备（硬件/软件）装配到 2 级任务设备（硬件/软件）中成为一个整体而不再是任何其他各个 3 级单元直接部分时，与所要求的配合面、结构、设备、零件、材料和软件等的设计、研制和生产有关的技术和功能活动的所有工作。

　　通用工作分解结构单元包括：

　　（1）制定工程方案，确定总的设计特性，确定设计评审要求。

　　（2）对装配好的部件或分系统，在安装之前进行的试验的准备、实施和评审。

　　（3）详细的生产设计、生产性工程计划（producibility engineering planning，PEP），以及制造工艺能力，包括为实现符合工程要求和生产经济性及质量一致性的能力所进行的工艺设计研制和证实工作。

　　（4）与接收有关的检验活动，工厂与销售商的联络。

　　（5）设计维修工作。

　　（6）质量计划与控制。

（7）工装（初始生产设施、工厂保障设备），包括计划、设计和制造。

（8）管理工程。

（9）第 3 级设备单元的连接或配合和总装，以构成一个完整的主要任务设备（如果该工作是在制造厂完成）。

图 6 - 41 和 6 - 42 是两架案例飞机机翼的集成。

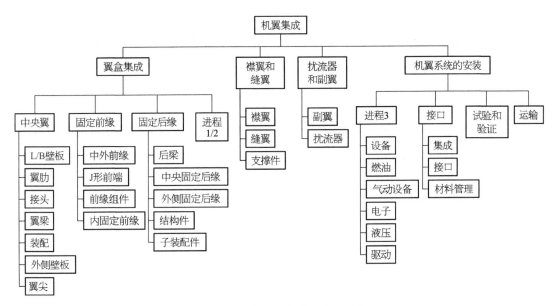

图 6 - 41　案例 1 机翼的产品结构

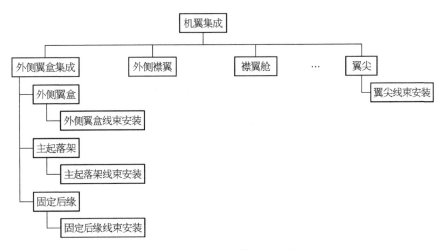

图 6 - 42　案例 2 机翼的产品结构

在案例 1 中，机翼产品结构包含了机翼系统的安装。机翼集成由某个供应商负责。

在案例 2 中，在翼盒的集成包含了线束（harness）安装和主起落架的安装。这是由于翼盒作为工作包,分配给某个供应商,由该供应商负责集成。而机翼的集成由主承包商负责。

集成、装配、试验和测试单元的设置方案直接影响飞机模块化架构的形式。由于通用单元的应用不同,飞机产品结构的集成化水平就大不相同。例如,20世纪80年代的民用飞机的机体结构和机载系统相对独立,两者平行设计,主要考虑安装协调问题。飞机系统的安装集中在飞机总装阶段。而当今的民用飞机设计,在全球化环境下,飞机系统的设计进入了一个新阶段。机载系统没有一个通用的模板,它是按客户需求来设计的。因此,不同的民用飞机,即使同一个机种,它们的系统设计方案都可能不同。飞机部件和系统的供应商从单纯的配套和供应的关系,上升为合作伙伴关系,它们承担了飞机工作包的研制任务。这些工作包包含了机体和系统的集成。

飞机系统的分解和集成是主承包商的核心能力的表现。

图6-43是飞机系统的模块分组图,表示飞机系统的模块可以组合成"单元"(cell),成组地安装在机体的段部件上。供应商承担的段部件,不仅是机体结构件,还安装了系统。供应商交付给主承包商的交付物是装有系统的段部件(工作包)。

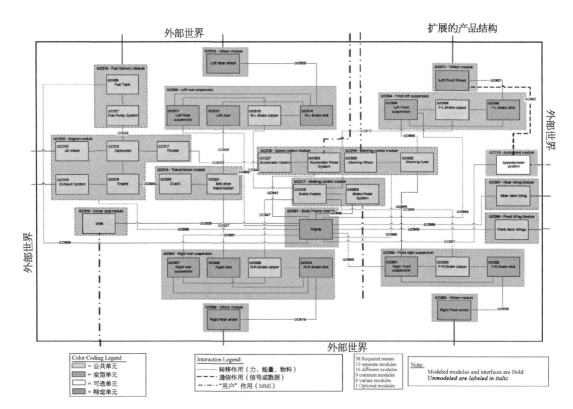

图6-43　飞机系统模块的组合图

法国达索公司的软件CATIA提供了三维系统总体设计功能,帮助设计人员进行系统的布置和设计,并实现与机体结构的协调。

图 6 - 44 表示飞机液压系统的设计过程。

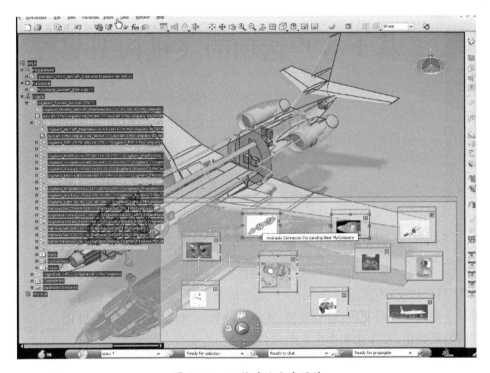

图 6 - 44 三维系统方案设计

第7章

基于客户选项的飞机构型配置

7.1 飞机的系列化、多样化和个性化

现代飞机设计已不再是设计"一个产品",而是设计"一个产品平台",或者准确地说,是创建一个模块化产品架构,通过变型,实现产品的系列化、多样化和个性化。

飞机的系列化、多样化和个性化对现代航空制造业具有重要的意义:

(1) 加速新产品的开发。利用平台的通用性,通过过滤和组合,进行改型设计,减少新设计的工作量,加快新产品入市速度,提高客户满意度。

(2) 提高产品质量,方便使用和维修,优化供应链。

(3) 有利于批量生产,降低成本,提高交付速度,有利于提高专业化程度。

(4) 缩短工装设计与制造的周期和费用。

(5) 使投资收益最大化,扩大市场面,延长产品的存活周期,赢得更多客户。

7.1.1 飞机的系列化

产品系列化是根据市场研究和客户需求,通过对同一类产品发展规律性的分析,经过全面的技术经济认证,将产品的主要参数、型式、尺寸、基本结构等做出合理的安排与规划,形成系列化型谱。

系列化是标准化的高级形式。产品系列化是统筹解决公司利益和消费者利益之间矛盾的一项重要措施。

产品的系列化通常先分为若干系列,每个系列又可分为若干型号。

例如,某支线飞机按座位数分为两种系列,即基本型和加长型。加长型指机身加长,增加客座数。在设计基本型飞机时,一般在机身的中部事先留有设计分离面,为机身提供加长部分的界面,同时保持飞机重心位置不变,如图7-1所示。

在每个系列上,即在基本型和加长型的系列上,又有多种型号,如客机型、货机型和公务型等。

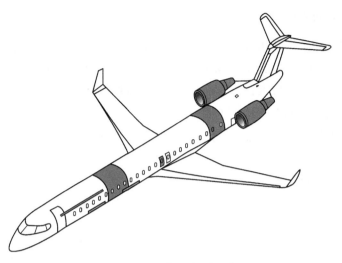

图 7 - 1　飞机加长型方案

图 7 - 2 为波音 737NG 飞机的系列化型谱图。

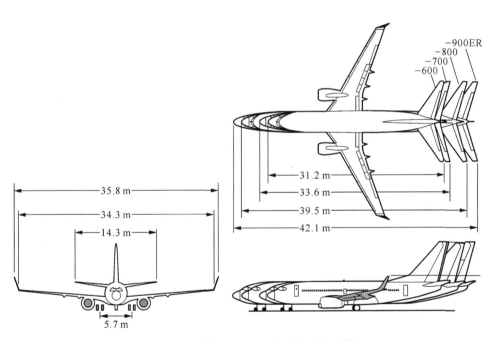

图 7 - 2　波音 737NG 飞机的系列化型谱

其中,B737 - 700 为基本型,- 600 为缩短型,- 800 为加长型,- 900ER 为远程型。

产品的系列化设计是以基本型号(基本型)为基础的。基本型应该是系列内最有代表性的型号,它规格适中,经过市场长期考验,结构和性能都绝对可靠,又有发展前途。

在基本型的基础上,对系列产品进行型谱设计,编制产品型号的发展规划。

7.1.2　飞机的多样化和个性化

产品的多样化和个性化可提高客户的兴趣和购买欲。客户都倾向挑选自己喜爱的产品,公司在客户需求驱动下,开发出满足不同层次、不同爱好的人们需要的产品。

商品的个性化要求可以通过"选项-模块"设计思想来实现。

以下是某支线飞机的客户选项方案。

(1) 内饰:通话和音乐系统;厕所——后中心入口;厕所——婴儿换衣台;隔墙;双语标记;衣柜。

(2) 客户化的座椅安排:飞行护理;斜倚;救生背袋;经济型座位;皮革罩;餐桌。

(3) 客户化的厨房。厨房有六种方案可选,如图 7-3 所示。

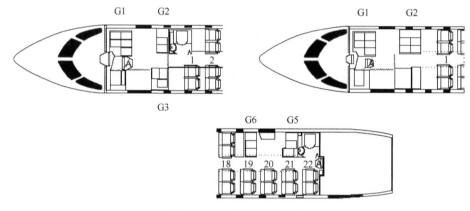

图 7-3　可选的厨房方案

(4) 客户化的货舱布置。可选的货舱布置方案如图 7-4 所示。

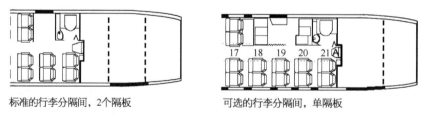

标准的行李分隔间, 2个隔板　　　　　　　　可选的行李分隔间, 单隔板

图 7-4　可选的货舱布置方案

(5) 航电设备。航电设备有 19 项选项。

(6) 操作的增强:空气调节——地面车的连接;急救设备——飞行员;急救设备——PAX,增加持续化学发生器;燃油——驾驶舱内的加油/泄油板;耳机——机务人员;照明——行李门泛光灯;照明——红色灯标;照明——尾部标志;彩绘方案——复杂的、多样的;增强的飞行控制台的门;RVSM 能力;SCAP 和 RAP(按客户);轮胎——压力指示器。

（7）商务等级：G3 厨房——干的储藏区和衣柜；三个并排的商务级座椅；衣柜。

7.2　选项的标识

7.2.1　选项的分类

选项(options)是客户的个性化意愿的表示，是客户对商品的选择权利。在模块化设计中，选项是一种可以改变模块的内容和功能的驱动参数。

选项一般分为可重用的、可定制的、已存档的（不变的）三类。另外，按照选项的性质还分为可选选项、必选选项和派生选项三种。

按照民用飞机销售、生产和服务的特点，民用飞机的选项常分为主型号选项、次型号选项、可选选项和定制选项四种。

（1）主型号选项是客户对飞机系列的选择。例如，选择波音 737 系列飞机或波音 747 系列飞机。

（2）次型号选项是客户选择该系列下的某飞机型号。例如，在波音 737 系列下，选择 737-700 型飞机或 737-800 型飞机。

因此，选择了主型号选项就选定了该系列飞机的共用部分；选择了次型号选项就选定了该型号飞机中稳定不变的部分及必选的成品设备等。客户选择了主型号选项和次型号选项，也就是选择了该型号选项中的必选部分。

（3）可选选项是选项目录中列出的供客户选择的项目，这是由主制造商通过市场调研，事先设定好的，可以满足大多数客户个性化要求，如厕所形式、备用厨房、座舱布置、航电设备及其他可选选项等。

（4）客户特定选项又称为客户定制选项。客户特定选项是客户提出的、超出选项目录范围的选项，需要主制造商为客户进行专门设计和制造。例如，加装某种特殊设备、改变飞机某个使用要求等。

民用飞机的客户选项可用"树状结构"描述，如图 7-5 所示。

从选项的树状结构看出，客户首先选择主型号选项，如先选择飞机系列 A；再选择了次型号选项，如客机型；然后选择可选选项，以客舱设备/装饰-客舱设备-客舱座椅安排为例，客舱座椅安排有三种选择——选项值 1、选项值 2 和选项值 3，客户可以选择其中之一。

7.2.2　选项的特性

选项的一般特性如下：

（1）每个可选选项至少有两个选项值，表示供客户选择的选项内容，描述选项可能的配置状态。

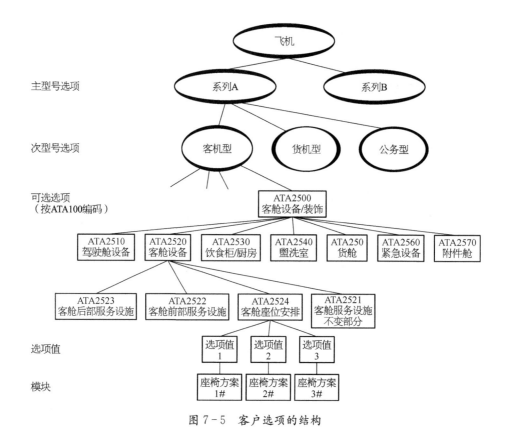

图 7-5　客户选项的结构

（2）每个必选选项只有一个选项值，即缺省值。缺省值为"必选"，表示客户必须配置的项目，它与其他选项如何取值无关。

（3）每个派生选项都应附加一个逻辑条件，以便唯一地确定它的选项值（派生选项是某个选项被选择之后必须连带选择的另一个或几个选项）。

（4）每个选项都有一个或一组模块与之对应。

（5）每个"新的选项"（特定选项）都对应着新的模块，即"新选项"应由下列条目支撑：新的模块；新的零组件；新的零组件批准状态；新的工艺；新的分析、试验和论证要求；一致性要求和状态；新的计划；新的工装；新的出版物。

（6）如果客户的请求影响了以下特性，则需要建立一个新的选项：功能；互换性；客户零件；重量担保；验证；性能担保；检查要求；服务。

描述一个"选项"可用如下的属性：选项标识号；选项描述；选项分类；选项的值；选项成熟度；价格、前置时间和可用数据等。

7.2.3　选项目录

选项目录是所有可用选项的清单汇总，是一份重要的销售文件，包括每个选项的描述、材料、设备、价格、重量、成本和图形说明等信息。

公司利用选项目录平衡商业价值和复杂性之间的矛盾。

选项目录一般都包含两个部分:飞机的一般说明和客户可选选项。也就是说,客户飞机的构型由基本选项加客户可选选项组成。

MD82飞机的选项目录,又称为"构型指南",包括如下内容:

(1) 基本选项。描述包括动力设备、燃油系统、驾驶舱、环境控制系统、基本内部布局、防腐蚀、应急设备、受载情况等基本特征。

(2) 内部选择。选择项目包括厨房、衣帽间、存放架和隔墙的位置及尺寸、座椅安排、供水和电源的分布等。

(3) 其他选择。当用户认为(1)中所描述的基本特征不能满足自己的要求时,可以从这部分项目中进行挑选。挑选范围很广,包括空调、自动驾驶、通信、电源、防火、燃油系统、防冰防雨、仪表、起落架、照明、发动机、门等。

(4) 外购设备。用户指定的装机设备,包括使用数量、制造商和零件号。

(5) 索引。有两种索引,第一种索引是(3)中描述的项目,第二种索引是(2)中描述的项目。

7.2.4　选项的值

选项值(option values)是赋予一个选项的有效值的列表。

每个选项都有至少两个有效值来描述该选项的状态。例如,台式电脑的显示器尺寸作为选项,可以选择不同的尺寸(17 in 或 19 in)。

再以蜂鸟卡车为例,蜂鸟卡车的通用产品结构如图 7-6 所示。车轮有两个选项:选项 1 和选项 2。

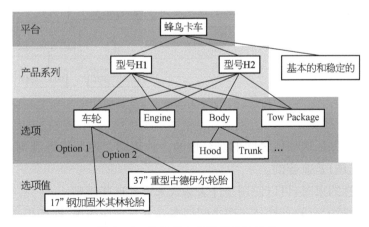

图 7-6　蜂鸟卡车的通用产品结构

7.2.5　变量和变量条件

变量(variant)是产品结构的一个特定的版本(version),它对应于一个唯一的产品。选项可生成变量,按照变量条件,作用于通用产品结构。

变量条件(variant conditions)是一个逻辑表达式,它定义了一种选项值的逻辑结合。

这个逻辑表达式可以确定产品结构的一个特定的变量是否必须被设定。作为一种通用的规则,变量条件应存在于模块之中,除了基本模块之外(不论客户选择与否,基本模块总是出现在产品结构中)。

变量用于扩展产品结构,把模块的适用性条件与通用产品结构的变型之间关联。

从通用产品结构中引出特定的产品变型。当选项的参数取不同的值时,模块能够可变地包含不同的构型。

下面用某卡车的案例来说明,该卡车的通用产品结构如图7-7所示。

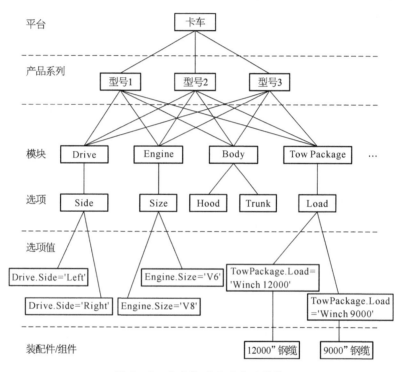

图7-7　某卡车的通用产品结构

兼容性约束是保证选项值之间的兼容性的一种规则。遵照这种规则,客户选择的选项值(包括缺省选项)是兼容的。

当创建兼容性约束时,可以使用条件表达式来定义这些规则。

图7-8表示某卡车的车轮与车型之间存在一个兼容性约束,即如果选择车型H2,则不能选择37 in的重型车轮。

如果你选择了车型H2,同时又选择了重型车轮,就会出现错误提示。

7.2.6　可选选项和特定选项的编号

可选选项的编号规则为

XXXXANNNN

图 7-8　某卡车存在一个兼容性约束

其中,XXXX 为美国航空运输协会规范 100(ATA 100)的编码,用四位数字表示;A 为机型代码,例如 A 表示基本型,B 表示加长型等;NNNN 为顺序号,用四位数字表示。

特定选项的编号规则为

$$SCNXXXXANNNN$$

其中,SCN 为用 SCN(规范更改通知单)表示特定选项;XXXX 为美国航空运输协会规范 100(ATA 100)的编码,用四位数字表示;A 为机型代码,例如 A 表示基本型,B 表示加长型等;NNNN 为顺序号,用四位数字表示。

7.3　选项的创建

7.3.1　选项创建的原则

"选项"的创建是在分析客户需求和公司的商业策略的基础上进行的,主要应分析市场对平台选择性(optionality)的需求,评估当前产品的重用性策略,达到利益最大化的追求。

选项创建一般应遵循如下原则:

(1)选项的创建应满足市场对系列化和个性化的需求,并不断受到市场的检验和不断更新。

(2)选项的创建需要平衡市场需求和选项成本、产品复杂性及交付周期之间的矛盾,符合主制造商的商业策略。

(3)按选项的简化原则,尽可能利用"共用结构"来定义跨型号的选项(必选选项)。

(4)客户构型用以下的选项类型来定义:主型号选项;次型号选项;可选选项;定制选项。

(5)把与客户经常需求有关的选项归入可选选项。

（6）为了降低成本和提高生产速率，尽可能减少可选选项的数量，扩大必选选项。

（7）限制客户的特定选项（定制选项），并及时归并到可选选项。当所有更改已经合并到受影响的模块后，并且这些更改被型号经理批准后，才能改变该特定选项的性质，并划归为可选选项。如果更改属于重大更改或存在不一致情况，则不要重新分类和归并。

（8）如果客户提出如下申请——备件的替代、用于模拟设施、用于培训等，则不产生新的选项。

（9）如果客户的请求影响了飞机构型，包括功能、互换性、客户零组件、重量保证、合格证、性能保证、检查要求、服务，则需要设置一个新的选项。

（10）制造商应建立选项目录（options catalog），把所有主型号选项、次型号选项和可选选项汇总起来，作为商务谈判时供客户"点菜"的菜单。

（11）在创建新选项时，应考虑该选项与其他选项的相容性条件，建立选项与选项（或选项与选项组合）之间的逻辑关系。

（12）要定期评估选项目录中的选项，检查现有选项能否满足客户的需求，或者是否应创建一个新的选项，并删除那些销售潜力低下的、客户不感兴趣或兴趣不高的选项。

7.3.2　选项创建的流程

创建选项的流程如图 7-9 所示。

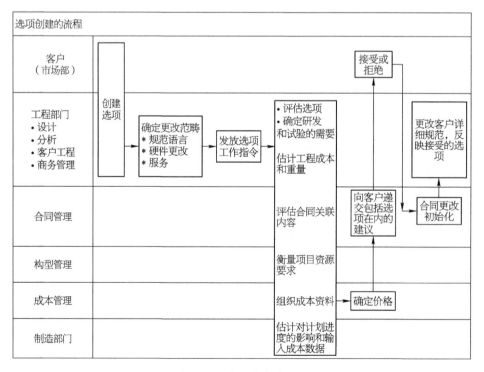

图 7-9　选项创建的流程

　　创建选项的建议应由公司市场部提出,他们根据市场调研情况,结合公司的商业利益,将客户的需求进行综合和分类,列为选项。但能否成为一个选项,还需要工程部门论证它的可行性。在选项审批的过程中,合同管理、构型管理、成本管理和制造部门,都要参与意见。

　　选项的定义界面如图 7 - 10 所示(示例)。

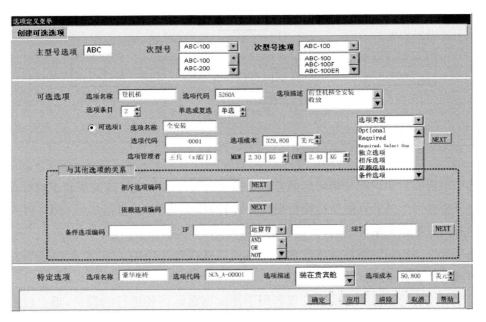

图 7 - 10　选项的定义界面

7.4　选项的管理

7.4.1　知识图概念

　　知识图(knowledge map)是一种以固定格式来记录和管理选项关系的图形工具,选项关系包括选项与选项、选项与模块的关系。

　　知识图除了用来开发、建立和维护选项和模块的逻辑关系之外,还要对更改所引起的冲突进行协调处理。另外,知识图还用来确定客户飞机的构型,即根据客户特定选项选择,来确定飞机特定构型表。

　　知识图有两种类型:选项-选项知识图和选项-模块知识图。这两种知识图综合存放在飞机构型库中。知识图把构型、选项和模块三者关联起来,形成一个构型知识系统,如图 7 - 11 所示。

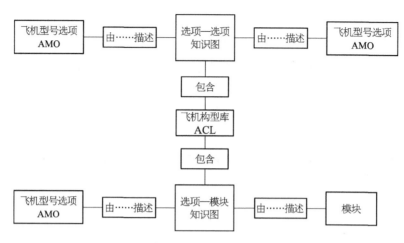

图 7-11　用知识图描述的构型库

7.4.2　选项对选项的知识图

选项对选项的知识图是用图形的方式来描述选项与选项之间的关系和逻辑推理。该图主要分析在一个 ATA(航空运输协会)章节内的所有选项,并包括从另一个 ATA 章节而来的有关选项作为参考选项,以达到集成的目的。

选项对选项的知识图被选项管理者用于说明选项对选项的关系,它们是选项对模块的映射活动的主要工具。

选项对模块的知识图被模块管理者用于评价当前和将要进行的设计,重点放在设计改进的领域,以及减少奇特的、少见的设计,提高模块的可用性和重用性。

对选项的查询如图 7-12 所示(示意图)。

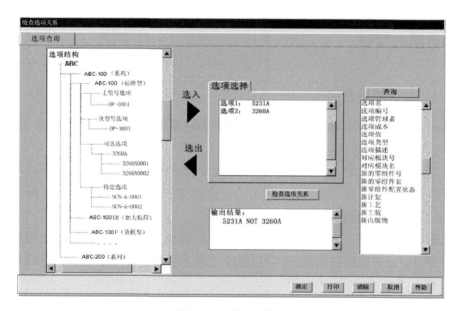

图 7-12　选项的查询

7.4.3 选项对模块的知识图

选项对模块的知识图是用图形方式来描述选项和模块间的关系和进行逻辑推理。

从选项到模块的知识图主要用于分析和确定与选项有关的、针对具体 ATA 编码区域或飞机某个具体系统或模块管理者所属的所有模块及其关系。

图 7-13 表示选项对模块的关系界面(示意图)。给定选项,可以查询相关模块。

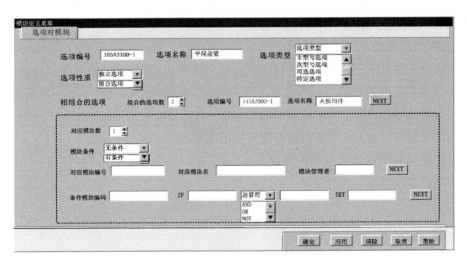

图 7-13 选项对模块的关系界面

模块到选项知识图是选项到模块知识图的反向视图。

图 7-14 是模块对选项的查询(示意图)。

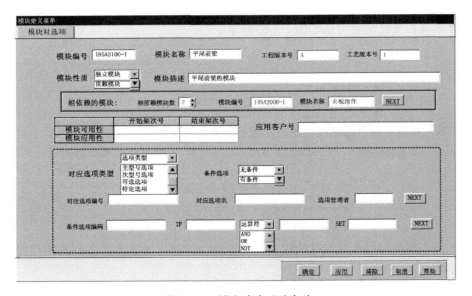

图 7-14 模块对选项的查询

7.4.4　选项的管理者

1）选项管理者的职责

选项管理者负责管理选项,其具体负责:

(1) 决定是否将某选项提交项目控制委员会审核和批准。

(2) 权衡生成选项的成本和复杂性。

(3) 决定选项的成熟度。选项成熟度是选项的一个属性,表示该客户选项所处的不同开发阶段,能否最终成为一个新的或修改的选项。

2）选项管理者的主要工作

(1) 协调选项(主型号选项、次型号选项、可用选项和定制选项)的商业策略。

(2) 开发和实现客户最佳满意度的策略和计划,在最低的总成本下使客户满意。

(3) 管理选项和选项关系。

(4) 指导选项设计,以及建立和支持选项的集成。

(5) 批准对选项和选项关系的更改。

(6) 维护选项规范。

7.5　客户飞机的构型配置

产品构型配置又称为可变性管理。产品构型配置的一般规则有下列几种:按版本号配置;按有效性配置;按变型规则配置。

7.5.1　传统的客户构型配置方法

传统的客户飞机配置方法如图 7-15 所示。

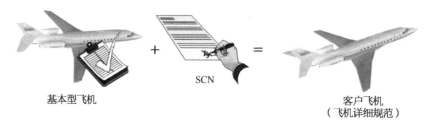

基本型飞机　　　　　　SCN　　　　　客户飞机
　　　　　　　　　　　　　　　　　　(飞机详细规范)

图 7-15　传统的客户飞机配置方法

SCN—规范更改通知单,表示客户选择的选项的汇总

这是原麦道公司的客户飞机的构型配置方法。麦道公司将客户飞机的构型配置项划分为五个字母:

(1) A 为机体(airframe)。

（2）B 为基本选择项目（basic），所列项目是飞机必不可少的基本设备，如无线电、雷达、发动机等。

（3）C 为选项目录（catalog），所列项目放在"构型指南"中，让客户挑选。

（4）D 为设计和装饰的选择（decoration），如地毯、外部喷漆、外购设备等。

（5）E 为工程更改项目（engineering change），客户可按自己的使用需求，提出"构型指南"范围以外的项目，如舱门、厨房等，要求工程更改。

其中，A+B 构成了基本型飞机，这是一架可飞行的、有销路的、适应性强的飞机；C、D、E 均为客户可选项目，D 和 E 为少数客户选用。

在销售实践中，这种"字母方案"也不断完善。例如，将某些部件从 B 中归入 C，或从 C 中归入 B 等。

飞机主制造商向客户提供基本型飞机（产品说明书）及可供选择的选项，通过购机谈判，在确认基本型飞机构型的基础上，再加上用规范更改通知单记录客户的附加要求，形成客户飞机的构型规范（飞机构型详细规范）。主制造商的工程部门根据客户飞机详细规范，把这架客户飞机的构型落实到图纸上，即把有效性标识（架次号或客户号）标注在图纸上，完成客户飞机的工程定义。

按有效性规则配置客户飞机，就是在通用产品结构中，将符合有效性标识的零部件全部查询出来，组成一架客户飞机的完整产品结构。其工作原理如图 7-16 所示。

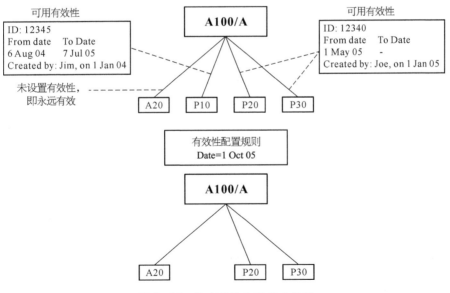

图 7-16　按有效性配置客户构型

麦道公司要从图纸树中，按照有效性代码搜索出一架特定的客户飞机的所有零组件，效率极低，且难以保证客户构型的正确性。

7.5.2　先进的客户构型配置方法

先进的客户飞机构型配置方法就是模块化的客户飞机配置。

在模块配置方法中,由于飞机模块化分解的结构和层次不同,产生了两种客户飞机构型配置方法,即基于基线飞机的配置方法和无基线飞机的配置方法。

1) 基于基线飞机的配置方法

如图 7-17 所示为基于基线飞机的配置方法。

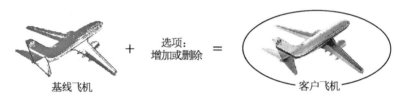

图 7-17　基于基线飞机的构型配置方法

在图 7-17 中,基线飞机(baseline)是一架不能飞行的飞机,是该型号飞机的基础部分。基线飞机由机体(机身、机翼和尾翼)和主要的系统(如航电系统及非航电系统)组成。

客户选项一般包括:发动机;起落架;驾驶舱内的航电设备;客舱的内饰、厨房、厕所、座椅布置;可选择的部件或组件,如翼梢小翼。

这种基线飞机的构型配置方法是波音公司提出的,仍然是目前经常采用的一种方法。有基线飞机的客户构型配置案例(以 767-300 飞机为例)如图 7-18 所示。快速更改不反映在客户详细规范中。

图 7-18　客户飞机构型生成过程

2) 无基线飞机的配置方法

图 7-19 表示无基线飞机的构型配置方法。按照客户选项选择,利用"构型配置器"配置出客户飞机。这种方法可以更多地考虑客户要求,配置出更为个性化的飞机。这是波音公司今天已达到的更为柔性的构型配置方法。

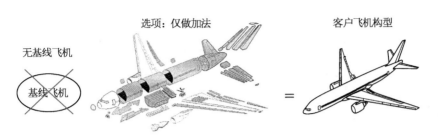

图 7-19　无基线飞机的构型配置方法

7.6　客户构型的确认过程

客户飞机构型的确认过程如图 7-20 所示。

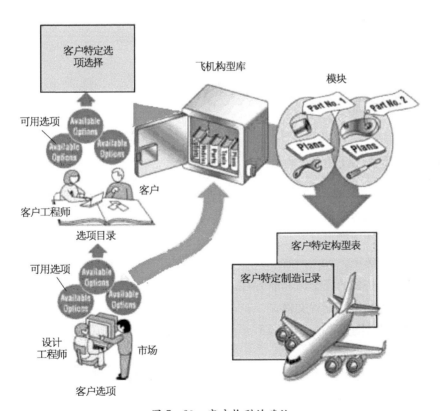

图 7-20　客户构型的确认

图 7-21 表示客户飞机构型配置的工作流程。

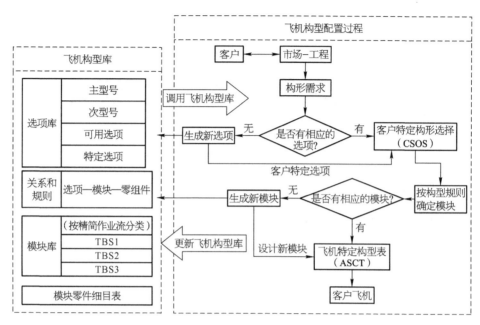

图 7-21 客户飞机构型配置的工作流程

7.7   构型配置器

7.7.1   构型配置器的原理

构型配置器(configurator)是确定客户飞机构型的一种计算工具。它的主要功能有：

(1) 收集和汇总客户选项要求。

(2) 介绍现有选项的信息。

(3) 生成新的选项。

(4) 检查客户构型的完整性和兼容性。

(5) 产生客户的构型配置文件。

先进的产品构型配置器(advanced product configurator，APC)的基本原理是选项和变量管理。

选项和变量管理是为了建立一个可变的产品结构，以满足广泛的客户个性化需求，同时使研发和生产成本最小。它支持零组件的重用和按订单生产模式。

选项和变量管理扩展了常规的产品结构，将一般的产品结构扩展为通用产品结构(generic product structure，GPS)，而通用产品结构是产品构型配置器的基础。

变量规则是建立选项和模块之间的联系纽带，把客户选项"映射"为对应的客户特定的产品结构。

　　所以,构型配置器的管理对象可归结为五个:通用产品结构、选项、模块(modules)、规则和约束(rule & constrain),以及客户特定选项选择等,如图 7-22 所示。

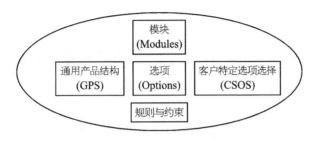

图 7-22　构型配置器的管理对象

　　客户特定选项选择,又称为客户选择的选项集(selected option sets,SOS),代表客户的意愿。

　　选项和变量管理的主要内容有:

　　(1) 管理通用产品结构和特定变量。

　　(2) 定义选项集和选项值。

　　(3) 建立变量条件。

　　(4) 描述选项的从属性包括限制有效选项值的合并和利用简单或复杂的逻辑表达式。

　　(5) 管理被选择的选项集有储存所选择的选项值、定义派生选项的缺省值、定义派生选项的规则、将构型上下文关系与所选选项集关联。

　　建立通用产品结构的一般过程如下:

　　(1) 创建产品结构:在 PSE(产品结构编辑器)平台上,自上而下创建组件(components);输入组件的属性及数量;建立零组件之间,以及零组件与文件的关系;选取标准件。

　　(2) 创建构型变量:设置版本和有效性;建立选项、替换件、代用件;建立多重产品结构关系。

　　(3) 浏览和报告:按"用于何处"浏览;BOM 展开;选择性的浏览和报告。

　　(4) 管理产品结构数据库:维护;路径和授权;安全措施。

7.7.2　客户特定选项选择

客户特定选项选择的作用是:

　　(1) 描述客户选择的所有选项值的汇总。

　　(2) 从通用产品结构中配置出一个客户特定的构型。

　　选项一般有两种类型:固定选项和可选选项。固定选项指不需客户选择的选项,选项值为缺省值(必选),表示基本和稳定的模块,以区别于其他可选的选项值。

仍以上述卡车为例,创建客户特定选项选择的对话框如图 7-23 所示。

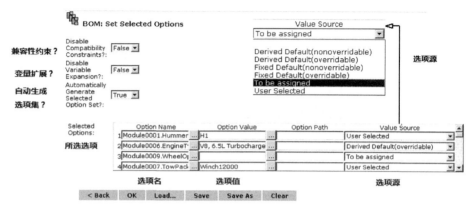

图 7-23　客户特定选项选择的创建窗口

该卡车的客户特定选项选择是:

Hummer:H1

Engine:V8,6.5L, Turbocharge

Tow Package:Winch12000

7.7.3　构型配置器的数据组织

构型配置器数据组织如图 7-24 所示。

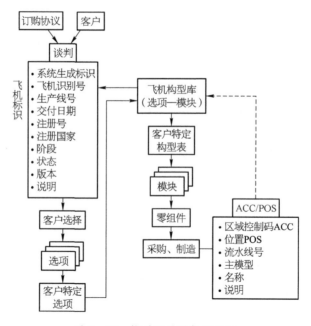

图 7-24　构型配置器数据组织

（1）当客户订购了某型号的飞机后，主制造商用以下属性标识客户飞机：系统生成标识；飞机识别号；生产线号；交付日期；注册号；注册国家；阶段；状态；版本；说明。

（2）从产品构型配置器得到客户特定选项选择。

（3）通过选项-模块-零组件关系，得到客户特定构型表。

（4）从飞机构型库中，进一步获得客户飞机的产品结构和生产信息：区域控制码ACC；位置 POS；生产线号；主模型；名称；说明。

在构型配置器中，模块数据的组织如图 7-25 所示。

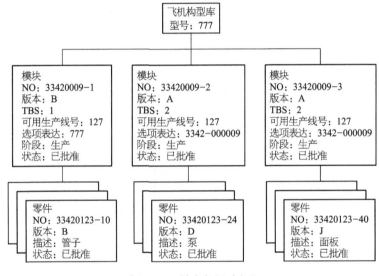

图 7-25　模块数据的组织

7.8　合同签约后的更改

合同签约后客户仍可对合同提出更改，这类更改包括两种：选项主更改和快速修订。

选项主更改（option master change）是客户在签约之后提出的一种更改请求，它会影响飞机的构型、价格、重量或交付进度。主更改用 MC 文件描述并与客户达成协议。主更改可能引起选项的更新。

快速修订（rapid revision，RR）是一种更改指令，用于描述和安排一个客户请求的、不按顺序的、已与客户达成协议的更改，该更改可以影响购机协议或客户详细规范。

选项主更改产生的影响可能包括功能、性能、互换性、客户的零组件、重量承诺（指标）、合格证、价格、交付进度、检查要求、服务。

选项主更改的流程如图 7-26 所示。

客户（市场部）提出的选项更改申请，要由工程部门论证，得到认可后，再由工程部门

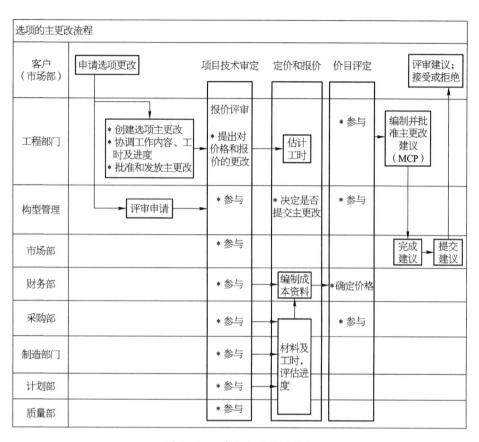

图 7-26　选项主更改的流程

编写选项主更改的更改建议,进入审批流程。审批内容包括三个方面: 项目技术审定、定价和报价,以及价目评定等。

　　参与评审的部门有构型管理、工程部、市场部、财务部、采购部、制造部门(制造厂)、计划部及质量部等。

第8章

飞机的编码体系

8.1 产品构型信息

产品是活动或过程的结果。产品可以包括硬件、可加工的材料、软件、服务,或由它们结合的产物;产品可以是有形的(如装配件或可加工的材料)或无形的(如知识或概念),或由它们结合的产物。

在制造业,产品常指由一组零组件经过一系列装配操作而组成的、具有确定的装配关系和一定功能的装配体。

产品这个术语可以指单件的产品,也可以指产品族。产品族是一些相同的产品,但它们的某些物理的或功能的特征有变化,并在生效的文档中说明清楚。

产品信息,或产品构型信息,指描述产品特征的所有信息,例如来自需求捕获、概念设计、初步设计、详细设计、承诺设计、工艺、工装设计、制造、生产、销售、市场、采购、供应商、备件、维护、培训、财务等活动产生的所有产品信息。

产品构型信息的构成如图8-1所示。

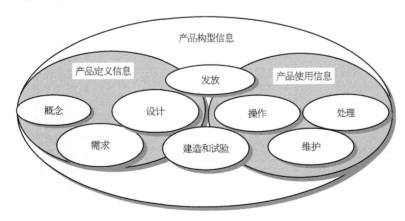

图8-1 产品构型信息的构成

产品构型信息包括产品定义信息和产品使用信息两大类。产品定义信息是描述产品性能、功能和物理属性的信息；产品使用信息是使用者所需要的程序和技术信息，用以操作、维护和处理产品。两者通过工程发放及建造和试验相关联。

1）产品定义信息

（1）需求信息。需求信息是用需求文件来定义的，它定义了产品的性能（能力）和功能边界，以及它的物理和功能接口。需求文件的典型形式是设计目标文件、规范和接口文件。

边界和接口的文件是产品运行和使用中必须满足的用户要求，通过产品设计、制造、试验和验证等阶段逐步实现的。

（2）概念信息。这是满足需求信息的可行性总体方案及其实现途径。

（3）设计信息。这是用设计文件来定义的。设计文件是实现产品物理和功能属性所必需的文件，它完整地定义了产品的设计细节，并满足预定的设计目标，如三维模型、工程图纸、版本历史、零件细目表及工艺文件等。

2）产品使用信息

（1）操作信息。包括使用该产品所必需的信息（如操作程序）。产品说明书就是一个重要的使用信息，它应与产品属性定义保持一致。

（2）维护信息。

（3）处理信息。

产品信息覆盖了整个产品生命周期，它还包括过程信息，如建造和试验信息（包括制造分工、制造计划、试验大纲、试验结果等）、发放信息等。

产品构型信息的内容见表 8-1。

表 8-1　产品构型信息

产品定义信息	与产品定义的相关信息	产品使用信息
• 规范 • 图纸/数据集 • 软件清单 • 接口控制图/文件 • 需求文件/数据集 • 零件细目表/物料清单 • 标准（内部/外部） • 工艺（内部/外部） • 模型和仿真 • 系统架构 • 其他相关的清单 • 设计描述	• 发放信息 • 更改请求（RFCs）和偏离请求（RFVs） • 分析文件 • 试验报告 • 功能验证程序 • 试验计划 • 试验设备操作程序	• 维护手册/程序 • 用户手册 • 校验手册 • 试验程序 • 诊断程序 • 校准程序 • 培训手册 • 操作程序 • 备件清单 • 处理方法 • 安全程序 • 操作/支援数据 • 修理手册/程序

8.2　构型标识的功能模型

构型标识是构型管理的五大功能之一,其目的是:标识产品结构和产品构型信息;选择和定义产品属性,并将产品属性文件化和基线化;赋予每个产品和产品构型信息唯一的标识号。

正确的产品构型标识要能够识别产品的实际构型和设计构型之间的区别,能够保证构型标识自始至终的一致性,保证所有受影响的组织(如 IPTs)都有共同的产品构型信息作为它们活动的基础,例如进行新产品研发,改进已有的产品或部件,采购用于某种用途的产品,或为产品及其部件提供支援等。构型标识过程也包括发布产品标识号和它们的产品构型信息。

构型标识是产品定义属性的标识过程。

在产品的生命周期内,包括研发、生产、使用和操作支持,直到报废和清理等阶段,可以记录系统和构型项的更改和状态控制。如果构型项及相关的构型文件没有适当的标识,就不可能控制构型项的构型更改状态,不能建立精确的记录和报告,或者不可能对构型审核进行确认。不精确的和不正确的构型标识可能引起产品的缺陷、计划的延误,以及交付后的高维护成本。

图 8-2 表示构型标识的功能模型,它描述了构型标识的过程以及各活动之间的关系。

在图 8-2 中,合同为约束条件,因为军方采购活动常以合同作为约束条件。而民用产品开发多为市场驱动,因此市场需求和法规要求就成为民用产品构型活动的约束条件。

构型标识活动的支持条件是构型管理计划和文件化的构型管理过程。

构型标识的活动归结为建立产品结构、确定构型项、选择构型文件和构型项,以及批准、发放和基线文件五个活动,它们的输入项分别为系统工程、后勤支援计划、批准的工程更改以及构型文件等。

构型标识的各项活动汇总如下:

(1) 根据工作分解结构和管理的“粒度”(细化程度),建立产品结构。

(2) 在产品结构的适当层次上选择构型项,并用文件说明。

(3) 确定构型文件的类型。构型项定义了性能、功能和物理的属性,包括内部和外部的接口。每个构型项都用文件化的构型文件描述。构型文件是构型管理的基本文件,它贯穿于产品研发过程中,如联合定义、产品设计、采购、零部件制造、装配、试验和验证、售后支持等。

(4) 对每一个构型文件,包括相关的构型项的后勤保障计划,分配适当的构型控制权限。

(5) 标识构型项和构型文件,赋予构型项和构型文件标识号。

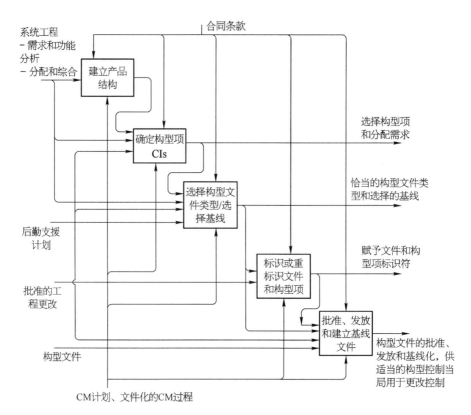

图 8-2　构型标识的功能模型

（6）批准和发放构型文件，对构型项进行有效的维护。

（7）控制构型文件的更改，使其处于受控状态。

（8）建立构型基线。

8.3　产品编码系统

8.3.1　技术出版物国际规范

技术出版物国际规范（International Specification For Technical Publications），即 S1000D 规范，最初由欧洲宇航工业协会（Association Européenne des Constructeurs de Matériels Aéronautiques，AECMA），即欧洲航宇与防务工业协会的前身创建。早在 1980 年，当时还没有一个跨国的规范来支持技术出版物的数据管理。因此，欧洲各国开始创建一个跨国的规范，以满足航空航天和国防工业的技术出版要求。初期的规范以 ATA 100 规范为基础，后来经过修订，能够满足欧洲政府和军事机构的需求。

编制 S1000D 标准的目的是：

（1）节省信息生成的成本——避免重复。

（2）更经济地支持计划编制。

（3）使交付的出版物更便宜。

（4）统一项目参与各方的标准。

（5）为今后的产品开发提供数据交换的标准格式。

（6）增强互操作性。

2007年，欧洲航宇与防务工业协会（Aerospace and Defence Industries Association of Europe，ASD）、美国航宇工业协会（Aerospace Industries Association of America，AIA）和美国航空运输协会（American Translators Association，ATA）公布了一项合作协议，他们将共同致力于实现航空航天与国防及商业航空业国际技术出版数据的规范化，并共同管理S1000D规范。

S1000D获得了各国的认可，成为管理航空航天和国防技术出版物的事实上的标准。

S1000D规范的国际合作构架如图8-3所示。

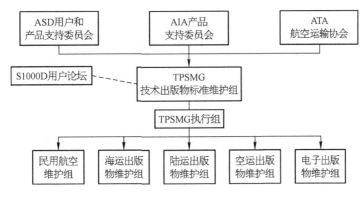

图8-3 S1000D的合作构架

TPSMG—技术出版物标准维护组（Technical Publications Specification
Maintenance Group of ASD/AIA/ATA）

根据这个协议，三个协会将进一步推进技术出版物规范S1000D的研究和维护方面的地位。S1000D计划通过协调民用和军用航空技术文献标准来减轻供应链的成本负担（目前的供应链支持着各个行业的不同标准）。

此项合作的目的是在航空航天制造业、民用和军用航空业推广共用的、可互操作的国际技术出版物数据。这一途径将协调如何在原始设备制造商和用户之间转让民用航空系统和军用国防系统的技术数据问题。

"这一合作协议进一步方便了业务灵活性的改进，降低了成本，提高了交易速度，同时保持最高安全性"，ATA会长兼CEO James May说，"我们期盼同我们的ASD和AIA伙伴密切合作推动S1000D在我们这一行业的应用和使用。"

S1000D的范围如图8-4所示。

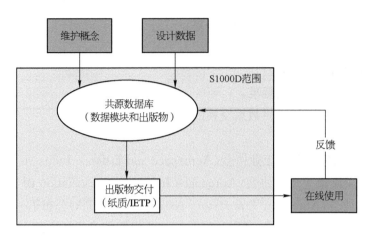

图 8-4　S1000D 的范围

IETP—交互式电子技术出版物(interactive electronic technical publications)；
CSDB—共源数据库(common source database)

ATA 认为，S1000D 能提供增加价值的主张。通过更改它们的规范，以使用 S1000D 的一些元素和结构，就能实现这些主张。这些价值主张包括提供交互式内容，以及解决数据交换问题。ATA 的介入提供了一个机会，使 S1000D 应用到民航业。

ASD 秘书长 Francois Gayet 说：“在 S1000D 上的合作是又一有力证据，说明我们行业受益于有着相同价值观的大西洋两岸的合作发展。从制造商的角度来看，通过标准化实现所有解决方案的简单化很受欢迎。”

S1000D 与传统的文档生成方法有本质的区别，文档的编写不再采用“章节”形式，而是以“数据模块”(data module)的形式来组织。

S1000D 与传统的文档生成方法的主要区别如图 8-5 所示。

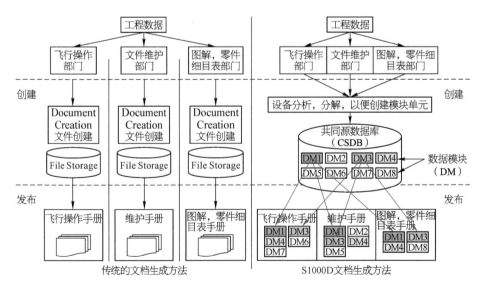

图 8-5　S1000D 与传统的文档生成方法的区别

　　传统的文档生成是,各部门按相似的数据孤立地工作,数据和劳动常常是重复的。如果手册包含了重复信息,可能由此引起错误。当出现更改时,文件维护工作量增加,需要对每一本手册进行更改。

　　S1000D 的文档生成是,各部门共享共同源数据库中的信息,文档以模块为单位(数据模块)进行编写,有利于文档的重复使用。

　　共同元素(如图 8-5 中的 DM1、DM3、DM4)在三个不同的手册中出现,但是它们只要创建一次。当一个数据模块内数据发生更改时,此更改将被复制到所有将来的手册版本中。

8.3.2　数据模块码

1)数据模块

数据模块的定义如下:

　　(1)一个独立的信息单元,它由装备或其组件的描述性的、程序上的、操作上的数据组成。

　　(2)该信息单元以这样的形式产生出来,它存储在任何地方,并以数据模块码(data module code,DMC)做标识符,可从一个共同数据源上检索到。

　　(3)按照规定的文件类型定义(DTDs)/计划(schema),以 SGML/XML 格式创建。

　　共同源数据库是数据模块和出版物的虚拟存储器。数据模块 DM 的内容结构如图 8-6 所示。

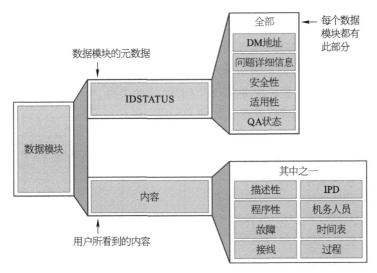

图 8-6　数据模块的内容结构

IDSTATUS—标识和状态节(identification and status section);
IPD—带插图的零件数据(illustrated parts data)

2)数据模块码

数据模块码是一个由 17~37 个字符组成的编码,用于识别数据模块和便于从共同源数据库中存储和检索。

DMC 的一般结构如图 8-7 所示。

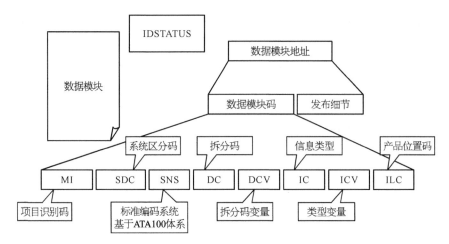

图 8-7　数据模块编码的一般结构

MI—型号识别码（model identification code），2~14 个字符；SDC—系统区分码（system difference code），1~4 个字符；SNS—标准编码系统（standard numbering system），6~8 个字符；DC—拆分码（disassembly code），2 个字符；DCV—拆分码变量（disassembly code variant），1~3 个字符；IC—信息码（information code），3 个字符；ICV—信息码变量（information code variant），1 个字符；ILC—产品位置码（item location code），1 个字符

系统区分码表示由标准编码系统标识的系统和子系统的可供选择的版本，但不影响其类型、型号或变量特性。SDC 的变量长度可以是 1、2、3 或 4 个字符。

当 SDC 设置为一个字符时，重要的是 SDC 能够确切地识别该系统/子系统变量和相关信息的应用。初始或基本的安装应采用项目定义的缺省值，并连续地编码，逐一登记变量。"A"总是用于第一个构型，"B"是第二个构型，依此类推。

最小的 DMC 为 17 个字符，其形式如图 8-8 所示。

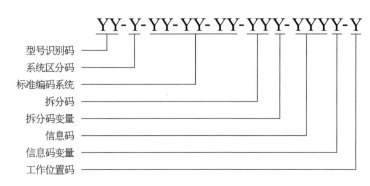

图 8-8　17 个字符的数据模块编码格式

规范规定，DMC 中的各部分编码必须用连字符"-"连接，连字符的作用是为编码内容

划界,但连字符本身并不包含在数据模块编码之中。

DMC 的示例如图 8-9 所示。

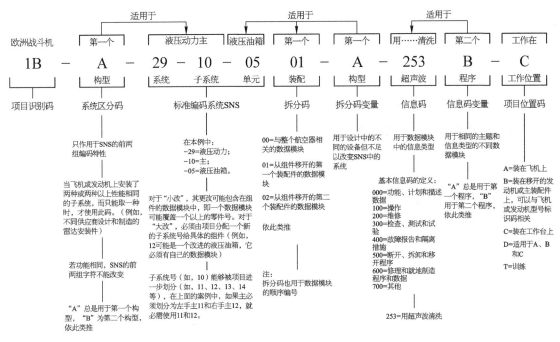

图 8-9　数据模块编码的示例

8.3.3　标准编码系统

标准编码系统在 17 个字符的 DMC 中占 6 位;在 37 位的 DMC 中占 9 位,其中第一位表示 SNS 的类型(可选)。

SNS 由三组字符组成:第一组是系统编码,第二组是子系统/子子系统的编码,第三组是单元或装配件的编码。

SNS 的结构如图 8-10 所示。

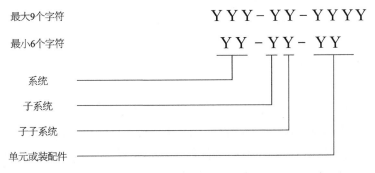

图 8-10　标准编码系统的结构

在 SNS 中,系统编码表示产品的基本系统,是基于 ATA100 规范的。

SNS 中的子系统/子子系统是描述系统的进一步拆分。系统是否需要拆分,取决于系统的复杂程度。子子系统的编码一般由开发商自己决定。如子系统不再进一步拆分,则子子系统码为"0"。

SNS 中的第三组是单元或装配件,它是由开发者或使用者自己根据项目要求和装备的结构自行确定。S1000D 未做规定。

8.3.4　拆分码和拆分码变量

拆分码用来标识一个带有维护信息的装配件的分解状态。

拆分码变量用来标识设计中有轻微差别的设备和组件的可变项,但还不足以改变系统区分码。

DC 和 DCV 在数据模块编码中的位置如图 8-11 所示。

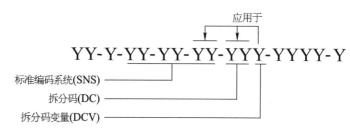

图 8-11　拆分码和拆分码变量

DC 由 2 个字符组成。若万一出现超过 99 个字符时,DC 的范围可以延伸,从 A1 到 A9,然后 B1 到 B9,直到 Z9。

DCV 由 1、2 或 3 个字符组成。DCV 尽可能从一个字符起用。具体如何使用拆分码变量 DCV 应由项目决策,并用文件规定为项目业务规则予以贯彻。

一个装配件是否需要拆分,本规范给出了如下的拆分原则。

1) 拆分的基本原则

拆分原则是对在装备的拆分和后来的维护活动中得到的装配件,并给这些装配件连续编号。这些编了号的装配件被顺序地分配它们自己的数据模块集。"00"留给整个装备用。

需要注意的是,编号不必按维修任务的顺序安排。

2) 装配件编号原则

只有在下面三个条件之一或多个适用时,装配件才需要使用拆分码编码:

(1) 装配件编码中使用拆分码的第一个条件是为了促进该装配件的维护活动。如果一个装配件不需要维护活动,则不给该装配件分配数据模块的拆分码(一个或一组)。

(2) 装配件编码中使用拆分码的第二个条件是因为产品的复杂性。简单的装配件可以不需要数据模块。这是为了避免维护信息的不必要的分解。

（3）使用拆分码，除了避免不必要的分解之外，只有在这样的情况下才可分配一个拆分码，即维护的信息量与所采取的维护活动的相适应，足以准备一个单独的数据模块。

3）装配件和零件

通常，拆分件再生成零件，这在装配件被拆分时就会遇到。当对零件和装配件进行维护活动时，需用到下述规则：

当零件需要维护行动时，如果不发布分离的数据模块，信息将包括在零件所属的装配件的数据模块内。同样的规则也用于按上述规则（2）和（3）不分配单独号码的装配件，尽管它们的维护活动是需要的。

8.3.5　编码结构的案例

以波音 737 为例，说明编码结构。

737 飞机的编码结构是基于工作分解结构 WBS 和 ATA100 规范的。

波音 737 飞机的编码结构见表 8-2。

表 8-2　波音 737 飞机的编码结构

第一级	第二级	第三级	第四级
飞机	0—集成和安装	0—集成和安装	0—集成和安装
	1—结构	1—机翼	1—翼根段
			2—机翼外侧
			4—前缘缝翼和前缘襟翼
			9—翼尖
			3—活动面 30—阻流片 31—内侧襟翼 32—外侧襟翼 34—副翼
		4—机身	1—机身 41 段
			3—6F—机身 43—46 前段
			6A—机身 46 后段
			8—机身 48 段

（续表）

第一级	第二级	第三级	第四级
			9—机身机翼整流罩
		6—起落架	1—主起落架
			2—前起落架
		7—动力系统	0—发动机
			1—发动机整流罩
			3—尾喷管推力换向器
			5—辅助动力系统
		8—水平尾翼	1—水平安定面
			2—水平安定面翼尖
			3—水平安定面前缘
			4—升降舵
		8—垂直尾翼	5—背鳍
			6—垂直安定面
			6—垂直安定面翼尖
			7—垂直安定面前缘
			8—方向舵
	2—系统	1—环控系统	
		2—航电系统	
		3—飞行控制台	
		4—FMS	
		5—飞控系统	
		7—液压系统	
		8—电子电气系统	

（续表）

第一级	第二级	第三级	第四级
	3—动力系统		
	4—载荷	1—乘客载荷	
		2—货舱载荷	
	5—测验/开发或评定		
	6—客户支持		
	7—工程设计计算机应用		
	8—未分配		
	9—管理		

注：波音 737 飞机的 WBS 标识第一位字母（第一级）的含义是：0——生产集成或安装件；1——结构；2——系统；3——动力系统；4——载荷；5——测验/开发或评定；6——客户支持；7——工程设计计算机应用；8——未分配；9——管理。

8.4　产品的标识

8.4.1　产品标识符

产品标识符（product identifier）是一个包括文字与数字的字符串，发布的组织（公司）用来唯一地标识有相同构型的产品，并能区分与其他产品的不同。

用合适的标识符给产品打上记号或标记，可使产品及其产品定义信息和相关的产品操作信息之间建立联系。在生命周期中，特别是在产品销售、操作和报废各阶段，零件的标识符对正确安装替换件和下达恰当的安装、操作和维护指令都是重要的。产品和文件的唯一的标识符对有效的构型管理也是必要的。

产品标识符由若干编码字段组成。

编码是若干位具有实际含义的、无冗余的字段。字段能反映出技术文档的属性，如类型、用途、位置、特征、状态、关系等。字段的位数应固定。在编码管理系统中，字段可分为独立固定字段、独立可变字段，受控固定字段、受控可变字段，以及顺序码字段。

编码的一般要求是：

（1）编码规则主要用于控制物理项的互换性。

（2）不能互换的项目不可以赋予相同的标识号。

（3）一个可替代项，尽管编号不同，可以临时使用适当的项目予以区分，但须得到批准。

（4）编号按实际情况尽可能短。

（5）除了编号之外，还可以使用批号或序列号。物理项不赋予版本号。

1）产品的编码要求

（1）在整个产品生命周期内保持标识号不变。

（2）能标明产品的不同构型。

（3）能追溯同一构型的所有产品的设计、制造，以及它们的最终去向（交付或报废）。

（4）对于组合件，能追溯到其组合的元件以及后面更高级的那些组合件的标识。

（5）对于给定的产品，能追溯其生产（加工、装配、检验）的连续记录。

2）产品的编码系统功能

（1）在产品结构内，能够管理构型项之间的层次关系或隶属关系。

（2）在每一构型项中，能够管理其零件或部件的层次关系或隶属关系。

（3）能够管理构型项与文件的关系。

（4）能够管理文件及其更改的关系。

（5）能够管理零件及其文档的状态。

通常，当产品采用产品标识符和公司标识符（equipment identifier，EID）相结合的规则标注时，产品才具有唯一的标识符，才能区分它与其他公司生产的同类产品。

8.4.2　飞机的标识

民用飞机是按单架次销售、生产和服务的。一架飞机就是一个客户构型（customer configuration）。客户构型，即客户需求构型，用飞机详细技术规范文件描述。主制造商按照飞机详细技术规范文件安排生产和交付客户飞机。

通常，标识客户飞机采用以下的标识号：

（1）飞机注册号（registration markings）。又称为"尾号"。每架投入商务运行的飞机必须有飞机注册号。飞机注册号必须向中国民航总局申请，由中国民航总局发放。

（2）制造流水号（manufacturing line number）。俗称为"机身号"。它出现在某型号飞机的订单计划中，反映了该型号飞机的工厂出厂顺序，在飞机生命周期中不会改变。

制造流水号中不包括用于静力试验和疲劳试验的飞机。

制造流水号也称为制造商序列号（manufacturer serial number，MSN）。

（3）客户号（customer number）。是为客户设定的编码，表示这架飞机为哪家客户所购买。

（4）飞机标识号（airplane identification number，AIN）。主制造商在飞机注册前分配给飞机机体的永久的序列号。通常写在防火的牌子上，贴于飞机机体内。

飞机标识号表示公司总共生产了多少架飞机。飞机标识号又称为公司序列号，或"架次号"。

飞机标识号包含了用于试验（地面试验、系统试验和飞行试验等）的飞机、部件或组合件。

以上这些飞机标识号各有各的用途，但不是相互独立的，它们之间有关联关系。也就是说，知道了其中的一种飞机标识号，就能查到与之对应的其他飞机标识号。民用飞机的各种标识号之间的关系可以列出一张对照表。

一架飞机要有这许多的标识号是因为设置这些标识号主要为了符合国际惯例,与国际接轨,同时符合飞机主制造商的管理规定。

在飞机构型管理中,主要使用 AIN(架次号)标识飞机的有效性。

8.4.3　零件的标识

零件(part),在航空制造行业中,泛指飞机的零件、组合件或装配件,故 part 常翻译为"零件"或"零组件"。

零件是飞机设计的对象,是产品(飞机)的组成(component)元素。

工程零件(engineering part)指工程部门定义的零件,是设计活动的结果。零件的工程定义是制造它的依据。

具体的零件是物理上存在的,具有外形、装配特征和使用功能,它可以制造出来,放在库房里,装在飞机上。

但另一方面,零件又是一个管理对象。从管理的角度看,零件又是抽象的、虚拟的。零件可以看作其属性及相关文档的集合,是一个管理的对象(object)。

例如,某型号飞机的"1 号肋",它泛指该型号所有飞机上的 1 号肋,即已生产出的和计划生产的所有 1 号肋的总称。这种泛指的零件,在管理上称为"零件主"(part master)。

零件主的标识,只用零件号就足够了。

个体是零件主的一个实例。例如,装在某架客户飞机上的"1 号肋"就是一个具体零件,它是零件主"1 号肋"的一个实例,要标识它,除了零件号之外,还需要版本号(或架次号)。

1) 零件主

零件主表示一个泛指的零件,是一个抽象的概念。

零件主只用零件号标识。

零件主的编码以产品分解结构为基础,具有直观性和可读性,其编码规则如图 8-12 所示。

零件子号用三位数字表示。前置的零可省去,如-001 简化为-1,-012 简化为-12。奇数子号表示左件,偶数子号表示右件(对称件)。

对零件而言,零件子号就是零件号,也是零件的构型号;对装配件而言,装配件的标识只用到基本号就够了,子号是装配件构型号。

这种零件编码方法广泛用来标识飞机零组件。波音公司就采用这种编码方法。

在零件编码中,型号识别符(WBS 第 1 级)用于标识飞机的型号。波音公司使用下面的型号标识符与飞机型号对应:A 为波音 737;U 为波音 747;N 为波音 757;T 为波音 767;W 为波音 777。

2) 零件

零件是零件主的"个体",它有具体的物理描述、制造过程、生产日期和用途。

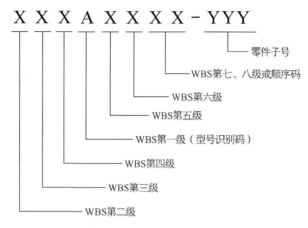

图 8-12　零件主的编码规则

XXXAXXXX—基本号；YYY—零件子号(dash number)

零件的标识规则如图 8-13 所示。

图 8-13　零件的标识

XXXAXXXX-YYY—零件号；CCC—版本号(或称更改字母)

版本号(更改字母)用三个英文字母表示。但字母 I、O、Q、S、X 和 Z 不可用，以防止它们和 1、0、8、5、×(乘号)、2 等混淆。第一次使用更改字母为 A，第二次为 B，连续滚动。当所有单个可用字母都用过以后，则下一个版次以 AA、AB、AC 等延续，依此类推，至 AAA、AAB……

对零件的标识还应注意以下情况：

(1) 产品结构树的每个组件(component)，都要分配一个唯一的标识号。

(2) 如将已经存在的产品(如借用件)用作产品组件时，则保留它们原有的标识号(设计组织名和零件号)，除非互换性受到影响需修改它的应用范畴。

(3) 外购的零组件，不论属于供应商研发的，还是从供应商处获得的，都要保持原供应商赋予的唯一的标识号。如果采购管理有专门的要求，可以选择除供应商提供的标识号之外的唯一的标识号，使零件与它的规范文件关联。这个文件的标识号与零件号有所区别，用于满足特定的要求，如附加的试验或零件屏蔽要求等。

8.4.4　工艺组件的标识

在产品装配过程中，根据装配工艺路线的要求，存在一种需要在制造单元间转移、入库或进行组合前的配套作业的组合件，这种组合件在设计 BOM(as-designed BOM)中并不存在,只是由于实际装配需要而形成的,在工艺物料清单(process bill of material,PBOM)中才有,故称之为工艺组件。

换一种说法,工艺组件可以看作是产品的工艺构型。

工艺组件的标识规则如图8-14所示。

图8-14　工艺组件的标识

XXXAXXXX—基本号;EEE—该工艺组件的构型号,
奇数为左件,偶数为右件;CCC—版本号(更改字母)

工艺组件的构型号常常专门划出一个字段系列来表示。

例如,麦道公司的工艺组件的构型号用-400系列表示。若工程组件的构型号为-1,则工艺组件的构型号为-401,若工程组件的构型号为-3,则工艺组件的构型号为-403。

波音公司的工艺组件的构型号用-900系列表示,如143Z0100-950。

8.4.5　工艺版次的标识

工艺版次(或称制造版次)表示工程对制造信息的更改。

工艺版次的标识规则如图8-15所示。

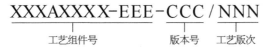

图8-15　工艺版次的标识

XXXAXXXX-EEE—工艺组件号;CCC—版本号
(更改字母);NNN—工艺版次,用数字表示

工艺版次从1开始,依次为2、3等。

工艺版次不能单独使用,单独使用没有意义,它必须与相应的工程版本联合应用才有意义。

例如,某工艺组件的编号为185A2400-401B/2。其中,185A2400-401为工艺组件号;B/2表示它的工程版本为B,它的工艺版次为2。

8.4.6　物理零组件的标识

物理零组件的标识指制造出来的零组件上应有明显的标记,一般贴上(或系上)标签或直接打上(印上)标记,以便它们在储存和使用中不会被混淆。

因为每一个物理零件都是"个体",它有具体的、明确的用途,精确地说明装在哪一架飞机上。所以物理零件的标识规则是

$$物理零件的标识 = 零组件号 + 有效性标识$$

或

$$物理零件的标识 = 零组件号 + 版本号$$

对用版本控制的构型管理系统,如麦道公司的 PRIMS 系统,物理零件的标识采用零组件号加版本号。车间所用的图纸版本号以麦道公司提供的单架次零件清册(single sortie parts list,SSPL)中给出的版本号(更改字母)为准,因此版本号等价于有效性标识(架次号)。

而以零件为中心的管理系统,如波音公司的 DCAC/MRM 系统,物理零件的标识采用零组件号加飞机标识号(有效性标识)。

相比之下,波音公司的物理零件标识更加清晰。因为波音公司按飞机标识号发放工程和制造数据给供应商,进行飞机外购件的生产(按单架次管理)。在波音公司发放的供应商定制零件细目表(supplier custom module list,SCML)中,明确给出了此架飞机上适用的模块表及模块零件细目表。因此,物理零件上标识零件号和有效性(架次号),既简单又可靠。

这里还要补充说明一点,在飞机研制阶段,如果在更改管理中,使用了大版本(英文字母)和小版本(数字)的更改规则(小版本表示临时更改),如 A1、A2 等,则物理零组件上只打大版本,不能打小版本。

8.4.7　工装的标识

工装的编码规则为

$$XXXAXXXX - YYYFIDn\_TnRLn$$

其中,XXXAXXXX - YYY 为零件号或工艺组件号;FIDn 为工装分类码,n 为版次;Tn 为工装更改号(如 T1、T2),n 为版次;R 为工装的版本号(更改字母)(如_、A、B);Ln 为联络更改号(如 L1、L2)(若应用),n 为版次。

工装分类码的规定见表 8 - 3。

表 8 - 3　工装分类码的规定

工装名	工装分类码(FID)	工装名	工装分类码(FID)
装配工装	AJ	手控提升工具	HFHT
成形工装	FB	检卡工装	CF
主装配模型	MAM	钻孔工装	DJ
主图像模型	MGM	定位工装	LJ

例如,若某工装的编号为 185A2400 - 1AJ1,其中,185A2400 - 1 为零件号(装配件),

AJ1 为装配工装,版次号为 1。

8.5　零件描述文档的标识

零件的描述文档,按文档的内容和格式,可分为设计文档、制造规划文档、规范文档、普通文档、技术出版物文档、结构化文档,以及质量文档等,如图 8-16 所示。

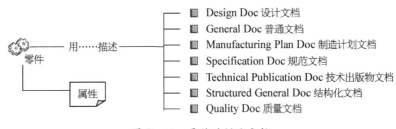

图 8-16　零件的描述文档

为了直观地反映文档与零件的关系,故在文档的编号规则中含有该零件的编号。下面给出两种常用的文档标识规则。

8.5.1　文档标识方法一

文档标识方法一为

$$XXXAXXXX-YYYFIDn\_CCC$$

其中,XXXAXXXX-YYY 为零件号;FID 为文件类型的标识符,n 为版次;CCC 为版本号(更改字母)。

这是麦道公司(EPD 系统)所用的一种标识方法。其中,文件类型标识符的规定见表8-4。

表 8-4　文件类型标识符的规定

文件类型	文件类型符(FID)	IMAN 数据集类型
零件(主模型)	无	UGMASTER
装配件/安装件(主模型)	无	UGMASTER
2D 图纸	DWG	UGPART
Dash Zero 数据集	无	UGMASTER
EO 续页(更改原因)	RC	UGPART

（续表）

文件类型	文件类型符（FID）	IMAN 数据集类型
零件细目表	PL	
应力分析	STS	UGMASTER
重量计算	WGT	UGMASTER
模线	Z	UGMASTER
设计数据文件	DDF	UGMASTER
计划	PLN	UGMASTER
工装	见后	UGMASTER
主图形模型	MGM	UGMASTER
NC 程序	NC	UGMASTER
主明胶图	MLO	UGMASTER
Q/A	QAL	UGMASTER
概念设计/初步设计文件	CDF	UGMASTER
收集器	CLT	UGMASTER
引用文件	REF	UGMASTER
引用主模型	RMM	UGMASTER
背景文件	BRF	UGMASTER

例如 185A2450 - 1DWG1_A，其中，185A2450 - 1 为零件号，DWG1 为 2D 图纸，版次号为 1，A 为版本号（更改字母）。

8.5.2　文档标识方法二

文档标识方法二如图 8 - 17 所示。

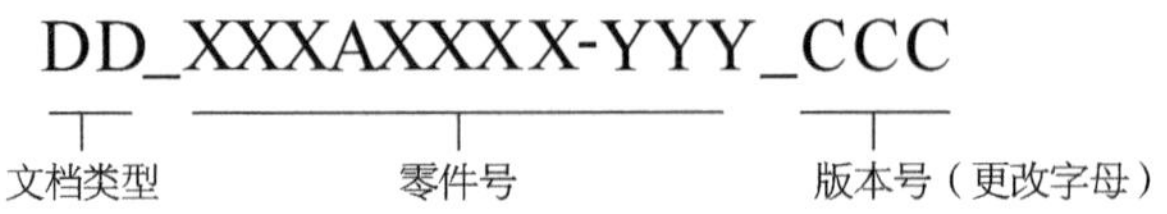

$$\underset{\text{文档类型}}{\underline{\text{DD}}}\_\underset{\text{零件号}}{\underline{\text{XXXAXXXX-YYY}}}\_\underset{\text{版本号（更改字母）}}{\underline{\text{CCC}}}$$

图 8 - 17　文档标识方法二

DD—文档的类型；CCC—版本号（更改字母）

这是文件的另一种标识方法，文档类型符的规定见表 8 - 5。

表 8 - 5　文档类型符的规定

文件类型	文件类型符(DD)	文档后缀
零件模型	无	CATPart
装配件/安装件模型	无	CATProduct
2D 模型(图纸)	DR	CATDrawing
数控文档	NC	CATProcess
零件细目表	PL	

例如,若某文件的编号为 PL_185A2450 - 1_A,其中,PL 表示零件细目表,185A2450 - 1 为零件号,A 为版本号(更改字母)。

8.6　项目项编号

项目项编号(program item number,PIN)用于标识工作分解结构的工作包。

项目项编号采用 8 位数字,其编号规则如图 8 - 18 所示。

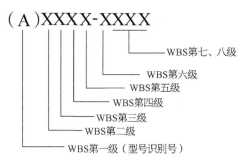

图 8 - 18　项目项编号

A—型号识别号(可省略);PIN—由中间带连字符
"-"的 8 位数字组成

PIN 编号以 WBS 的编号(WBS 码)为基础。对于每个需要执行和跟踪的 WBS 单元,都要给 PIN 一个 WBS 码。当产品单元的 WBS 码比 8 位数字短时,该域用零(0)填入。

第9章

构型基线

9.1   构型基线的基本概念

构型基线是一个已知的飞机/系统/构型项的构型。

9.1.1   建立构型基线的目的

(1) 飞机/系统/构型项都应建立基线,用于检验需求的符合性。

(2) 基线一旦建立,必须存档、保护和承受构型更改过程的管理。

(3) 当从已建立的基线研发产生另一个派生基线时,应遵循更改控制程序,记录其缘由。

(4) 一个派生基线应保持对原基线的跟踪能力。

构型基线非常重要,因为项目管理者(包括股东、订货方、政府、军方)需要评估研制过程各阶段的产品属性,以便掌握项目进展和构型状态情况,作为规避风险、控制成本和提供决策的依据。

9.1.2   构型基线的定义

(1) 产品属性在特定的时间点上的快照。

(2) 用已批准和发放的构型文件标识。

(3) 作为更改管理的基础。

(4) 作为评估项目成本、进度、资源和风险的基础。

美军标 MIL-HDBK-61A 和民用标准 EIA-649 都给出了构型基线定义,两者的规定相似,但有所区别,如图 9-1 所示。

9.1.3   构型基线的分类

在军标中,构型基线分为功能基线、分配基线和产品基线三条基线。它们都是在政府

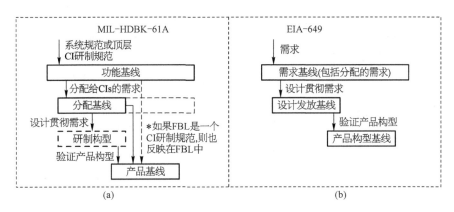

图 9-1　MIL-HDBK-61A 和 EIA-649 关于构型基线的定义

FBL—功能基线

控制之下,只有其中的"研制构型"受承包商(这里指与政府签订合同的组织/公司)控制。三条基线在产品生命周期中都要同时维护,如图 9-1a 所示。

　　而在民用标准中,构型基线分为需求基线、设计发放基线和产品构型基线三条基线。需求基线又称为客户基线。需求基线除了客户的顶层需求之外,还包括分配给下一层次的需求。客户包括外部客户和内部客户,外部客户指对产品有意向的买方;而内部客户就是公司管理层和有关职能部门(如市场部),他们的立场保持与客户利益一致,如图 9-1b 所示。

　　从上述对比发现,造成两者区别的原因,可能由于 MIL-HDBK-61A 属于军用规范,而 EIA-648 属于民用规范,在军方采购武器系统时,构型基线一般由采购方(政府、军方)规定和控制,而取得政府合同的公司作为承包方,当然要完全满足采购方的要求,并在采购方的控制之下进行武器的研制。可以认为,军标中的政府、军方、采购方与 EIA-649 规范中的客户概念相对应。

　　军标 MIL-HDBK-61A 中还给出了一种以性能为基线的采办基线概念,如图 9-2 所示。

　　在性能为基线的采办基线中,政府只控制功能基线、政府批准的性能或详细规范定义的分配基线,以及最终的产品基线,合同商研制过程中建立的分配基线、研发基线和产品基线则由合同商控制。

　　在市场经济下,新产品(民用飞机)的开发由市场驱动,产品需求可以通过市场调查而获得。虽然外部客户(如航空公司)定义了需求,但新产品开发的决策权掌握在公司自己手里,不同于政府的订单,因此民用飞机的开发商承担了更大的风险。

9.1.4　构型基线的描述

在过去的技术文件中,构型基线有各种描述,常见的构型基线描述见表 9-1。

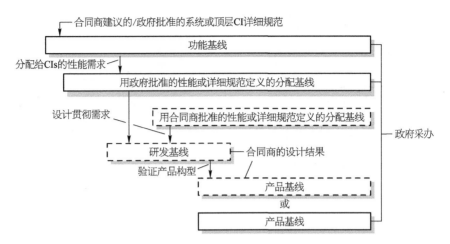

图 9-2　以性能为基线的采办基线概念

表 9-1　常见的构型基线

常见的构型基线名称	基线定义	基线内容	基线建立的阶段
功能基线 需求基线	顶层性能	• 产品研发目标 • 产品主要能力 • 主要的接口 • 支援约束 • 用户技能约束 • 规则的约束	概念阶段
分配基线 性能基线 需求基线	部件层性能	• 详细性能 • 必需的接口安全 • 强制性的验证 • 功能描述 • 试验规范	定义阶段

产品基线
详细设计基线
设计发放基线
产品构型基线
生产基线
	部件层设计	• 详细设计信息
		  ➢ 图纸
		  ➢ 数字化图形文件
		  ➢ 软件清单
		  ➢ 验收准则
			建造阶段

基线定义分为三层,它们是:

(1) 顶层性能。顶层需求提供系统和下层产品研发的基础,用于评估顶层性能和更改建议引起的接口影响。

(2) 部件层性能。是单个产品的研发、试验和审核的基础,用于评估组件层性能和更改建议引起的影响。

(3) 部件层设计。是制造单元的建造和接受的基础,用于评估更改建议引起的设计影响。

9.1.5　军标中的研制构型

9.1.5.1　内部基线

承包商获得了政府或军方的合同以后,就承担了产品研制任务。虽然产品的研制构型在承包商控制之下,但是产品的研制目标只能由订货方说了算,订货方不仅规定了产品的性能和功能,而且控制了产品研制过程,确保订货方能得到满意的产品,又不超过采购经费预算。构型项的选择及对构型文件的要求都来自合同文本,合同定义了承包商的研制构型要求。承包商在订货方的研制构型的约束下,进行产品的研制。

在研制过程中,承包商可以把研制构型的实施划分为若干阶段,称为"内部基线"(或"里程碑"),用来管理和控制研制构型的设计进程。

图 9-3 表示内部基线划分。

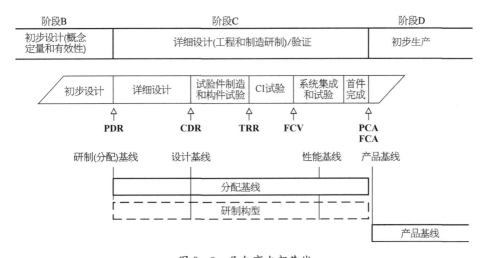

图 9-3　承包商内部基线

PDR—初步设计评审;CDR—详细设计评审;TRR—试验准备状态审查;
FCA—功能构型审核;FCVR—功能构型验证审查;PCA—物理构型审核

设计过程的评审一般包括:

(1) 概念设计评审: 评审产品概念的可行性;评审需求定义的初稿。

(2) 初步设计评审: 确认需求定义;评审接口;批准长周期的发放。

(3) 详细设计评审: 评审详细设计;批准工程发放。

(4) 试验状态评审: 评审安全性;评审试飞的限制。

9.1.5.2　工程发放

工程发放是使构型文件或项目正式投入预定使用的一种活动。

工程发放的构型文件由承包商的工程发放系统管理。承包商的工程发放过程必须避免这样的情况发生,即对构型文件进行Ⅰ类更改时,未得到政府(或项目管理层)的批准就开始发放。

构型文件的发放需要得到政府(或项目管理层)的批准,并受政府(或项目管理层)构型管理的控制。

承包商应建立工程发放系统,利用此系统将构型文件发放到下游组织(如制造、后勤保障、质保、采购),并跟踪构型文件的使用。承包商应保存所有构型项及其零部件的全部构型文件的现行和以往的工程发放信息。工程发放系统应与承包商内部的工程控制系统建立联系,以保证所有经批准的Ⅰ类工程更改已按规定纳入生产项目。承包商的工程发放和控制系统应满足最低限度信息量要求和跟踪能力,以验证成品与已发放的工程资料是否对应。

工程发放是详细设计完成后承包商的一项标志性活动。

设计发放基线(研制构型)包括详细设计,设计整合,装配、安装和验证,以及首件验证四个节点(里程碑)。承包商的内部评审包括 IDR1、IDR2、IDR3、TRR 等。而正式评审PDR、CDR、PCA 和 FCA 由订货方主持,如图 9-4 所示。

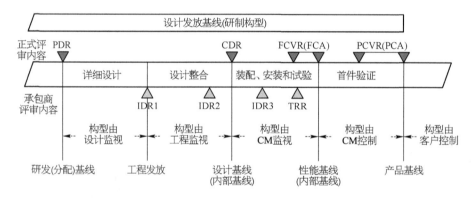

图 9-4　设计发放基线(研制构型)的里程碑划分

承包商的内部基线包括工程发放、设计基线和性能基线。

1) 工程发放的文件

(1) 构型定义文件(构型规范、构型描述文件)。

(2) 设计包文件(即产品定义数据集——工程设计、工装设计、制造工程、试验要求)。

(3) 工程零部件审批状态记录(包括供应商零部件)。

(4) 系统设计和接口定义文件。

(5) 制造计划。

(6) 试验大纲。

2) 设计基线(design baseline)

设计基线是一个内部基线,它用已批准的详细设计文件描述。

通过详细设计评审的设计基线文件,构成了设计基线。

设计基线可以由下列文件构成:

（1）设计成套文件（包括零部件的三维数字模型、二维图样、零件细目表、工艺规划、工装设计、接口控制文件等）。

（2）供应商的联合定义文件。

（3）外购件的图样（模型）和文件。

（4）相应的产品规范、材料规范、工艺规范（设计文件上直接标注的）、标准件选用手册。

（5）数字样机。

（6）工程分析文件。

（7）试验任务书。

设计基线的建立，标志着已对整架飞机给出了完整的工程定义，基本符合（达到）设计要求，设计技术状态冻结。

但确切地说，工程发放阶段发放的设计文件包（或数据集），包括三维模型/二维 CAD 图纸和零件细目表等，并不是"产品"图纸（模型），而是试验机（或试验件）的图纸（模型）。这时，发放到下游各职能部门（如制造、后勤、质保、采购）使用的设计包数据，还不曾经受制造、装配、试验和其他必需的验证手段的考验，不能称为"产品"图纸（模型）。只有在建立了产品基线之后，所发放的全套设计图纸和资料（即设计文件包），才是正式的产品图纸和资料，可进行批量生产。

3）性能基线（performance baseline）

性能基线是另一个内部基线。性能基线用通过功能构型验证和物理构型验证的内部发放的设计文件表示。

从图 9-4 看出，详细设计阶段的构型管理受设计监视；设计整合阶段的构型管理受工程监视；装配、安装和试验阶段的构型管理受构型管理部门监视。这里，用的是监视（surveillance）一词，即监视、监督之意。首件验证阶段的构型管理受构型管理部门控制。这里，用的是控制（control）一词，即构型管理进入实质性的控制阶段。

9.1.6 民用飞机的构型基线

民用飞机的构型基线如图 9-5 所示。

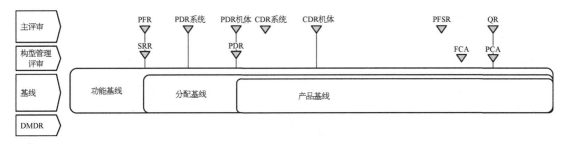

图 9-5 民用飞机的构型基线

图 9-5 中,SRR(系统需求评审)是一个非常重要的节点。只有评审通过 SRR,才能确认系统顶层的需求是正确的和完整的,才能允许原始设备制造商(original equipment manufacture,OEM)建立飞机的功能基线。

构型管理必须从需求管理入手,因为民用飞机的需求是飞机最根本的构型,它也是适航审定的基础。为此,构型管理者必须制定需求管理计划,维护客户批准的需求跟踪矩阵,监督需求更改控制过程,对需求矩阵进行更改管理,维护需求的修改历史,分析和评估需求的可行性、正确性、完整性以及对项目的影响。

需求必须是充分正确的和完整的,以便产品符合所适用的适航要求。

需求正确性和完整性的验证过程如图 9-6 所示。

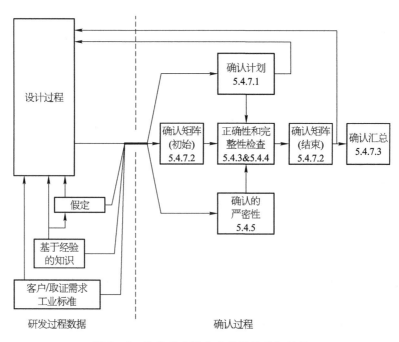

图 9-6　需求正确性和完整性的验证过程

图 9-6 中,确认矩阵的内容包括需求描述和来源、相关的功能、验证方法、验证程序和结果引用、验证结论。

需求正确性和完整性验证过程是一个反复的过程。

需求的正确性是指,对一个需求的叙说应是正确的,意味着在其特性中没有模糊不清。

需求的完整性是指,对一个需求的叙说应是完整的,意味着没有特性被省略,或存在不正确的叙说。

在需求定义的每一个层面上被认可,包括飞机(顶层)、系统和组件级的需求的验证和确认。

需求正确性和完整性验证过程就是飞机需求工程,如图 9-7 所示。

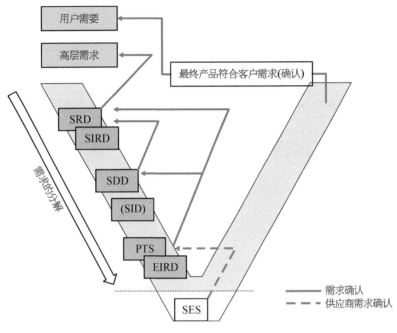

图 9-7 飞机的需求工程

需求的更改是不可避免的。从初始需求到最后交付的需求,可能会延续较长的时间,直到飞机解决方案满足需求为止。往往飞机需求工程占据了产品研发周期的较长时间,但必须把需求阶段做好、做仔细,不能草草收场,后患无穷。

9.1.7 构型基线与项目管理

构型基线既是构型管理的要素,同时也是项目管理的要素。

项目管理的基准体系包括需求基准线、技术基准线、成本基准线、进度基准线,以及风险基准线等,都与构型基线密切相关。项目管理的基准体系如图 9-8 所示。

需求基准线包括军标(MIL-HDBK-61A)中的功能基线或民用标准(EIA-649A)中的需求基线。

需求基准线确定之后,就开始编制工程项目的定义文件,它的标志是"项目设计要求和目标"文件,即 DR&O 文件,这就是技术基准。

计划基线的建立标志着产品构型的确认和制造技术状态的基本确定。

对设计构型进行自制/外购决策(make/buy),根据费

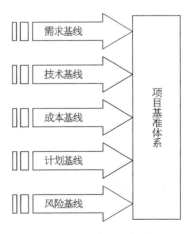

图 9-8 项目管理的基准体系

用、进度、质量等要求确定哪些项目自己制造,哪些项目外购。

对整个项目进行费用估算和生产能力评估,作为计划和进度安排的基础。

构型基线管理与项目管理的关系如图9-9所示。

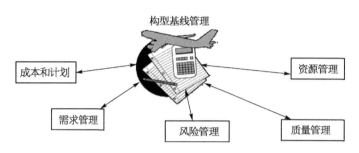

图9-9　基线管理与项目管理的关系

9.2　构型基线的管理

9.2.1　基线的创建

1) 固定基线

固定基线(fixed baseline)规定了项目研制到达了某个时间点时,产品应达到的设计成熟度,或应具有的特定的产品定义信息(产品属性),并作为产品研制的下一阶段的基础。基线文件或构型文件一旦被批准,即建立了固定基线。

固定基线描述了一个基本不变的基准线,但它是不稳定的。当一些"大改"性质的更改建议不可避免地出现时,按照正式的审批流程,产品定义信息可能被修改。一旦更改被批准和执行,原先的构型基线将变更为"最新的"构型基线,也就是说,原先的固定基线将"滚动"更新。新的固定基线被认为是当前批准的构型文件,或原基线加上已批准的更改。今后,这种确定方法——初始批准的构型文件加上已批准的更改,将广泛被应用。

在这个概念下,对每个所研制的产品单元,人们不需要费脑筋知道哪次(或何时)批准的基线已更改了,或者其精确的构型到底如何辨认。

固定基线用于描述基线文件的更改或成熟的过程。

固定基线与文件收集器有所不同,固定基线是用于锁定位于基线内的工作项目(item)的状态,而文件收集器只是一个存放文件的文件库。

当把一个基线文件加入固定基线后,系统锁定其工作状态。这就防止了该工作项目被非法删除,除非你已经把它从该基线中移出。也就是说,要删除一个基线文件,必须先把它从构型基线中移出。

基线内的任何一个基线文件都不能随意删除,还因为它可能属于多个固定基线,它可能有多个"锁"。如果确实要删除一个工作项目,则必须先打开所有的"锁"。

2) 基线的属性

基线作为一个管理对象,它具有如下属性:

(1) name:固定基线的名称。

(2) baseline ID:基线的标识符。

(3) revision:当前基线的版本号。

(4) sequence:检出的次数。

(5) class:基线类型。

(6) project name:项目名称。

(7) baseline closed:该基线是否关闭。

(8) purpose:基线的目的。

(9) category name:基线分类名。

(10) security organization name:负责管理基线安全的组织机构名称。

3) 基线的创建过程

(1) 在产品结构的适当层次上选择构型项,用文件标识,以便对构型项及其文件进行控制和维护。

(2) 确定构型文件的类型。定义构型项的性能、功能和物理属性,包括内部和外部接口,每个构型项用构型文件描述。构型文件是产品研发、材料采购、零部件装配、确定检查和试验项目及系统维护的基础。

(3) 对每个构型文件,包括相关构型项的后勤保障计划,确定适当的构型控制权限。

(4) 发布构型项和构型文件的标识号。

(5) 发放构型文件。

(6) 打开基线文件夹,检入构型文件。

(7) 建立构型基线,对构型文件进行控制和维护。

创建基线的界面(案例)如图 9-10 所示。

在产品生命周期中,构型基线的生成过程如图 9-11 所示。

构型基线生成的过程是一个上下迭代的过程。随着时间流逝和设计成熟度的推进,在设计里程碑(或阶段)的结束之时,意味着一个内部的或正式的基线的诞生。

在基线生成时,构型基线文件中就包含了验证要求,如验证计划、试验大纲、验证方法等。

4) 基线文件的检入

构型基线文件是分阶段生成的,不同阶段

图 9-10　创建基线的界面(案例)

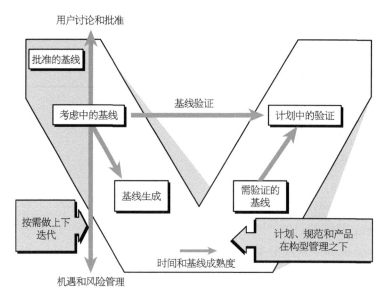

图 9 - 11　构型基线的生成

的基线构成内容是不一样的。基线构成内容是项目预先指定的,表示产品定义数据的成熟过程,通过一系列评审活动确定的,所以基线是项目"研制阶段转换"的依据。

现以某产品的基线为例加以说明。

(1) 功能基线的主要文件有项目定义或研制任务书、项目顶层要求、确定项目约束和系统边界、创新设计概念(风险、成本、进度、技术基础)。

功能基线审核是项目定义评审(mission definition review,MDR)。

(2) 初步设计基线(设计组织内部基线)的主要文件有系统规范、系统构架和操作概念、接口定义、产品构型定义、各层次的设计规范、研制计划。

初步设计基线的评审有系统要求评审、联合定义评审、初步设计评审。

(3) 详细设计基线(设计组织内部基线)的主要文件有工程数据集、数字样机、试验和验证计划和任务书、制造—装配—集成计划、产品工程构型数据。

详细设计基线的评审是详细设计评审。

(4) 产品基线。标志着产品研制已经完成,全机的功能特性和物理特性通过构型审核,已满足用户需求,达到设计目标,进入生产阶段。

产品基线文件应包括全套已批准和发放的设计文件,如工程模型、工程图纸、零件细目表及产品说明书、使用维护手册,还包括工程文件所引用的设计规范、材料规范、工艺规范等。对于民用飞机,还包括构型审核文件和型号合格审定文件及生产许可文件。

产品基线的审核有功能构型审核、物理构型审核。

基线文件通过产品结构来进行组织。

图 9-12 是基线文件的关联结构的示意图。

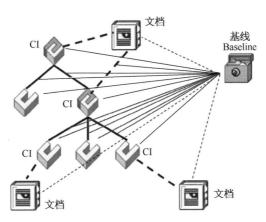

图9-12 基线文件的关联结构

如果基线包括不同的构型,而构型用版本号或构型号表示,则在基线中应把产品所有的构型都包括进去。

9.2.2 基线的维护——滚动基线

把形容词"滚动的"与"基线"术语相关联或许是自相矛盾的。"滚动的"是说明"固定的"基线实际上在不断地更新,也就是说,不断生成"当前的"基线,这是在初始基线建立之后发生的。当一个产品的更改提出并被批准后,由一组特定的基线定义文件构成的一个新的、当前的基线就建立起来了。任何与该基线有关的任务,如单元的制造任务,都是基于基线的产品定义(即当前的基线)信息,并用特定的版本标识。这样,"老的"当前基线由"新的"当前基线所替代,基线在"滚动"中得到维护。

当产品定义信息首次被批准并发放使用时,初始的"当前构型基线"就建立了。后继的"当前构型基线"在构型更改管理过程中,"滚动"建立。

基线的维护是一个动态的过程。

构型基线的进化特性如图9-13所示。

把已批准的更改合并到之前批准的基线,就能够更新当前的构型基线。

基线和更改管理过程之间的关系如图9-14所示。

构型基线管理过程包括:

(1)建立批准的基线。

(2)根据更改请求,检出已建立和已批准的基线。

(3)评审检出的和已批准的基线。对更改请求评审。

(4)评审已批准的更改,并更新检出的基线。

(5)建立初步修订的基线,用于试验和批准。

(6)检入已批准的基线,替代"老"基线,并存档。

在构型更改管理过程数据库中记录了更改过程。

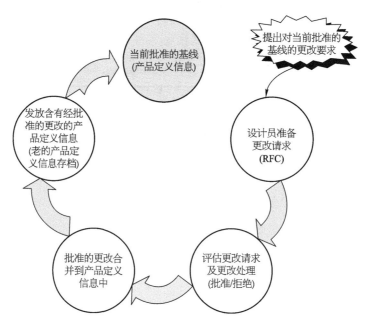

图 9-13　构型基线的进化特性

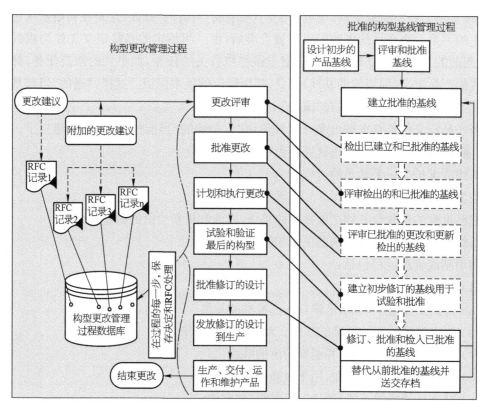

图 9-14　基线和更改的关系

9.2.3　飞机研制过程中的构型基线更新

在飞机研制过程中的构型基线的管理如图 9 - 15 所示。

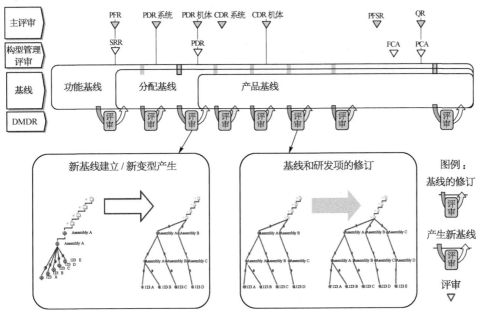

图 9 - 15　飞机研制过程中的滚动基线

DMDR—数字样机和设计评审（digital mockup and design review）；SRR—系统需求评审（system requirements review）；PFR—初步功能评审（preliminary functional review）；QR—适航取证评审（qualification review）

　　在飞机研制过程中,构型基线的更新分为两种情况：新基线的建立和基线的修订。对于第一种情况,标志基线类型的转换,产生新的基线（图 9 - 16）。

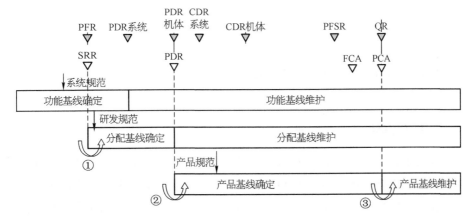

图 9 - 16　新基线的建立

在通过系统需求评审之后,功能基线开始形成,在 PDR 开始前,功能基线确认。在随后的研制过程中,功能基线进入维护时期。

在初步设计中,分配基线开始形成,在 PDR 通过时,分配基线确认。在随后的研制过程中,分配基线进入维护时期。

在详细设计中,产品基线开始形成,在适航取证和构型审核通过后,产品基线确认。在随后的生产过程中,产品基线进入维护时期。

在生产阶段需要同时维护三条基线。

图中有三个转折点。在每个转折点处,基线的数据结构将产生变化。新的基线在新的数据结构上组建起来。

对于第二种情况,基线的数据结构没有变化,属于基线正常的维护——基线的修订,也就是基线的"滚动"。

基线的滚动修订虽然是经常发生的,需要构型管理系统的跟踪、记录和报告。但是在设计评审和构型评审的节点上,包括重要的内部评审,基线的修订仍需要评审,如图 9-17 所示。

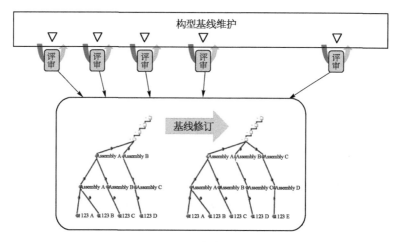

图 9-17 基线的修订

9.3 基线管理的原理——门禁管理

9.3.1 构型基线与门禁管理

有人说,构型管理实质上就是对构型基线的管理。因为构型标识的最终目的是建立和维护构型基线;构型更改管理是控制构型基线文件的更改;构型纪实就是记录和报告构型基线的状况及其演变;构型审核是审核所研制的产品与其构型基线的符合情况。

从原理上讲,基线管理就是新产品研制的"门禁管理"。没有门禁管理,就没有构型基线管理,也就没有了新产品研制的控制基准。

　　我国有不少企业在研制新产品时,仍然采取"算总账"模式。不控制研制过程,直到设计定型开会时才算"总账"。届时召集一批人,应付"设计定型"程序审查,走过场。

　　图 9‑18 表示基线管理对新产品研制的影响。

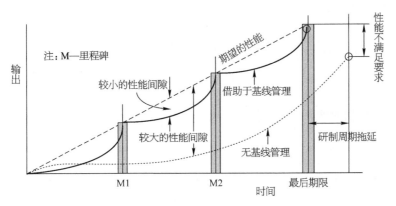

图 9‑18 基线管理对新产品研制的影响

　　在图 9‑18 中的虚线表示无基线管理的情况。国内外的实践都表明,如果没有建立构型基线,或者设置了基线,但基线定义不合理,或者基线管理不到位,形同虚设,都将造成产品研制周期的拖延及研制成本的增加,遗留下大量的设计缺陷,难以解决,达不到产品研制的目标。

　　实线表示有基线管理的情况。沿着新产品研制的路标(基线),设计的进程"波浪式"前进,对设计目标的偏离(又称为"性能间隙"),随着设计的迭代和优化,在里程碑处得到弥补和修正,能达到阶段性设计要求,最终就能达到产品设计目标。

　　构型基线的设置是否合理,关系到新产品研制路标设置的合理性。

　　图 9‑19 说明了严格的门禁管理的重要意义和虚设的门禁管理的后果。

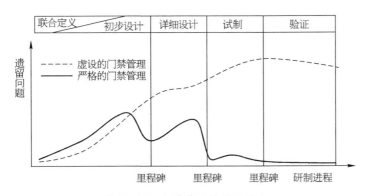

图 9‑19 门禁管理的重要意义

　　构型基线的定义不完全是纯技术问题,还与项目的体制有关。分析波音 787 和空客 A380 的研制阶段基线划分,可以看出它们都考虑了自身的体制(按精益企业运作)。

　　图 9‑20 是 G‑150 飞机的构型基线管理的"门岗"(gater)设置。

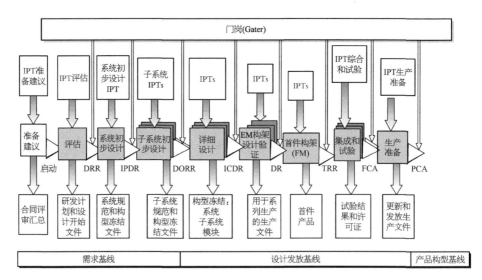

图 9-20　G-150 飞机的构型基线的"门岗"设置

IPDR—初步设计评审;DORR—子系统评审;ICDR—详细设计评审;DR—设计评审;
TRR—试验准备评审;FCA—功能构型审核;PCA—物理构型审核

9.3.2　门禁管理概述

基线管理的基本原理是门禁管理(stage-gate)。

按系统工程的观点,任何一个新产品的研制都应该分解成一系列的阶段,用来定义最优的行动。新产品研制过程是从一个阶段走到下一个阶段,阶段之间的"门槛"由"门岗"把守。每个门槛由阶段、任务、交付、门岗和准则等要素组成。当一个阶段的工作完成后(即交付时),通过门岗——质量控制检查点(或评审会议),对交付的文件评审,判断研制进程该不该前进到下一个阶段或拒绝放行。

门禁管理的原理如图 9-21 所示。

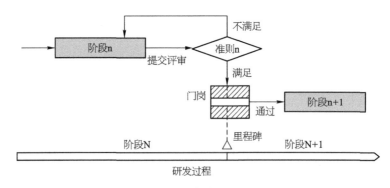

图 9-21　门禁管理的原理图

"门岗"是否"称职",门禁管理是否认真,就像城市交叉路口的交通警察能否严格执行交通规则,防止交通混乱和堵塞,不放过任何一个闯红灯和违章的车和人。松懈的门禁管理将造成大量的设计问题遗留。不负责的"执勤"和"放行"、不严格的评审,或者为了"赶任务",明知故犯,忽视质量,必将带来严重的后果,使项目处于风险之中。

项目的门禁管理由一系列构型项的门禁管理组成,这些门禁管理由一系列行动组成,这些行动执行规定的任务,它们的关系如图9-22所示。

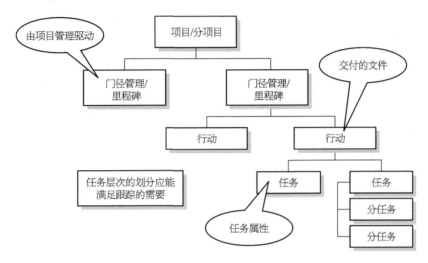

图 9-22　门禁管理/里程碑管理的层次结构

通常,产品的生命周期可以分成以下七个阶段:任务分析、可行性论证、初步设计、详细设计、验证和初步生产、生产、使用和报废。从基线管理的角度,产品的生命周期也可划分为需求基线、设计发放基线、产品基线及一系列内部基线(里程碑)。在这些阶段之间,设置了相应的"门岗"(内部审查、构型验证、构型审核等活动),在设计各阶段转换时(或里程碑处)设置"门岗",控制着产品研制阶段的进程。基线管理就是利用门禁管理原理的实例。

首先,在每个构型项的基线(或里程碑)文件的交付时间点上设置门禁管理。门禁管理任务包括以下内容:

(1) 定义任务的开始点和终止点。

(2) 定义工作范围。

(3) 定义任务交付文件。

(4) 列出门禁管理所需资源(人力、材料和设备)。

(5) 建立门禁管理的工作程序。

9.4　软件产品的基线管理

值得提醒的是,大型复杂产品常常是软件和硬件的集成物。大型复杂产品的构型管理不能只管硬件,而忽视了软件的构型管理。

图9-23所示为硬件和软件综合的基线管理。

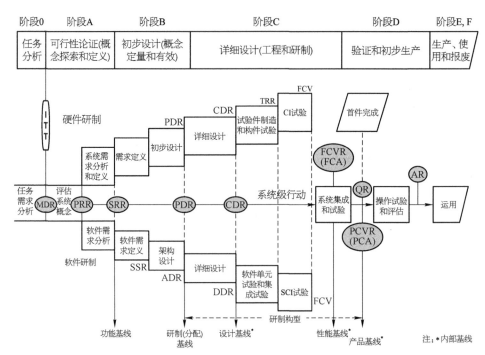

图 9-23　硬件和软件综合的基线管理

ADR—架构设计评审(architectural design review);AR—验收评审(acceptance review);CDR—关键设计评审(critical design review);DDR—详细设计评审(detail design review);FCA—功能构型审核(functional configuration audit);FCVR—功能构型验证评审(functional configuration verification review);ITT—邀请投标(invitation to tender);MDR—任务定义评审(mission definition review);PCA—物理构型审核(physical configuration audit);PCVR—物理构型验证评审(physical configuration verification review);PDR—初步设计评审(preliminary design review);SRR—系统需求评审(system requirements review);SSR—软件规范评审(software specification review);TRR—试验准备评审(test readiness review)

软件构型管理过程是在软件生命周期全程中,应用行政管理和技术的程序,对系统中的软件构型项进行标识、定义和规定基线,控制修改和发放这些构型项,记录和报告构型项和修改请求的状态,保证构型项的完整性、一致性和正确性,管理构型项的存储、处理和交付。

图 9-24 表示软件研制的构型基线及所需交付的构型文件。

9.5　民用飞机构型基线的案例

9.5.1　波音 787 飞机的研制阶段划分

图 9-25 是波音 787 飞机的研制阶段划分。

从图 9-25 可见,波音 787 飞机完全是市场驱动的产物,它的三条构型基线,即需求基线、设计发放基线和产品构型基线,都在波音公司自己的控制之下。其中,设计发放基线是在产品定义阶段建立的。通常,设计信息不断地生成、评审,并持续地发放。一旦设

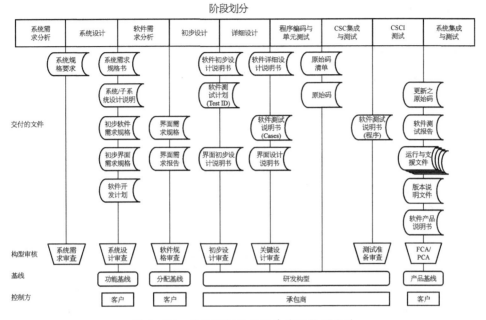

图 9-24　软件研制的构型基线及构型文件

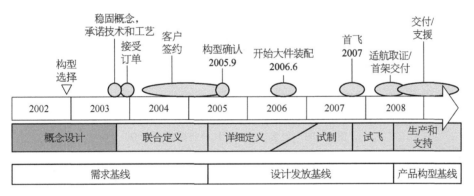

图 9-25　波音 787 飞机研制阶段的划分

计信息正式发放了,它就成为设计发放基线的一部分。为了建立和维护设计基线,需要建立设计信息的初始发放程序,以及对设计信息的工程更改的批准程序。

在设计文档发放之前,必须评估它是否满足下游用户的信息需求,以及对下游用户产生的影响,因为有些下游用户可能已经开始使用这些信息,如订购材料、设计工装、工艺规划、数控编程和零件生产。设计信息的发放程序应考虑各种情况,建立发放过程的信息数据库,应能记录文件发放的当前和历史的信息。

由于波音 787 飞机按精益企业(虚拟企业)的模式开发,许多部件由它的合作伙伴设计和制造,例如机翼的翼盒由日本三菱重工承担。因此波音 787 飞机的设计发放基线包含了所有合作伙伴的设计发放基线的综合。

并行产品定义和数字样机是设计发放基线的重要特征,它考虑了产品生命周期中可能出现的问题,使设计缺陷或返工减少到最低程度。

9.5.2　空客 A380 飞机的研制阶段划分

图 9-26 是空客 A380 飞机的研制阶段划分。

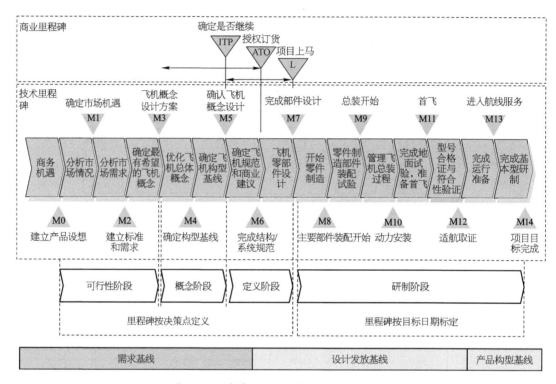

图 9-26　空客 A380 飞机的研制阶段划分

可以看出,这两架飞机的构型基线定义是一致的,都是按照市场经济规律,由市场需求驱动的。但它们的研制阶段或里程碑的划分是不同。例如空客 A380 飞机分为 14 个里程碑。

空客 A380 飞机的研制阶段划分见表 9-2。

表 9-2　空客 A380 飞机研制阶段的里程碑

里程碑编号	里程碑	主 要 活 动	出 口 评 审	
M0	建立产品的设想	分析从外部(如客户、竞争者和供应商等)获得的启发性事件和内部新产品研发设想,根据时间和理由的分析,对形成的新产品设想进行排序和筛选	M0.01 M0.02 M0.03 M0.04	收集到可利用的启动项目的事件 以建立并同意了启动事件的排序表 选择了研究事项,以及确定了供研究的时间框架和期望目标 分配了满足至 M3 所需的资源和预算

（续表）

里程碑编号	里程碑	主 要 活 动	出 口 评 审
M1	确定市场机会	M0－M1 为"市场态势分析"阶段,这一阶段的主要活动是对经营战略进行市场态势和市场贡献分析,尽管不是直接论述可行性研究,但非常重要的是要通过研究必须避免误解和对后面研究步骤的争执	M1.01　完成市场分析和预测 M1.02　完成本公司和竞争者产品的分析 M1.03　确定和识别竞争威胁 M1.04　具有产品方案描述 M1.05　市场机会选定,并完成评估和描述 M1.06　项目方案指令已经发放
M2	建立标准和需求	定义一整套最大范围竞争和最低限制要求的飞机标准和需求,标准是作为规范的工作条件,而需求是作为项目研究结果的目标,它们在业务活动过程中有效地建立、评估和选择下阶段的概念,并在后续的活动中逐步精化成为详细设计工作的飞机顶层要求	M2.01　有了可实际使用的对产品概念的设计标准 M2.02　有了可实际使用的对产品概念的设计要求 M2.03　选定了可实际使用的容差、优先次序的标准 M2.04　建立了至 M3 的基本运作组织
M3	飞机概念选定	按下列两个程序,将可选概念的定义和比较,以及最有前途概念的选择达成共识: 　一是根据前面定义的标准和能使结果最接近前面定义的要求来创建概念 　二是使用排除法,即证明为什么某个概念在今后不应在考虑 　当一个概念的所有特性能够在不同的可选概念中加以区别时,这个概念具备了对比性,一个概念的选择应基于同其他相关概念在给定特性方面的充分精度比较,从而证明优先选择	M3.01　确定了产品概念 M3.02　确立了部件的尺寸 M3.03　对部件尺寸的确立进行了分析 M3.04　在概念之间进行比较,并比较竞争威胁 M3.05　确定概念基线,论证并发放 M3.06　形成初步的顶层产品定义 M3.07　启动必要的技术项目计划 M3.08　分配了满足至 M5 所需的资源和预算 M3.09　识别了长周期的项目
M4	飞机构型概念确立	交易研究、细化分析、向构型基线的综合和优化是构型概念完成和精化过程中的主要活动,这阶段的业务活动是同客户和供应商建立密切关系的起始点	M4.01　审视了潜在客户和营运环境的判断 M4.02　标准和要求精化,并发展到飞机顶层要求 M4.03　完成部件级概念的建立、交流,并得到最优化 M4.04　为产品顶层定义的构型基线得到了证实 M4.05　建立了同供应商的关系,提出了信息需求 M4.06　确保了技术准备就绪

（续表）

里程碑编号	里程碑	主要活动	出口评审
M5	详细飞机概念确证	从产品概念、市场、生产、维护、产品支援、目标成本、取证、制造和周期等方面详细阐述综合的构型基线，这些活动应达成实现技术要求、业务风险、工作分工和成本分摊的共识，致使能够做出是否继续进行技术定义的决定	M5.01 定义了工作的分工 M5.02 建立了项目计划 M5.03 批准了非重复费用和重复费用 M5.04 形成了可用的产品一级定义 M5.05 分配了满足至 M7 所需的资源和预算 M5.06 定义了基本运作组织 M5.07 制造概念得到了批准
M6	结构/系统规范完成	根据飞机概念，完成规范和商务方案，必须从供应商处获得性能和成本的保证	M6.01 建立了详细的项目计划 M6.02 建立了飞机的规范 M6.03 定义了性能保证的概念
M7	部件级设计完成	完成分解到部件级的飞机物理定义和功能模拟；筹备研制发展和生产的资金；创造工业上马的条件；同先锋用户协商飞机销售合同	M7.01 完成产品二级定义 M7.02 制造或采购的决定已定 M7.03 同先锋用户签署了理解备忘录（MOU） M7.04 一致同意了研发阶段（M7 - M14）的项目计划 M7.05 一致同意了研发阶段（M7 - M14）的预算
M8	主要部件装配开始	除长周期项目早些时候订货外，形成所有制造标准的定义数据，以使飞机首件能够制造；形成飞机的物料清单（BOM），确立制造工艺；完成制造工装的准备，使首件可制造	M8.01 完成产品三级定义 M8.02 准备好制造生产线和场地 M8.03 可用的系统原型 M8.04 建立了取证计划
M9	总装开始	完成部件装配工装的准备；总装所需的完成部装和安装的部件、零件、装配设备已经就绪，并按项目计划交付到位；完成部件级的功能试验；一致同意的总装顺序、能力和操作规则等详细组织方案准备就绪	M9.01 飞机总装生产线及组织方案准备就绪 M9.02 可实际使用的飞机装配文件准备就绪 M9.03 根据项目计划，分包商的部件和采购零件到位 M9.04 完成飞机部件制造和试验，并准备交付 M9.05 飞机总装准备获得确认
M10	联通试验	总装工装准备就绪；为飞机首飞的装配和安装；系统的连接；详细的地面试验计划和测试设备准备就绪；飞机级的功能试验；飞机转到试飞中心的准备工作	M10.01 飞机完成装配 M10.02 完成飞行各系统的安装、连接和联通试验 M10.03 地面试验计划和测试设备准备就绪 M10.04 完成首飞试验设备的安装 M10.05 完成采购零件的鉴定

（续表）

里程碑编号	里程碑	主要活动	出口评审	
M11	首飞	为飞行安全,在飞行包线内需要的某些限定条件飞行的准备;在这阶段应做所有的功能试验和地面试验,对飞行安全有实质性影响的每一个试验必须完成。在正常系统失效时使用的对飞行机组安全有实质性影响的应急系统和设备必须在首飞飞机上安装好,完成起落架应急放试验,符合飞行的声明准备就绪	M11.01	建立了飞机试验计划
			M11.02	保证飞机安全的结构试验已经完成
			M11.03	飞行试验设备已经安装和校准
			M11.04	所有部件和全机的符合飞行的声明准备就绪
			M11.05	为首飞的所有试验已经完成
			M11.06	飞机已经转移到飞行试验部门
			M11.07	模拟器准备就绪
			M11.08	用于首飞的初始飞行手册数据准备就绪
M12	型号合格确证	所有的适航要求得到了演证,适航当局的要求得到贯彻实施并获得批准。获得产品证书,同时检验程序,以及维护、技术和修理手册都已通过。飞行手册包含所有必要的影响操作安全的信息,如果强制了飞机的某些操作限制,它们应在手册中明确规定	M12.01	标准的说明书得到了验证
			M12.02	飞行的结果收录到了飞机的基本构型中
			M12.03	飞机取证要求的所有文件准备就绪
			M12.04	适航要求获得验证和批准
			M12.05	可维护性得到了验证
M13	进入运行服务	完成所有要做的遗留工作,关闭取证中的开口项目,应订货的初始备件准备就绪,飞行和客舱模拟器准备就绪,飞机进行完整的出厂通常试验,出具了承诺声明,依据这些,可以对项目作出"进入运行服务"的决定	M13.01	没有需要做的遗留工作
			M13.02	给出了承诺声明
			M13.03	完成产品四级定义
			M13.04	备件已经准备交付
			M13.05	完成飞机的出厂通常试验
			M13.06	飞机交付给了第一个用户
M14	研制项目目标达到	基本型飞机研发的结构、系统和飞行试验的定案,飞机服务品质达到了质量和可靠性目标,飞机顶层要求得到了实现	M14.01	结构、系统和飞行试验的已经定案
			M14.02	用于飞行试验的飞机完成了恢复工作
			M14.03	达到了质量和可靠性目标

9.5.3　庞巴迪公司 C 系列飞机的研制阶段划分

庞巴迪公司 C 系列飞机的研制阶段划分与波音公司、空客公司基本相似,如图 9 - 27 所示。

庞巴迪公司 C 系列飞机的研制阶段划分见表 9 - 3。

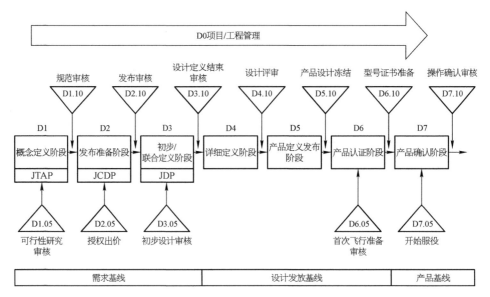

图 9-27 庞巴迪公司 C 系列飞机的研制阶段划分

JTAP—联合技术评估阶段；JCDP—联合概念定义阶段；JDP—联合定义阶段

表 9-3 庞巴迪公司 C 系列飞机的研制阶段划分

阶段代码	阶段	目标	出口审核	交付的成果
D1	概念定义阶段 联合技术评估阶段(JTAP)	概念验证并指导可行性研究 提出可能满足设计目标的飞机构型 定义飞机构型 支持初步的商业活动	该审核进行充分的技术定义检查以保证联合定义阶段的价值和有效性 构型研制： 与单一合作者联合研发每个关键工作包 系统、结构和布局定义 综合技术研制(技术、制造、质量、经营) 支持商业运行	被批准的可交付需求文档工作包 所有联合概念定义阶段 DRD 可交付成果，提交并由庞巴迪公司 WP 认可 用于结构定义的数字样机 所有 LRU 的位置 被认可的基本架构,所有关键交易研究完成
D2	发布准备阶段 联合概念定义阶段(JCDP)	发布审核是被审核的项目准备发布的一个里程碑	发布审核(D2.10)	被认可的商业运行 所有被挑选的关键供应商 恰当的庞巴迪公司团队 联合办公区域合成与合作者团队 通信和数据传输工具 基本结构和空气动力外形定义 系统结构定义 咨询委员会(介入)

（续表）

阶段代码	阶段	目标	出口审核	交付的成果
D3	初步/联合定义阶段联合定义阶段(JDP)	研发初步设计定义,最终形成冻结界面	进行一次正式的审核以确认所有的初步设计完成	
D4	详细定义阶段	细化 D3 的初步设计定义,生成草图完成设计,并结束于设计评审(CDR)	详细设计评审(CDR)是标识最终设计审核的里程碑。根据最终设计对技术要求和市场需求(如成本、重量和性能目标)的可接受性进行审核更改管理过程开始	
D5	产品定义发布阶段		正式发布用于制造的详细工程数据,并允许进行工装设计和首件装配产品定义发布结束于产品设计冻结	
D6	产品认证阶段		该阶段所有必需的工作是产品认证,包括提供　文件证明产品满足适航性和最初设计目标该阶段结束于各类证书发布首次飞行准备审核首次飞行准备审核里程碑标识首次飞行测试准备就绪各类证书准备就绪里程碑,确认设计满足适航性标准并能够服役	
D7	产品确认阶段(D7)		该阶段用于进行最终的产品改进该项目通过第一年的产品交付确认,结束于操作确认审核中间阶段里程碑:开始服役(D7.05)开始服役里程碑,用于标识所有产品投入战场前必要活动的审核	操作确认审核(D7.10)操作确认审核里程碑用于在产品服役历史建立后,标识产品满足客户需求能力的再次审核

hapter 10

飞机产品单一数据源

10.1 产品单一数据源概述

10.1.1 产品单一数据源的定义

产品单一数据源是波音公司构型管理系统的四大关键技术之一。

产品单一数据源(single source of product data，SSPD)是一个储存所有产品数据的单一的、逻辑的仓库，用于支持面向客户的选项和模块，包括配置、定义、生产和支援构型项所需要的一切信息。

SSPD 可以实现发送正确的数据(to deliver the right version)和正确的版本(of the right data)在准确的时间(at the right time)给恰当的人(to the right person)。

波音公司的实践证明，产品单一数据源能够把产品数据的准确性从 60%(原 APL 系统)提升到 99.7%(现 DCAC/MRM 系统)。

按波音公司给出的 SSPD 定义，产品单一数据源可用图 10-1 表示。

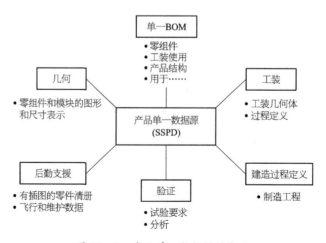

图 10-1　产品单一数据源的定义

SSPD 是把产品的工程定义(包括几何、模块、样机)、制造过程定义、工装数据,以及后勤支援数据等统一在一棵产品结构树下,形成产品单一数据源。

产品单一数据源技术的要点是:

(1) 建立逻辑上单一的、单源存储的产品定义数据。

(2) SSPD 提供的数据应是当前的、可靠的、一致的、完整的、无冗余的。

(3) 在工程 BOM 的基础上,生成多角色的、可访问的产品构型的单源记录(多重视图),为下游用户服务。

单一数据源在物理上可以是分散的,但逻辑上是统一的产品数据存储仓库,如图 10-2 所示。

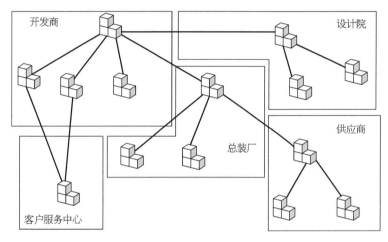

图 10-2 物理上分散的,但逻辑上统一的产品单一数据源的结构

单一 BOM 标志一个公司设计水平的一次重大提升,实现了设计数据、制造数据和支援数据之间的关联性和唯一性。有了单一 BOM,就可以按下游用户的使用要求,进行分类、分列和输出,得到协调一致的各种视图,供不同的部门和供应商使用。

图 10-3 表示单一 BOM 的概念及其分列的各种视图。

10.1.2 基于产品单一数据源的企业信息系统集成

波音公司以产品单一数据源为核心,建立了企业信息集成系统(DCAC/MRM 系统)。波音公司的企业信息系统的全貌如图 10-4 所示。

企业信息系统集成了产品数据管理系统的数据、企业资源规划(enterprise resource planning,ERP)系统的数据、构型配置器(configurator)的数据,以及工艺规划(computer aided process planning,CAPP)的数据,保证了交付飞机的数据质量。

在产品单一数据源的数据库中储存飞机特定构型(airplane specific configuration table,ASCT)——选项和模块、产品结构模型、零件属性。

产品单一数据源的数据库的内容如图 10-5 所示。

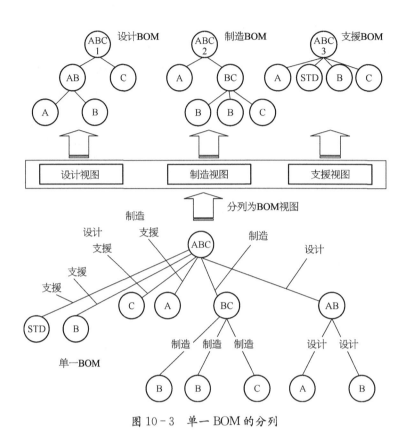

图 10-3 单一BOM的分列

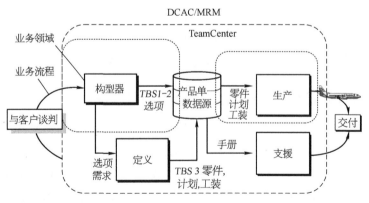

图 10-4 以 SSPD 为核心的 DCAC/MRM 系统

TBS—精简作业流(TBS1、TBS2、TBS3)

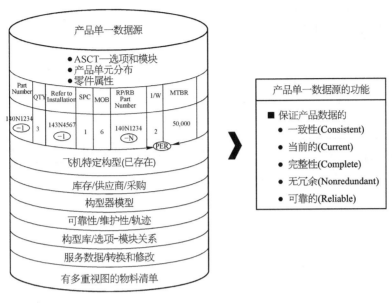

图 10-5　产品单一数据源的数据库

10.2　物料清单

10.2.1　产品生命周期阶段的物料清单

这里,物料(materials)指用于加工生成产品的项目,如零件、装配件、设备、软件、原材料等。

物料清单又称为产品结构模型,是分级的装配件、组件和(或)毛料的列表,表示一个具有装配关系的零组件集合,并以此构成高一级的组件、装配件、产品或系统。

BOM 按其功能可分类为:

(1) 说明 BOM(as-specified)。

(2) 设计 BOM(as-designed),又称为工程 BOM(engineering BOM),即 EBOM。

(3) 工艺 BOM(as-planned),简称为 PBOM。

(4) 建造 BOM(as-built),又称为 MBOM。

(5) 交付 BOM(as-deliveried)。

(6) 维护 BOM(as-maintained)。

此外,还可按使用对象分列为其他视图,如采购 BOM、工装 BOM 等。

把不同类型的 BOM 统一存放在一个逻辑上相关的单一产品结构数据库中,构成该项目(产品)的单一数据源,为综合产品团队、合作伙伴及供应商等的数据共享平台。

　　而不同类型的 BOM 可以看成产品单一的 BOM 的一个视图(或一个侧面),称之为 BOM 的视图。所以 BOM 视图只是单一的产品结构的不同表现形式而已。

　　各类 BOM 的生成过程如图 10-6 所示。

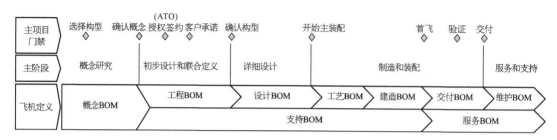

图 10-6　各类 BOM 的生成过程

　　设计 BOM 是工程设计阶段的 BOM(产品的工程定义)。工艺 BOM 是制造工程阶段的 BOM,表示产品实际的装配路线及工艺方案。而建造 BOM 是在工艺 BOM 中加入制造计划、制造资源、物料供应及工时要求等。维护 BOM 是产品售后服务阶段的 BOM。

　　工程 BOM(设计意图)经过“重构”为制造 BOM(工艺结构),它们只是产品结构的不同的“视角”表达,两者是完全等价的。

　　BOM 的工程视图与制造视图的等价如图 10-7 所示。

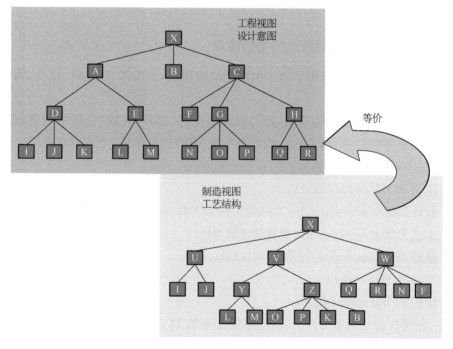

图 10-7　制造 BOM 与工程 BOM 等价

各类 BOM 的主要内容如图 10-8 所示。

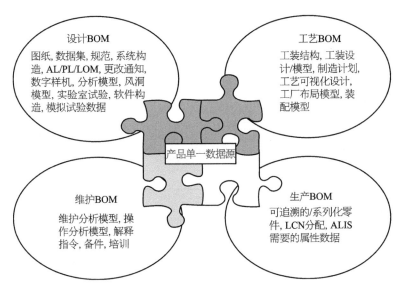

图 10-8　F-35 飞机的 BOM 视图

AL—附加表(additional listing);PL—零件细目表(parts list);
LOM—材料表(list of materials);LCN—后勤代码(logistics code number)

10.2.2　工程物料清单的结构

工程物料清单又称为设计物料清单,是工程设计组织创建的产品结构树,反映产品设计的意图和内容,存储了工程产品及其组件(component)的结构关系及其属性信息,是产品工程数据的组织架构。

工程物料清单的结构是系统工程过程的产物,与产品分解结构保持一致。

按系统工程的观点,产品结构是在产品生命周期中逐步形成的,同时,它又以 WBS 为中心展开,通过项目管理、构型管理和产品研制过程,以自上而下的分解和自下而上的集成,得到产品的工程定义,并映射到其他视图。

物料清单的生成和映射过程如图 10-9 所示。

对于现代民用飞机(如 A350、B787),由于产品的复杂性增加,系统的模块化和综合化提高,EBOM 的结构的框架有较大变化,产品结构的层次增加,关系表达更加复杂。

现代民用飞机的产品结构架构一般分为三层:树的顶层(上层);功能层(中层);树的下层(下层)。

按三层架构,现代民用飞机的产品结构的形式如图 10-10 所示。

其中,功能层分解结构按照 ATA100 规范的规则进行标识。以波音 737NG 飞机为例,功能编码汇总见表 10-1。

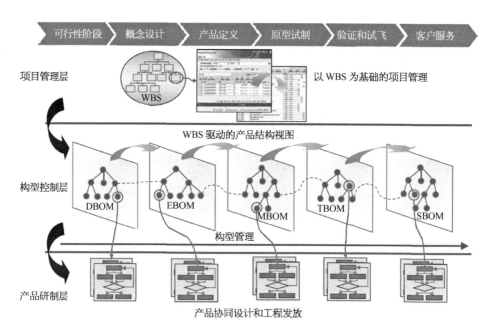

图 10-9　物料清单的生成及映射过程
EBOM—映射的源头

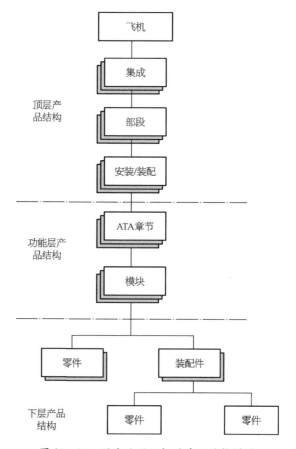

图 10-10　现代民用飞机的产品结构模型

表 10-1　波音 737NG 飞机的 ATA 编码

ATA 编码	系 统 名 称	注　释
05	Time limits	
06	Dimensions and areas	
07	Lifting and shoring	
10	Storage & return to service	
11	Placards and markings	
12	Servicing	
21	Air Conditioning & Pressurisation	空调和压力站
22	AutoFlight-Autopilot，Autothrottle and Flight Guidance	自动飞行—自动驾驶仪，油量控制和导航
23	Communications	通信系统
24	Electrical Power	电源系统
25	Equipment Furnishings	设备布置
26	Fire Protection	防火
27	Flight Controls	飞控
28	Fuel	燃油
29	Hydraulic Power	液压
30	Ice and Rain Protection	防冰防雨
31	Instruments	仪器
32	Landing Gear	起落架
33	Lights	照明
34	Navigation	导航
35	Oxygen	氧气
36	Pneumatics	气源
38	Water/Waste	水/废水
46	Information Systems	信息系统
47	Inert Gas System	惰性气体系统
49	Auxiliary Power Unit	辅助动力系统
51	Structures-General	结构
52	Doors	门

（续表）

ATA 编码	系 统 名 称	注　释
53	Fuselage	机身
54	Nacelles/pylons	吊挂
55	Stabilisers	安定面
56	Windows	窗
57	Wings	机翼
71	Engine Cowling. Mounts，Electrical Harness，etc.	发动机安装
72	Engine Core(Fan to Turbine)	
73	Engine Fuel and Control	
74	Engine Ignition	
75	Engine Anti Ice	
76	Engine Controls	
77	Engine Indications	
78	Engine Thrust Reverser and Exhaust Nozzle	
79	Engine Oil Distribution and Indicating	
80	Engine Starting	
83	Engine Accessory Gearbox	

　　EBOM 的上层为飞机—集成—部段—安装/装配。

　　EBOM 的下层为模块—模块零件表。

　　EBOM 的中层为功能层。由于不同飞机的功能需求不同，功能层的结构也不相同。

10.2.3　制造物料清单的结构

　　MBOM 是制造工程师规划的产品结构，描述产品的制造过程，它是由 EBOM 驱动和映射而来的。制造产品结构与工程产品结构具有不同的数据结构形式，但两者等价。

　　产品的工程结构和工艺结构的表现形式不一样，如图 10-11 所示。

　　制造产品结构反映的是制造过程（零件制造和装配）、操作顺序、制造资源、工艺卡片及相关文件等。制造信息的集成如图 10-12 所示。

　　制造产品结构是制造信息的汇总，这个结构应是稳定的、可扩展的和动态的。

　　MBOM 由四棵树组成，它们是制造产品结构树（制造视图）、制造工艺清单、工厂的生产布置、制造资源数据库。

　　MBOM 由制造产品结构、制造工艺清单（包括装配工艺和零件制造工艺）、工厂结构、制造资源结构等构成。它们之间的关联关系如图 10-13 所示。

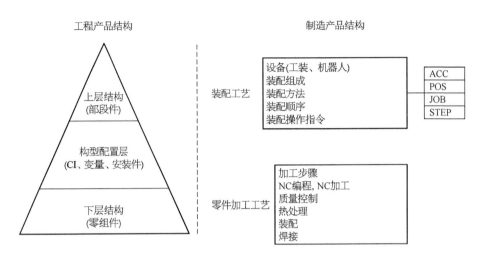

图 10-11　产品的工程结构和工艺结构

ACC—区域控制码；POS—站位；JOB—工位；STEP—工步

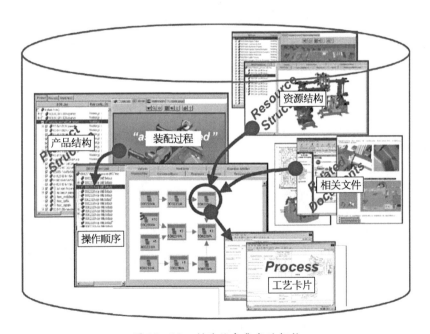

图 10-12　制造信息集成的架构

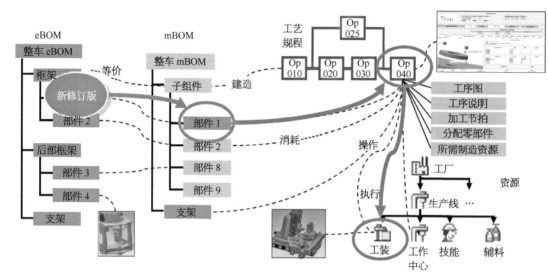

图 10 - 13　MBOM 的组成

　　MBOM 是以装配工艺(操作顺序)为核心展开的,将四棵"树"关联起来,形成完整的制造数据库。这样的 MBOM 数据结构形式是合理的、稳定的和柔性的,不会因工程更改而打乱,不影响制造符合性检查,也不影响与 ERP/MES 的集成,保持生产线的正常生产。

10.2.4　制造产品结构是设计到生产的桥梁

　　重构制造产品结构的目的是为了优化产品的制造过程,并将优化及定型的制造过程传递给工厂和车间,与 ERP/MES 系统衔接,帮助企业实现精益化生产。

　　MBOM 是设计到生产的桥梁,如图 10 - 14 所示。

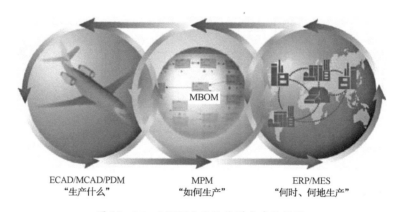

ECAD/MCAD/PDM　　　　　MPM　　　　　ERP/MES
"生产什么"　　　　　　"如何生产"　　　　"何时、何地生产"

图 10 - 14　MBOM 是设计到生产的桥梁

　　当产品研制结束时,即通过了构型审核 PCA 和 FCA,达到了产品基线,进入生产阶段。这时,产品数据冻结,EBOM 和 MBOM"定型",EBOM 和 MBOM 就是生产的依据之一。

在产品生产阶段,产品数据从产品生命周期管理系统到生产系统的转换如图 10-15 所示。

EBOM/MBOM 与 PDM、ERP 系统的整合,就是将"生产什么"转换成"如何生产",然后通过 MBOM 形式传输给"何时、何地生产",实现从计划、工程到制造作业过程的信息自由畅通。

相同的 EBOM,即同一个产品结构,由于制造场地(工厂)的环境和条件

产品生命周期管理系统

- EBOM
- MBOM
- 更改
- 工艺计划
- 工装
- 工作指令
- 工艺材料
- 技能

接口

生产系统
(ERP/MES)

图 10-15　从产品生命周期管理系统到生产系统的转换

不同,如制造资源、工艺规划的不同,重构出来的 MBOM 可能是不一样的,如图 10-16 所示。

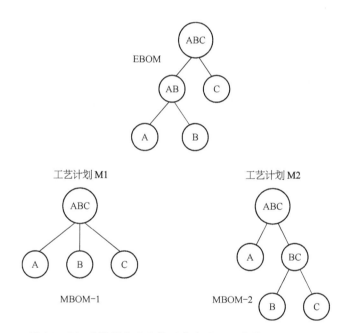

图 10-16　MBOM 的重构形式由于工厂条件不同而不同

10.3　工艺规划的并行开发

制造过程规划一般包括自制/外购决策、制造工程、装配工艺、工装设计、生产线设计及规划、制造计划、数控编程、制造资源管理以及采购计划等。

现代制造过程设计打破了传统的流程,不再通过 EBOM"重构"方法产生 MBOM,而是采用一些全新的并行设计方法,如面向制造的设计、面向装配的设计、数字预装配、虚拟模拟技术、数字化工装设计等,在产品设计阶段同时进行工艺设计和生产线设计,达到设

计/制造的综合考虑。

面向制造的设计和面向装配的设计是并行工程中最重要的技术之一,它是指在产品设计阶段尽早地考虑与制造有关的约束(如可制造性和装配性),全面评价产品设计和工艺设计,减少产品制造阶段的工艺错误和返工,降低成本,提高产品研制的质量。

在跨专业的综合产品团队的体制下,采用 DFA 方法,解决产品的可装配性,达到装配优化和降低成本。

装配工艺设计的主要内容有:

(1) 装配单元的划分。

(2) 确定装配基准和装配定位方法。

(3) 选择工艺方法,保证准确度、互换性和装配协调。

(4) 装配路线及流程。

(5) 确定各装配元素的供应技术状态,平衡生产节拍。

IPT 团队采用面向制造和装配的设计方法,规划产品的装配流程、制造工艺、工厂的组织和资源,设计出有良好的可制造性和可装配性的产品。

综合产品团队的交付物(设计成果),除了设计文件、数字样机和工程物料清单之外,还应包括制造工艺规划、生产线设计、工装设计、数控代码和检验规划等,同时完成工艺物料清单的重构。因此,制造工艺规划是综合产品团队的一个主要任务特征。

图 10-17 是工艺规划并行开发的实施。

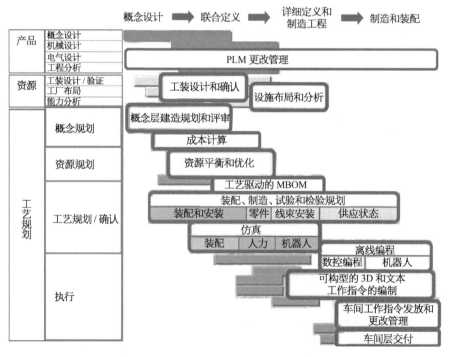

图 10-17　工艺规划的并行开发

　　为了在设计模型上并行辅助工艺规划设计,当今 PLM 市场出现了一些真三维的工艺规划设计软件,如西门子公司的 Tecnomatics 和达索公司的 Delmia。这些软件功能强大,在飞机公司广泛应用(如波音 787),实现了工艺设计的并行开发,做到了可视化和集成化。

　　数字化工艺规划可以解决如下问题:

　　(1) 定义和确定产品装配顺序。

　　(2) 进行装配线规划。

　　(3) 仿真并优化具体作业和物料过程。

　　(4) 为每项作业分配所需时间。

　　(5) 确定生产线性能,平衡生产线。

　　(6) 分析产品和生产成本。

　　(7) 使用数字规划数据,从实际上分配和规划生产线。

　　(8) 执行和持续管理生产过程。

　　(9) 根据所包含的材料和所采用的工艺,跟踪具体的客户订单。

　　(10) 在制造过程计划中实时反馈(执行的)过程变化。

　　图 10-18 是 Delmia 软件进行装配工艺的设计过程。

Delmia 利用产品信息和资源信息进行产品工艺设计,从而实现真正意义上的三维工

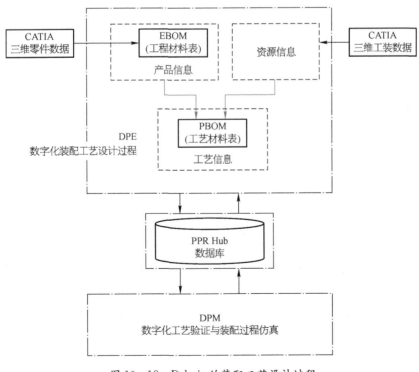

图 10-18　Delmia 的装配工艺设计过程

艺规划,并对零件的加工过程、产品的装配过程、生产的规划进行三维模拟并验证,实现了真正意义上的设计与工艺并行工程。

装配的顺序和协调路线是装配工艺设计的核心,这部分需要借助工业工程、工厂资源、工艺总方案、制造计划等,进行全局性分析,反复迭代优化,才能确定。

图 10-19 是装配顺序设计的一个案例,通过人机交互,达到优化目标。

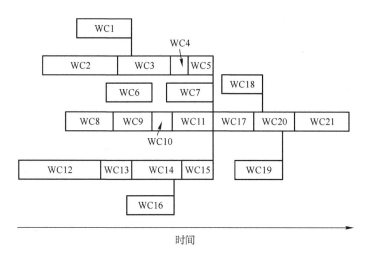

图 10-19　装配顺序设计

真三维的工艺规划设计软件可以实现以下功能:

(1) 在 3D 环境下进行工艺设计。

(2) 可以创建站位/工序/工步。

(3) 知识重用,建立工艺模板。

(4) 建立站位/工序/工步的顺序[甘特图、计划评审技术(program evaluation and review technique,PERT)图]。

(5) 利用 TCENG 的工作流程来控制工艺规程的设计,发放流程、版本规则、变量选项。

(6) 保存和维护整个制造数据模型。

(7) 建立一个所有制造文档安全的共享数据仓库。

(8) 在产品、工艺、工厂和标准资源之间创建正确关系。

Delmia 成功地用于波音 787 总装过程设计和模拟,波音 787 模块化的装配场景如图 10-20 所示。

实践证明,先进的制造过程管理(如 MPM/Delmia 系统)可以带来如下的收益:典型部件装配周期缩短 60%,飞机装配周期缩短 10% 以上,装配工艺设计周期缩短 30%～50%,装配返工率减少 50%,装配成本减少 20%～30%。

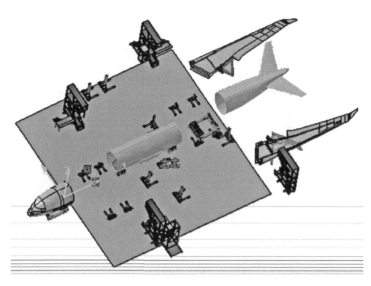

图 10-20　Delmia 用于波音 787 总装过程模拟

10.4　单一物料清单

单一物料清单(single BOM),又称为同步物料清单(synchronized BOM),是在产品生命周期中各物料清单视图的综合。所有 BOM 视图在数据上是等价的,在逻辑上是关联的,并由工程 BOM 驱动和映射而来。

10.4.1　物料清单的管理能力

BOM 管理能力是企业核心竞争力的重要组成部分。

BOM 管理的内容包括以下五个方面:BOM 的生成与维护;BOM 有效性管理;BOM 视图的管理;OM 版本与状态管理;BOM 的一致性管理。

BOM 管理的内容如图 10-21 所示。

2007 年,Aberdeen Group 公司的一份报告指出:先进的企业能有效地管理 BOM,在实现产品开发和生命周期目标方面,具有更强的竞争能力。这些企业平均投入 89% 或以上的时间和精力,进行 BOM 管理来促进产品利润增长,而落后者则只有 30%~40% 的时间用于此目的。

不同竞争力的企业在 BOM 管理上的差距十分明显。准确而有效的 BOM 管理是衡量现代企业的产品数据管理能力的标志。

好的 BOM 管理可以收到以下的效益:

(1) 更有效地降低开发和制造成本。

(2) 在整个生命周期内提供完整的产品定义。

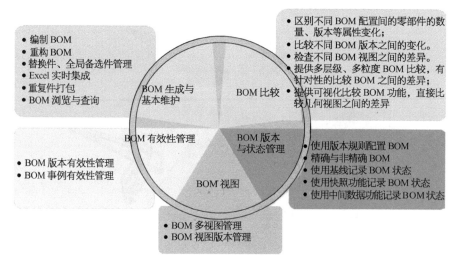

图 10 - 21　BOM 管理的内容

（3）消除信息孤岛,改进整个产品生命周期内的可视性,从而提高团队的工作效率。

（4）通过审核,可以轻松了解哪些信息已经变更,以及哪些信息正在处理中。

（5）通过汇总/比较工具,给出"何处使用"/"何处引用"的报告,充分考虑更改产生的影响,使工程更改透明。

（6）比较不同的 BOM 视图,以及记录构建过程,检查产品的制造符合性、可制造性和装配性。

（7）增强个人和团队、团队与团队之间的沟通和协同。

不好的 BOM 管理,会造成浪费人力物力,整天为产品数据的完整性和制造符合性"操心",到处查找质量问题,产品迟迟不能交付客户。

如何评价一个公司的 BOM 管理能力,可以利用下述的 BOM 管理能力评价表。

BOM 管理能力评价表如图 10 - 22 所示。

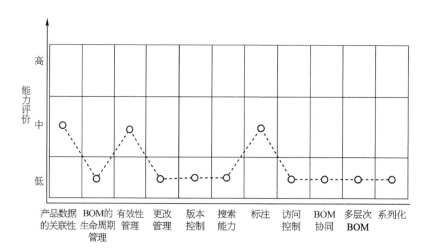

图 10 - 22　BOM 管理能力的评价表

　　BOM 的管理能力评价表包括以下几个方面：产品数据的关联性；BOM 的生命周期管理；有效性管理；更改管理；版本控制；搜索能力；标注；访问控制；BOM 的协同；多层次BOM；系列化。

　　每一个评价指标可分为高中低三档，表 10-2 是其中的部分摘录。

表 10-2　BOM 管理能力评价表

评价指标	能力评价	能　　力
产品数据的关联性	高	零件与所有类型的产品数据对象关联，链接能按分类进行过滤或评审，关系数据用链接存储
	中	支持与功能产品数据对象的静态关联，关系数据与链接不相关
	低	零件不能与其产品数据对象关联
BOM 的生命周期管理	高	能在生命周期的各阶段创建和管理 BOM（设计 BOM，工程 BOM，制造BOM，销售 BOM）
	中	能在一定的生命周期阶段（不是所有阶段）定义 BOM
	低	单个静态 BOM

　　因此，BOM 管理能力评价表构成了一个评价体系。

10.4.2　制造物料清单的重构

从 EBOM 到制造物料清单的重构流程如图 10-23 所示。

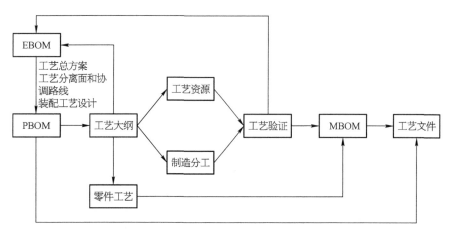

图 10-23　EBOM 到 MBOM 的重构流程

制造物料清单中一般包含以下属性：
（1）装配层次。
（2）零组件号——工程零组件号或工艺零组件号。
（3）零组件名——工程零组件名或工艺零组件名。

（4）工程版本号或工艺版次号。

（5）类型。

（6）单机数量。

（7）下一级装配件号——工程零组件号或工艺零组件号。

（8）所需工艺规范。

（9）制造单位。

（10）使用单位。

（11）有效性。

正确的做法是利用 PDM 软件的产品结构编辑器，通过人机交互方式来完成 EBOM 到 MBOM 的重构。以工程 BOM 为基础，增加或删除工艺节点，或移动节点子树，或修改节点描述，或按构型规则编辑等。这样生成的 MBOM 可认为是 EBOM 驱动的，它们是同一个产品的两个视图（工程视图和工艺视图），本质上是等价的。但是，因为重构的规则不能覆盖 EBOM 的全部数据，所以用 PSE 的重构 MBOM 是不完全的，需要人工补充和修正。

PSE 提供了用图形方式来定义、存取、重构产品结构等功能，可以生成、查看和对比多重产品结构视图。但是，PDM 软件不能自动完成任务，MBOM 的重构是工艺人员的设计工作，不是计算机算出来的。

10.4.3　制造物料清单与工程产品结构的关联

EBOM 和 MBOM 的关联关系是通过发生（occurrences）实现的，如图 10 - 24 所示。

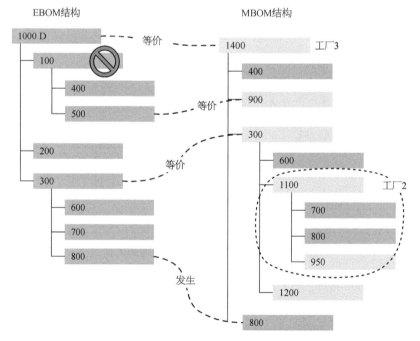

图 10 - 24　EBOM 和 MBOM 的关联

首先说明什么是"发生"。

发生是为层次结构的父节点的上下文的项目所设计的一种特定的用法。发生是一个对象,它描述在一个表现形式的上下文中一个事务项目的一种用途。每一个零件的用途都有一个"发生"。

一些知名的 PDM 软件(如 Teamcenter)都提供了一般的关联关系的规则。

发生的基本概念如图 10 - 25 所示。

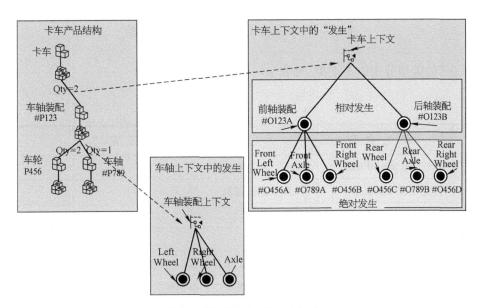

图 10 - 25　"发生"的基本概念

"发生"是 BOM 结构的组成部分,但不参与 BOM 的构型。

每一个 BOM 行(BOM line)代表了特定的项目类型的版本,这些 BOM 行可以赋予特定的发生类型。

重构 MBOM 的活动通过以下四种发生完成:

(1) 克隆(clone)。拷贝模板引用的对象成为结构中的一个新对象。

(2) 引用(reference)。结构引用相同的对象作为模板。

(3) 忽略(ignore)。新的结构不引用的对象。

(4) 映射(map)。系统将模板映射到一个替代结构。例如,让你从一个已存在的工艺或从一个工艺模板生成一个新的工艺结构。

建立 MBOM 和 EBOM 的关联就是把 EBOMLine 和 MBOMLine 关联起来。当你把顶层产品与工艺,或顶层工厂和工艺进行关联时,连接对象的关联就是关系。

MBOM 与 EBOM 的关联通过"发生"起作用。

但"发生"不是装配结构的一部分。

图 10 - 26 表示产品根节点与工艺根节点的关联,它们通过 Mfg. Targets 关系进行关联。

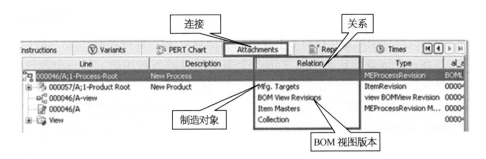

图 10-26 产品根节点与工艺根节点的关联

"发生"的类型分为以下七类,见表 10-3。

表 10-3 "发生"的类型

	发 生 类 型	发 生 说 明
1	MEWorkPiece	制造的工件
2	MEResource	制造资源
3	MEMachineTool	机床
4	METool	工装
5	MEWorkArea	指定的工作区域(工厂结构的元素)
6	MEConsumed	建立装配工艺所消耗的项目(Items)(产品的子件)
7	METarget	在零件工艺规划中要加工的零件

"发生"优先采用下列数据:发生注释(occurrence notes);发生类型(occurrence type);数量(quantity);绝对变换(absolute transform);顺序号码(sequence number);变型条件(variant condition);发生位置约束(occurrence position constrained);发生取消(occurrence suppressed)。

用 MEConsumed 关联的产品结构如图 10-27 所示。

用其他发生类型关联的案例如图 10-28 所示。

当 EBOM 和 MBOM 之间用"发生"关联之后,对 EBOM 的更改就可以传递到 MBOM 中。

当 MBOM 工程师把 EBOM 结构中的一个发生赋予 MBOM 结构时,应完成以下工作:

(1) 在目的结构中创建一个新的发生,与源头发生有相同的子结构。

(2) 拷贝发生特性到目标结构。

(3) 建立源头与目标发生的等价关系,在两个发生上设置相同的绝对发生标识符。

工艺构型和产品构型之间的关联规则有:

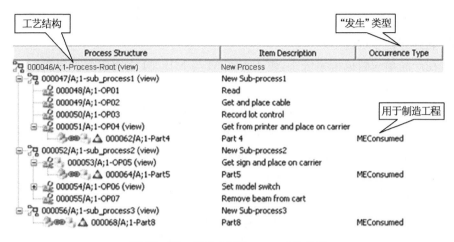

图 10 - 27　通过 MEConsumed 的关联

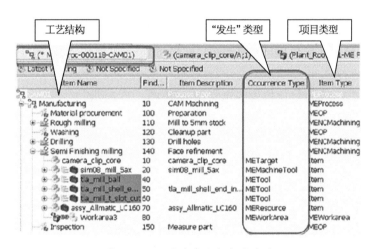

图 10 - 28　通过其他发生的关联

（1）自动的工艺构型是基于产品构型的。

（2）规则。产品构型驱动工艺构型；附加的构型规则可用于工艺结构——可引入新的选项和变型，它们不再返回产品。

（3）操作（operation）不参与构型，不论所消耗的零件是否在产品结构中构型。

（4）消耗的零件用相应的零件实例与产品关联。

发生提供了工厂结构树、工艺结构树和产品结构树表达之间的可说明性和协调一致。

绝对发生的属性有 AbsOcc ID、Child Item、Notes、Quantity、Unit of Measure、Transform、Substitute list、Source Occurrence Type。

10.4.4　工程产品结构与制造物料清单的对比

为了检查制造符合性，需要进行 MBOM 与 EBOM 的对比。

在产品研制过程中，由于工程更改的频繁发生，破坏了 MBOM 与 EBOM 的原有关联,EBOM 的更新常常没有伴随 MBOM 的同步更新,需要进行 MBOM 与 EBOM 的对比检查,确认它们的一致性。

只有在产品单一数据源系统中,由于 EBOM 与 MBOM 之间建立了关联,工程更改可以自动传递到 MBOM 中,同步更改。

但是,EBOM 与 MBOM 的关联做不到 100%,其中有些项目仍无法关联,以及关联规则存在不完善之处,即使建立了全面的更改自动化机制,还必须进行 EBOM 与 BOMBiews 的对比分析,才能确定 BOMViews 数据的一致性。

在 PDM 系统中,BOM 对比采用如下方法:

(1) 两个 BOM 结构的组件之间进行对比。

(2) 凡增加的、删除的或更改的组件在屏幕上闪亮,以示区别。

(3) 参与对比的两个 BOM 可以是两个不同的结构或有不同的构型上下文的相同的结构。

BOM 的对比方法有基于非"发生"的对比和基于"发生"的对比。

将对比结果显示在彩色编码的表格中,这样可便于按差异类型(等于、大于、小于)进行浏览。

EBOM 和 MBOM 的对比报告的示意图如图 10 - 29 所示。

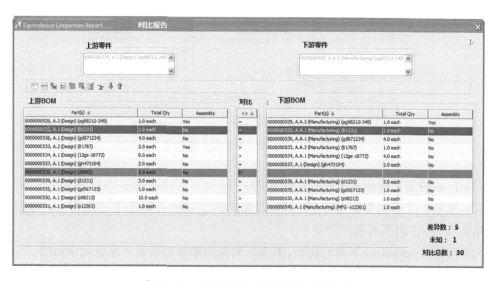

图 10 - 29　EBOM 和 MBOM 的对比报告

如果对比报告查出存在两者不一致的项目时,需对差别项进行人工分析。经常遇到这样的情况,例如:通用件的使用、代用件(借用件)的使用、工艺组件的使用等,可能在飞机上多处出现,需要人工判断它的归属,给出判断答案。

10.4.5　动态工艺指令的输出

在制造信息生成以后,MBOM 数据库内将存储四张表(树),并按照一定的规则进行

集成(关联),最后使用制造过程管理(manufacturing process management,MPM)软件能
够方便地输出制造指令文件,提供车间使用。

制造指令的格式根据车间需要而定。

在 MPM 系统内可生成各种形式的制造指令,如图 10-30 所示。

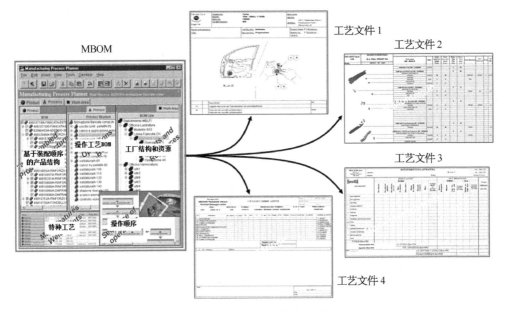

图 10-30　动态工艺指令的输出

10.5　产品单一数据源的访问

10.5.1　产品单一数据源的元数据

美国 ISO/IEC 11179 规范对元数据(metadata)下的定义为:元数据是定义和描述其
他数据的数据。

美军标 MIL-STD-2549(Configuration Management Data Interface)认为,元数据
是数据的数据,是储存在数据字典中的数据实体的名称和属性。

元数据按其功能范围的不同分为两类:技术元数据(technical metadata)和业务元数
据(business metadata)。

技术元数据是存储关于数据库系统技术细节的数据,向开发人员和技术用户提供如
下信息:数据库结构的描述;汇总所用的算法;由物理数据库到元数据库环境的映射
关系。

元数据知识库和物理数据的数据库之间的关联关系如图 10-31 所示。

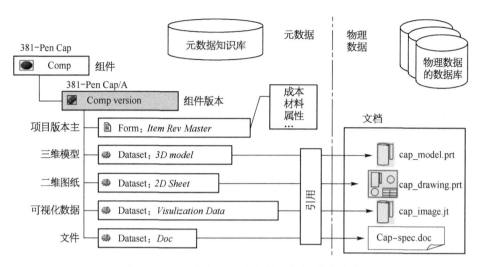

图 10-31　元数据知识库和物理数据库的关系

10.5.2　产品单一数据源的数据调度策略

在 PDM 系统中,数据库包括私有文件库、受控文件库和元数据库,元数据起着控制和调度的作用,如图 10-32 所示。

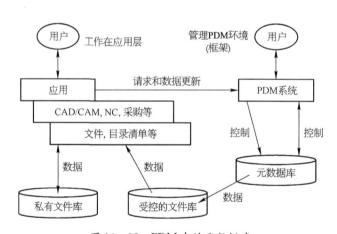

图 10-32　PDM 中的元数据库

为了保证 SSPD 中的数据是一致的、无冗余的,同时为了提高 SSPD 系统的运行效率,需要一种合理和高效的数据调度策略。

以某国外公司的数据调度策略为例,图 10-33 是该公司的以产品为中心的异地协同工作的目录服务方案。

在每个场地(异地)都有 Web 服务器、商务逻辑服务器、文件服务器和数据库服务器,存放本地所有的元数据和文件,以及某些复制的元数据和文件;在信息中心,有商务逻辑服务器和数据库服务器,进行目录服务。通过对各场地数据和文件的对比,进行数据和文件的复制,并使其同步。

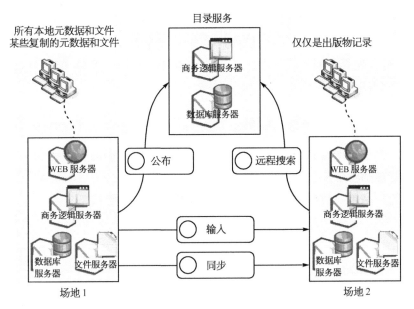

图 10-33　异地协同工作的目录服务

将元数据和文件分开,不直接处理文件,而通过元数据的对比,调动文件。由于元数据比文件小得多,处理元数据比较简单,因此该方案效率较高,计算机载荷负担较轻,易于实现同步。

图 10-34 是一种以产品为中心的异地调度方式。

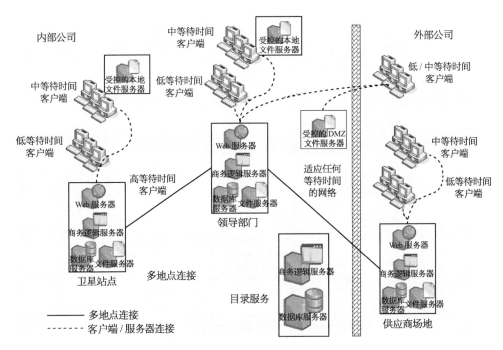

图 10-34　以产品为中心的异地调度方式

异地同步的调度方式,即调度的策略,是非常关键的。为了提高调度的效率,首先对用户(供应商)的数据需求的迫切性进行分类,分为高等待时间用户、中等待时间用户和低等待时间用户,分配其不同的优先权。这种分轻重缓急的调度策略,能更好地利用网络资源,满足用户的需求。

10.5.3 访问产品单一数据源

访问产品单一数据源必须通过授权的入口,才能确保数据的安全性和一致性,任何非法的拷贝和传输都将带来致命的危险。

某公司的产品单一数据源的访问管理规定如图 10-35 所示。

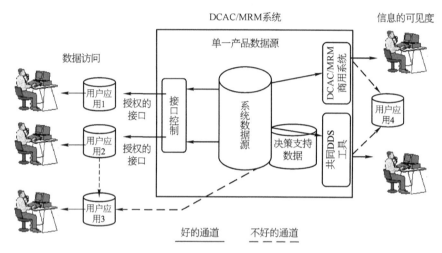

图 10-35 产品单一数据源的访问规定

10.5.4 供应商数据的需求

在产品生产阶段,制造商把机体的一部分转包给供应商制造。制造商应该按照转包合同的规定,向供应商提供所需数据作为制造依据。

在产品单一数据源的模式下,向供应商发放数据的流程如图 10-36 所示。

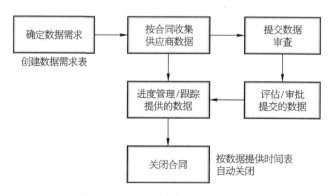

图 10-36 供应商数据发放的流程

首先,根据合同的规定,确定供应商的数据需求,创建合同数据需求表(contract data requirements list,CDRL)。按照这个数据需求表,收集供应商需要的数据,并打包存于数据库中。制定数据发放计划,启动数据提交的跟踪系统,同时对将要发放的数据进行评审和批准。得到授权之后,进入发放程序。按数据提交的时间表发放数据,完成发放程序并关闭合同活动。发放后的数据仍然处于跟踪系统的控制之下。

图 10 - 37 表示供应商数据管理对象之间的关系。

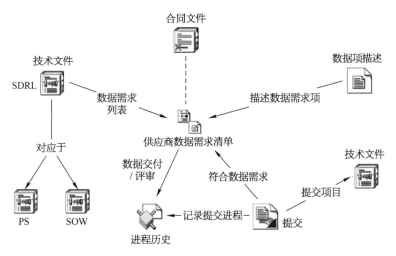

图 10 - 37 供应商数据管理对象的关系

第11章

构型更改管理

11.1 构型更改管理的基础

构型更改管理,或构型控制,是构型管理的最重要的功能之一。

构型更改是指对产品及其构型信息的变更。

构型更改管理是一个过程,用于管理对产品有影响的更改建议,以及管理所发现的不符合性,包括更改请求的提出、陈述理由、评估、协调、批准、执行和验证的全过程。保证构型基线的更改能够被恰当地标识、记录、批准或不批准,以及恰当地合并和验证。

构型更改管理包括工程更改管理和差异(variance)管理。

差异是经批准的对所规定的需求的背离,它不要求修改已批准的产品定义文件。

差异请求(request for variance,RFV)表示一个重大的状态记录和跟踪过程。一般应尽可能避免产品的差异发生。然而,当 RFV 不可避免时,它必须文件化,并尽可能限制它的数量。

差异包括改动(alteration)、偏离(deviation)、工程或生产的背离(engineering or production departure)、不符合性(nonconformance),以及豁免(waiver)等。

其中,偏离是指在产品制造之前,对该产品的某些方面在指定的数量或时间范围内,可以不按其已经批准的构型文件要求进行制造的一种书面认可。

不符合性指项目或产品未能符合规定的要求。

1) 提出构型更改的原因

在产品生命周期中,特别在研制阶段,构型更改常常是不可避免的。

具体来说,提出构型更改的原因大致如下:

(1) 改正图纸或工程文件的错误。

(2) 改正可用性、可靠性或安全性问题。

(3) 弥补故障或产品缺陷。

(4) 改进性能和/或功能。

（5）提高生产率。

（6）降低成本。

（7）合并新的客户需求。

（8）指定新的供应商或供应商零件/材料。

（9）改进安装、服务或维护。

（10）符合规章要求。

2）构型更改管理的目的

（1）提高构型更改的效率和执行力，优化设计和改进研发的质量，使其满足客户需求。

（2）提高产品的互操作性、可支持度、可制造性和装配性，控制产品的成本，提高客户满意度。

（3）保证产品构型信息的更改是明确的、精确的和及时的，使其处于恰当的更改批准机制的控制之下。

（4）限制不受控的、不必要的更改的扩散，并将其影响降低到最小。

3）处理构型更改的原则

应记录产品生命周期的所有构型更改，保持跟踪。对更改请求进行评审、验证和确认，在实施前得到批准。对构型更改的评审应包括对研制中的产品和已交付产品的影响。

处理构型更改的原则主要有以下几点：

（1）在更改决策时，应考虑更改造成的全部影响。

（2）保证更改是正当的、正式的和按程序处理的。必须限制非法的、不受控的更改，防止它们扩散。

（3）降低更改的成本，评估更改的风险。

（4）维护已批准的构型基线。

（5）保持更改后的零组件及其构型文件的关联性及可追溯性。

（6）简化更改的流程，提高效率。

对产品构型的任何更改都应受到控制，应建立一种系统化的、可追溯的更改管理过程。

4）构型更改过程

（1）一个系统化的过程。保证对已发放的构型文件的更改能够恰当地标识、用文档记录、评估它的影响，在管理层的适当授权下，进行验证和合并更改。

（2）一项构型管理活动。包括更改请求、更改建议、评估、协调和处理，在更改建议批准和执行后，更改将产生新的可用构型，或新的构型信息，或新的接口及其信息。

构型更改是对构型基线文件的更改。由于军品（政府采办的产品）和民品（自行开发的产品）的构型基线的批准权限有所不同，因而军品和民品的构型更改管理的方法和要求也有所不同。军品的构型基线由采办方（政府）控制，而民品的构型基线全由公司自己掌握。

5）构型更改管理程序

构型更改程序是构型更改过程的操作指南，在第一个构型文件批准和基线化之前，就应该建立起来。

构型更改管理程序主要用于：

（1）系统地评估每一个建议的更改或已识别的差异。

（2）与受影响的各方协调，评估更改和差异造成的影响（包括成本）。

（3）生成一个记录，记载更改请求（request of change，RFC）的生命周期历程和历史。

（4）及时做出产品的更改和差异的批准和不批准决定。

（5）实时地保证、精确地执行已批准的更改。

6）构型更改成本/价格的确定

计算构型更改的成本/价格，包括内部的和供应商的，可能涉及以下方面：

（1）工程。设计更改成本、文档升级、原型和演示试验的更改。

（2）制造。新的或更改的工装成本、生产过程的更改、制造文档升级、试验过程和试验时间更改和人员培训。

（3）支持功能。产品文档的升级或更改，修理过程的更改，新的修理时间、所需工装和试验的升级或更改的估算，人员培训。

（4）现场操作。安装或移走过程的更改、用于现场支持功能的特种设备的升级、试验过程和试验时间的更改、人员培训。

（5）销售和市场。销售材料的升级、销售渠道的升级、人员培训。

7）构型更改的生命周期

在概念设计阶段，这时，项目定义文件尚未开发，构型更改管理过程是非正式的。在这个阶段，构型更改管理过程有助于评审和协调对不断深化的规范的更改。它也可在产品管理员和产品设计员之间维护有效的和便于管理的信息交换，提供对更改的识别、存档、传播和评审，适当的文件版本和版次；发放过程，保证可用的更改的每一个版本/版次合并。

当概念设计继续进行，当文件被审批和基线化后，就需要采用较严格的构型管理过程，以便支持系统工程，确保每一个文件的正确版本，通知当前的技术决定，定义恰当的研究参数，发放给所有的相关人员使用。此外，更改过程可让有关人员知道更改正在发生，请他们提出中肯的意见。

在产品定义、建造、分销、运作和清理阶段，正式的构型更改管理过程是必不可少的。在概念设计阶段采用的非正式文件构型更改管理对产品研发、制造和操作是绝对不够的。当产品正在研发和生产时，构型更改管理主要集中在已批准的和基线化的产品定义信息，它们定义了性能、物理和功能特性，以及产品的构型。

构型更改管理是一个利用已批准的构型基线作为基准的管理更改的过程。这个过程是：

（1）针对基线文件。

（2）确定哪些产品定义文件受影响。

（3）处理更改应包括对所有受影响的成员的影响。

（4）描述文件何时、何地、被什么人升级，知道更改是否已合并到产品中，并已通知有关成员。

11.2　构型更改的标识

11.2.1　更改的分类

1) 军用规范 MIL‑HDBK‑61A 的更改分类

在美军标 MIL‑HDBK‑61A 中,把工程更改分为Ⅰ类更改和Ⅱ类更改,见表 11‑1。

表 11‑1　工程更改的分类

工程更改的分类
Ⅰ类更改: 　　ECP 建议对已批准的构型文件的更改(政府是现行文件控制当局 CDCA),或对安排任务时已包括在合同或工作说明(WOS)的构型文件的更改,以及下列情况之一: • 影响已批准的功能基线或分配基线的构型文件的物理或功能的要求 • 影响已批准的功能基线、分配基线或产品基线的构型文件,影响成本、保单或合同里程碑 • 影响已批准的产品基线构型文件和下述条款之一或多项者: 　　—政府提供的设备 　　—安全 　　—兼容性、互换性或后勤支援 　　—已交付的技术手册(未更改的) 　　—对已交付的装置改型 　　—需要事先调节或影响操作限制或性能,需要给出新的验证指数 　　—对下一级未修理的子装配件的互换性、替换性或更换性 　　—源控制图的源头 　　—技能、人员配备、训练、生理因素或人体工程设计
Ⅱ类更改: 　　由政府(现行文件控制当局)提出的对已批准的构型文件的更改,或安排任务时已包括在合同或工作说明(WOS)中的更改,以及不属于Ⅰ类更改的任何更改

2) EIA‑649A 规范的更改分类

与 MIL‑HDBK‑61A 的规定不同,在 EIA‑649A 规范中,工程更改分为大改和小改两类。

(1) 大改是对构成基线的构型文件(如客户需求、规范、设计发放的构型文件或产品构型基线)的更改,是具有很大影响的一类工程更改。它需要受影响的各方或综合产品团队的协调,按照规定的更改程序,得到授权者批准。

(2) 小改是对构型文件、工艺或零组件的"小的"更改,它不影响产品功能和物理特性。

EIA‑649A 规范的更改分类见表 11‑2。

表 11-2　EIA-649A 的工程更改分类

工程更改因素	分类	
	大改	小改
工程更改对下列一个或多个项目有影响：		
• 经批准的规范要求（硬件和软件）	•	
• 其他厂商提供的产品	•	
• 安全	•	
• 接口产品的兼容性，包括试验设备、支持设备和相关的软件等产品	•	
• 已交付的操作或服务指南	•	
• 预先设置的调节	•	
• 可替换的产品、装配件、软件或组件的互换性和可代用性	•	
• 对先前非可选的供应商的更换，此处，供应商的选择是指定的	•	
• 用户技能或使用者的身体素质	•	
• 操作人员或维护训练	•	
• 必需的产品属性（安装、外形、功能或互换性）	•	
• 要求已交付产品的改型（即在维护期内的用修改后的备件处理的产品召回、更改、配套元件安装、磨损、更换）	•	
• 成本/价格	•	
• 操作信息	•	
非功能的和管理类型的更改，它不影响上述因素		•

在美国联邦航空局的适航条例中，把工程更改分为大改（重大工程更改）和小改。FAA 与 EIA-649A 的规定基本一致。

在适航当局的符合性验证试验管理中对工程更改的定义是：工程更改指在飞机型号合格审定期间，对于已提请审查组审定的设计图纸、工艺规范和有关设计文件所做的更改。若更改可能对原型样机安全性、验证试验结果、重要特性和与验证相关的条款有影响时，即可认为是重大工程更改，须报适航审查代表评审。

虽然工程更改的分类在不同的构型管理规范（军用和民用）里的有所不同，但实质上是一致的。军标的Ⅰ类更改类似于大改，Ⅱ类更改类似于小改。

11.2.2　改版和改号

如果一个产品或零件发生了更改，它的标识号应当更新，以便反映新的构型。在更改执行以后，应能区分新的构型与其他构型的区别，或者新的版本与其他版本的区别。

更改文件应能标识：

(1) 每个更改请求和差异请求是否都赋予适当的标识号？

(2) 更改请求是否进行了分类，并赋予了适当的更改批准授权？

(3) 更改分类规则是否符合公司（或政府）的更改分类规则？

(4) 更改的提交和批准的准则是否是清晰的和明确的？

　　构型更改的标识一般采用两种方式：更改零组件的版本号,简称为"改版"；更改零组件的构型号,简称为"改号"。

　　版本是按顺序生成的产品数据的构型序列之一,是一个用于更改对象的辅助标识号。版本是更改过程的快照,表示零组件在某一时间点上的状态。

　　1) 版本的分类

　　(1) 时间版本。所有更改活动按时间先后产生的版本。版本号按时间先后排列。

　　(2) 空间版本。按更改发生的领域而定义的版本,如设计版本、制造版本、试验版本等。

　　① 设计版本。设计人员对工程数据集的更改所做的标识,一般用字母表示,如 A、B,或 AC 等。

　　② 制造版次。制造人员对工艺方法的更改所做的标识,一般用数字表示,如 1、2、3 等。

　　2) 改版还是改号的应用规则

　　概括地说,若更改属于大改,则改号；若更改属于小改,则改版。

　　究竟采用改号(改构型号)或是改版,应遵循以下规则：

　　(1) 若下列更改情况发生在某个产品或零件上时,产品或零件的标识号,以及物理零件上的标识号,都必须更改(即改号)。

　　① 新的零件或更改后的零件,与以前交付的零件之间,不再有功能上或物理上的互换性。

　　② 新的零件或更改后的零件,与以前交付的零件相比,虽然有功能上和物理上的互换性,但以前的零件依然存在,并保留了不同的构型号。

　　③ 新的零件需要重新进行技术性能验证。

　　④ 新的零件需要有不同的维护/支持要求。

　　⑤ 软件发生改变,更新后的软件有不同的应用性、使用性、安全性或其他的约束。

　　(2) 当一个零件发生更改后,不影响它的物理和功能的属性,则应赋予该零件一个新的版本号(即改版)。所有的小改都只是改版。版本号依次滚动增加。

　　(3) 应确定更改的影响范围。一般的规则是,需要重新标识它的下一级(高一级)装配的构型号或版本号,以及所有顺序的高一级装配,直至互换性不需要重建的那一层为止。

　　3) 在具体应用改号或改版规则时还应考虑的因素

　　(1) 更改的受控状况。

　　(2) 互换性原则是否保持。

　　(3) 更改的原因。

　　(4) 更改的性质。

　　(5) 不同阶段的更改。

　　(6) 更改后原件的处理。

　　(7) 更改的影响范围。

11.2.3　零件号更改的决策树

如果产品的更改出现以下情况,则零件号要更改:

(1) 更改后的产品或零件与原产品或零件之间不再有功能上或物理上的互换性,即通常所说的"3F"(外形、配合、功能)发生改变。

(2) 更改后的产品或零件需要新的试验、维护、修理、培训、操作程序、设备或软件。

(3) 更改后的产品或零件改变了用途,或属于原始受控项目。

(4) 更改后的产品或零件有不同的约束条件,如应用、安全等。

零件号更改的决策树如图 11-1 所示。

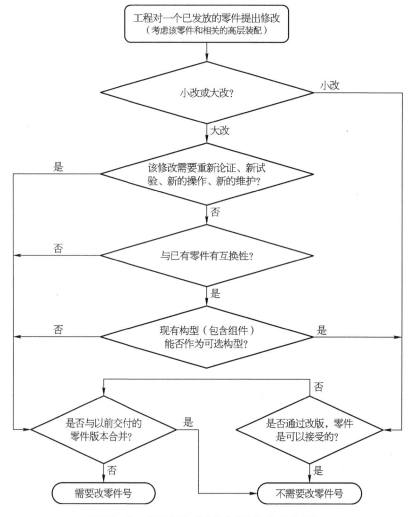

图 11-1　产品标识号(零件号)的更改决策树

"是"决策路径仅对下述情况有效:即在受影响的零件的生命周期内,在公司和受影响的
供应商之间需要一个严格的控制系统

11.3　构型更改的过程

11.3.1　构型更改的顶层模型

与政府采办项目不同,对于市场驱动的自行开发产品,根据 EIA-649A 规范的规定,构型基线(包括需求基线、设计发放基线和产品基线)全都掌握在开发商手里。因此,构型更改的管理完全是产品开发商自己的事情。

对现行基线的任何更改,包括更改请求、更改的评估和协调,以及更改的执行和验证的整个过程,都在开发商内部进行,与政府无关,不受政府的管束。

在民用规范 EIA-649A 规范中采用更改请求记录构型更改活动。

RFC 的定义如下:更改请求是一种正式文件,用于记录对产品属性更改的建议、处理和存档过程,将当前的基线化的产品定义信息做永久性的更改,从而形成一个新的基线。

注意:EIA-649A 规范中的 RFC 与 MIL-HDBK-61A 规范中的工程更改建议对应,含义相同。

RFC 构型更改的顶层模型如图 11-2 所示。更改的批准权在公司的更改委员会(configuation board,CB)。

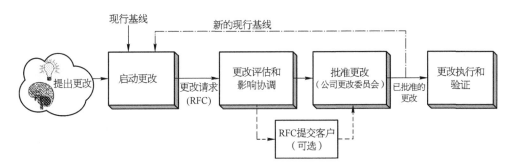

图 11-2　RFC 构型更改顶层模型

RFC 更改的启动过程如图 11-3 所示。

首先提出更改的需要,将更改的想法落实到文件上,起草更改请求 RFC 文件,并对更改分类。然后对 RFC 初步评审,如认为该 RFC 是有理由的和必要的,就将 RFC 定稿,提交更改委员会评估和影响协调。

11.3.2　更改请求

RFC 可以由任何受影响的组织提出。发起者可以给出初步判断,标识恰当的更改审批,确定处理方法和使用最恰当的文件格式。

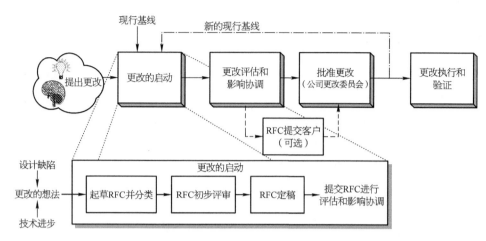

图 11-3　RFC 更改的启动过程

RFC 的主要内容应包括：

（1）描述拟请求的更改的需要。

（2）描述产品的更改请求及主要范围。

（3）定义它的影响（包括成本）。

（4）所期望的有效性。

（5）紧急程度和重要性。

（6）若采用时，应评估对相关的已有更改请求的影响。

构型更改过程以 RFC 为中心，展开工程更改的管理。通过 RFC，把相关的人、相关的文档、受影响的项目、有效性及相关的合同规定等关联起来。

工程更改的关系模型如图 11-4 所示。

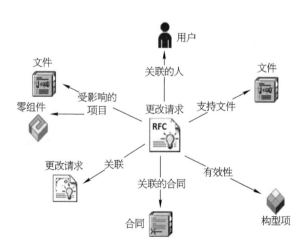

图 11-4　以 RFC 为中心的更改关系模型

11.3.3　构型更改的流程

构型更改的流程就是构型更改实施的过程,应适用于产品研制的生命周期。

一个有效的、很好定义的构型更改管理过程,能够使批准更改的决策者顺利地行使职权,评审每个更改请求对已批准的和进入基线的产品定义信息的影响,做好"门禁管理"。如果一个很好定义的更改批准流程作用于所有的更改过程,则每个更改的影响将能被识别和及时处理。

一个有效的、很好定义的构型更改管理过程一定能够提高构型更改的效率和降低更改成本。

1) CMII 的构型更改流程

新一代构型管理规范 CMII 给出了经过改进的、符合现代管理思想的更改流程图,如图 11-5 表示。

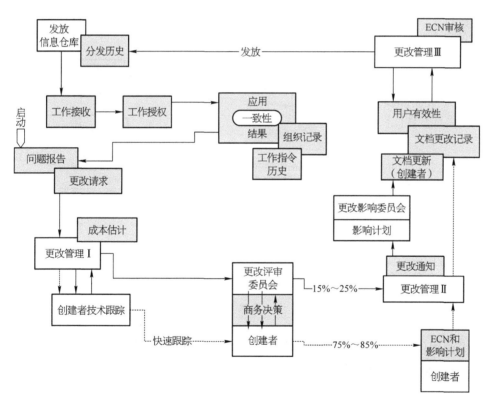

图 11-5　CMII 的更改流程

CMII 规范的更改流程包含了以下几个部分:更改请求(更改建议);更改影响分析;更改评审;更改通知;更改执行;更改审核;更改发放;一致性检查等。

图中有三道管理门岗:更改管理Ⅰ、更改管理Ⅱ,以及更改管理Ⅲ。其中,更改管理Ⅰ完成对更改请求的评审,如果 ECR 获得通过,则上升为工程更改建议;更改管理Ⅱ执行对

ECP 的评审,通常是由 CCB 来进行,做出批准或不批准的决定;更改管理Ⅲ是对批准的
ECP 的执行情况进行跟踪、记录和监督,保证更改的一致性和可追溯性。

2) Teamcenter 的构型更改流程

Teamcenter 软件也给出了经过实践考验的、被广泛采用的更改流程样板,如图 11 - 6
所示。

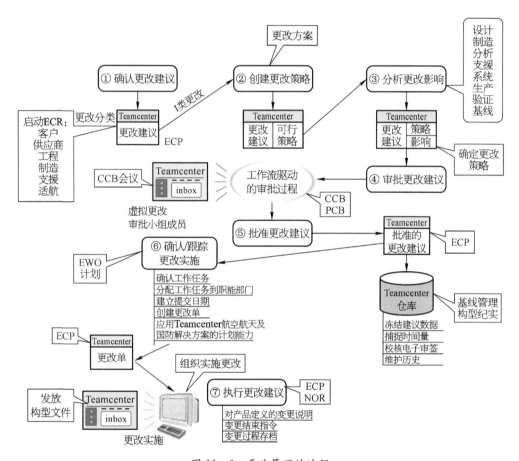

图 11 - 6　更改管理的流程

这个流程包含了几个主要部分:确认更改建议;创建更改策略;分析更改影响;审批
更改建议;批准更改建议;确认/跟踪更改实施;执行更改建议。

11.3.4　更改的传播

当一个零件发生更改时,就有一个更改的传播问题,即与该零件有装配关系的零件或
装配是否需要更改? 改到哪里为止?

更改的传播一般有两种方法:一种是更改向上传播到互换性不受影响的装配为止;
另一种是更改向上传播到安装(模块)为止。

1) 传播到互换性不受影响的装配为止

在讨论更改的传播问题之前,先给"互换性"下个定义。

当两个或多个零组件的功能和物理特性在形状、性能和耐久性等方面是等价的,并且一个对另一个具有可互换能力,不用在配合或性能或零组件本身或连接的零组件上做任何修改,则这两个或多个零组件被认为是可互换的。

用互换性准则来判断更改的传播路径,常常因为更改策略的不同或更改的解决方案不同,产生不同的效果,即传播的路径可能不同。因此,对每个零件的更改都需要认真分析,才能正确界定它的传播方向和范围。

这种以"互换性不变"为终点的传播方法,需要人工参与判断和确认,不利于更改的自动化管理。这种互换性准则常用在以文件为中心(即以图纸为基础)的产品数据管理中。

图 11-7 是以互换性不改变为准则的更改逻辑图。

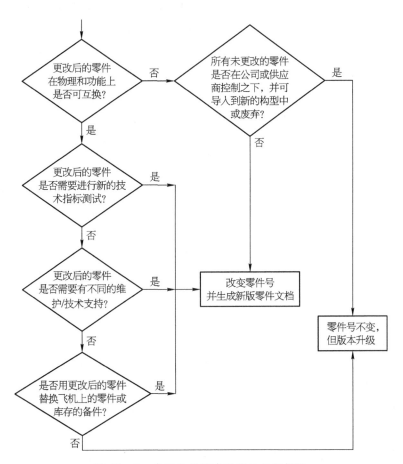

图 11-7　采用互换性准则的更改逻辑图

2) 更改在模块内传播

"安装"是模块的"前身",模块是由"安装"转换而来。更改在模块(安装)内传播是模块化产品结构的特征。首先,要弄清楚什么是"安装"。

"安装"定义如下:

(1) 安装的划分应考虑设计和制造的综合因素,即设计分离面与制造分离面重合。

(2) 安装之间互换性不受更改活动的影响,即它们"相对独立"。

(3) 安装以机体坐标系为定位基准。

(4) 安装的"积木式"组合可以满足客户构型的个性化(或改型)要求。

(5) 安装是模块化设计的对象。

(6) 安装应有利于并行工程的开展。

(7) 安装不仅包括结构件,也可以包括系统在内的集成件(若存在)。

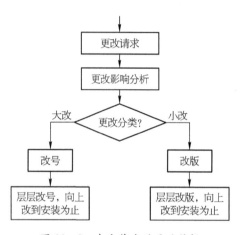

图 11-8   在安装内的更改传播

在安装内的更改传播路径,即一个零件的更改只在本安装内传播,不影响其他的安装。这种更改传播方法是数字化产品更改管理的主要规则,它的逻辑关系如图 11-8 所示。

数字化产品的更改传播基本上采用以安装作为边界,即传播到安装边界为止。

这种规则有利于更改管理的自动化,改变了以往的更改传播上的混乱状态。

3) 更改传播的案例

下面是一个更改传播到安装为止的例子。在这个案例中,组合件 Assy3 需要增加一个新零件,提出了更改请求,开始了一个更改流程。

(1) 对这个更改建议所产生的影响范围进行分析。为了分析更改的影响,必须建立该产品(安装 Instal)的产品结构模型和数字样机。所有受影响的零件可通过数字样机的装配关系自动找出,利用 PDM 系统的可视化手段,显示所有可能受影响的零件,如图 11-9 所示。

图 11-9 中那些不受影响的部分零组件,属于外购件、标准件等,故不需要更改。

(2) 对更改产生的影响进行测试。设计人员创建一个新增零件的三维模型,并把它装配到组合件 Assy3 中,测试它的影响。新增加的零件可能影响同一层的其他零件,也可能影响它的上一级装配件 Assy3,还可能影响更上一级的装配件 Assembly1。设计人员完成这些装配件的协调以后,就可以借助 PDM 系统,确定所有受影响的零组件。试验的结果如图 11-10 所示。

设计人员比较不同更改方案的合理性,选择最合理的解决方案。

(3) 将 RFC 提交更改委员会,进入评审阶段。CB 开会讨论该 RFC,做出批准或不批准的决定。

(4) 如果提交的 RFC 得到批准,按照更改管理流程,进入执行阶段。在执行阶段,执行 RFC 的内容,设计人员对零组件及其描述文件实施更改,并对受影响的零组件及其描

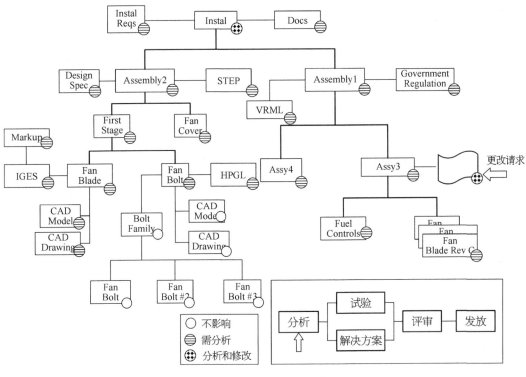

图 11-9　更改影响分析

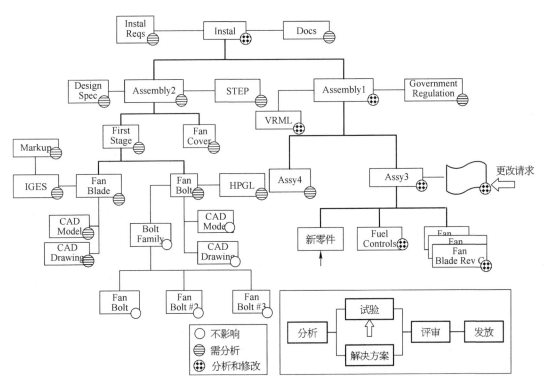

图 11-10　更改影响的试验

述文件按更改规则进行重新标识(按程序)。通过数字样机的检查核实,并得到授权审批后,才可进入发放流程。

更改完成后的新产品结构如图 11-11 所示。这时,安装 Instal 的全部产品结构的标识已经更新完毕。

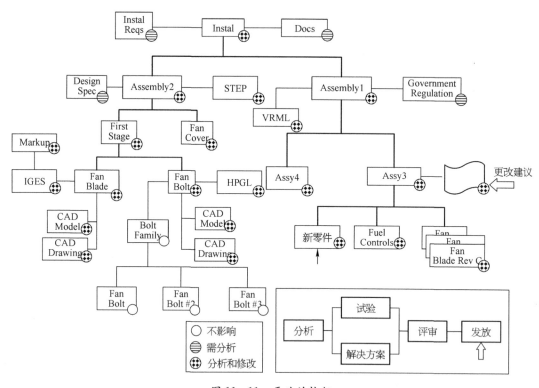

图 11-11　更改的执行

11.3.5　更改影响分析

更改影响分析的过程如图 11-12 所示。

EIA-649A 规范给出了更改请求的评估和协调过程,如图 11-13 所示。

更改影响分析模型如图 11-14 所示。该模型把更改策略、更改对象、更改标识及更改对成本、进度、生产的影响相互关联起来,并把更改落实到零组件和文件上。

在做出批准或不批准的决定之前,应知道更改对成本和进度的影响,并记录在案。重要的是听取了所有受影响各方的意见,包括工程、制造、售后支持、现场操作、销售和市场人员。

更改影响的大小及范围与更改性质和更改策略有关。采取不同的更改策略,更改的影响大小及范围可能有所不同,更改执行的复杂程度也不同。

对更改影响的分析结果记录在更改影响文件中,它是 RFC 的一部分,能方便查询。创建更改影响文件的人机界面如图 11-15 所示。

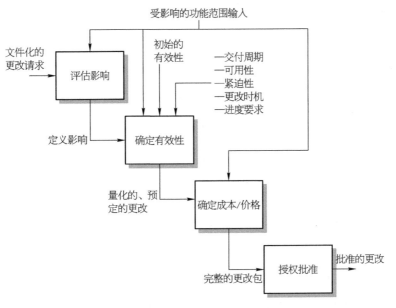

图 11-12　更改影响分析的过程

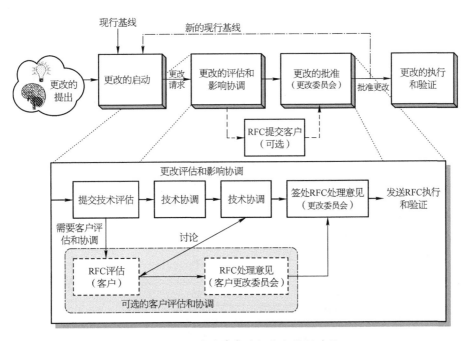

图 11-13　更改请求的评估和协调过程

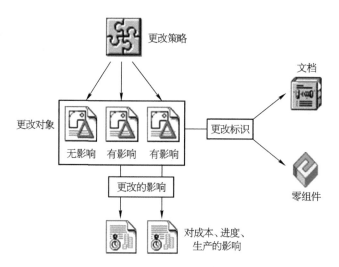

图 11-14　更改影响分析模型

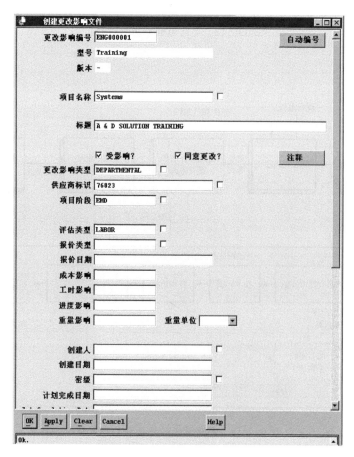

图 11-15　创建更改影响文件

11.3.6　更改的执行和验证

更改请求被 CB 批准之后,进入更改的执行和验证阶段。

更改的执行和验证过程模型如图 11‒16 所示。

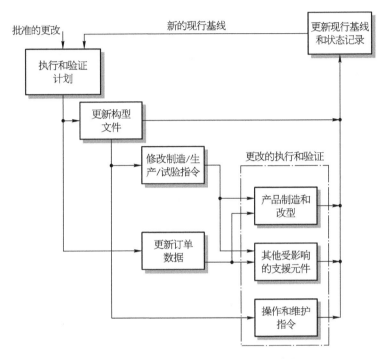

图 11‒16　更改的执行和验证过程模型

RFC 获得批准后,需要制定更改执行和验证计划,下达工作指令,更新构型文件,并验证其执行结果。

如果对制造、生产、试验有影响,还应给这些部门下达工作指令,令其同时更改。

如果对合同订单有影响,应给合同管理部门下达工作指令,更改合同订单的相关数据。

如果更改需要新的验证或试验,应给试验部门下达工作指令,补充进行验证或试验。

在更改执行和确认之后,构型管理人员将关闭该更改活动,维护更新后的基线文件。

更改执行后,需要修订的产品定义信息可能包括规范、CAD 模型及图纸、备件计划信息、技术手册、图表、接口文件、零件细目表、主构型清单、计算机程序文件、试验计划和评估程序。

民用规范 EIA‒649A 给出了 RFC 更改的执行和验证的过程,如图 11‒17 所示。

在更改请求的执行之前和执行过程中,必须与受影响的各方进行沟通和协调,包括生产、支援和维护等方面,以便全面贯彻和验证更改的要求。

在构型更改管理中最重要的是验证产品构型信息的一致性。这种验证可以采用多种方法来完成,包括生产中的物理验证,以及装配工作指令、产品检验、产品试验或/和产品生产记录的评审和确认。

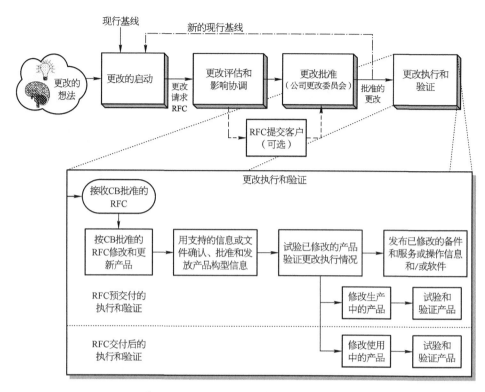

图 11-17　RFC 更改的执行和验证过程

11.4　更改有效性管理

11.4.1　更改的有效性

在批准更改请求执行之后,更改后的构型文件必须重新标识,以表示构型文件在更改前后的区别。除了标识它的构型号之外,还必须标识它的有效性,说明更改后的新构型用于何处(产品序列号)或何时应用(日期)。这就是更改的有效性问题。

有效性(effectivity)是定义更改生效范围的一种标记,表示对特定产品的更改或差异的处理,何时生效或已经生效。

有效性是一种以字母加数字组成的代码,用来确定更改的生效日期或生效架次。

确定更改的有效性以后,才能量化更改的全部影响,才能评估更改的代价和制定执行时间表。

有效性可以用不同的方法来标识(如序列号、批号、型号、日期或事件等),这取决于产品类型和数量,或者生产的速率。

11.4.2　有效性的标注位置

有效性标注在产品结构树的不同层次或节点上,将对构型管理方法产生重大影响。

有效性标注在哪里,是一个十分重要的问题。

图 11-18 表示人们在思考:有效性标注在哪里?放在零件上,或是放在模块上,决定了构型管理走的路(管理思路)不同。

图 11-18　构型管理的思路:有效性放在哪里

对于一个大型复杂系统(如飞机),如果把有效性放在零件上,定义一架客户飞机的构型需要搜索所有零件,找到具有相同有效性的每个零件,是十分费力的,也容易出错。另外,要在每个零件上或每张图纸上都要标注有效性,也是十分麻烦和费力的。

把有效性放在模块上,是一种先进的、合理的做法(对复杂产品尤其如此),称为“简化的构型管理”方法。

波音公司提出的“简化的构型管理”方法,把有效性放在模块上。

波音公司用模块应用数据表(module application date list,MADL)给出了模块的可用和应用数据,包括模块号、模块版本、模块更改级别、应用客户号、可用制造序列号,以及 SCP 号。

MADL 清楚地描述了供应商所生产的部件(或组合件)SCP 号,以及装在哪架客户飞机上。

所以,波音公司通过模块的有效性标识,协调供应商的生产,保证客户飞机的准确构型。

11.4.3　确定有效性的关键因素

更改有效性一旦确定以后,更改的全部影响就可以量化,以此计算它的价格和制定计划。更改的有效性标识了要更改的产品的数量和范围,包括需交付的产品的生产合并和改型。

确定更改有效性应考虑以下因素:紧迫性、处理时间、构型和库存。

确定更改有效性的关键因素如图 11-19 所示。

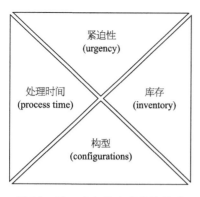

图 11 - 19 确定更改有效性的关键因素

确定更改有效性的四个关键特性描述如下：

（1）紧迫性。改正与安全有关的缺陷必须足够重视，优先于其他类型的更改。

（2）库存。基于成本和产品可用性的考虑，要么使用已有的材料直到用完，要么报废当前的库存。这个决策作用于产品制造商的库存、供应商的库存和客户备件的库存。

（3）构型。构型管理的目的之一是减少同时支持的不同的产品构型的数目，因为所有现存的产品构型常常不能同时升级，只能考虑延缓或加速更改的合并，以减少这种影响。给将来定义的产品块设置有效性，或对一个特定的软件包设置有效性，是一种可能的解决方案。

（4）处理时间。执行一个批准了的 RFC 需要走很多过程，完成每一个过程所用的时间是一个必须考虑的因素，即何时作为更改生效的开始点，包括以下的过程：新的设计工作量；采购周期；制造周期；更改的成本；更改批准的周期。

11.4.4 有效性的描述

有效性的描述有以下几种：日期有效性和架次有效性；可用有效性和应用有效性。

可用有效性指该零件/模块可用在哪些飞机序列号上（范围）（可用的制造序列号）。

应用有效性指该零件/模块被选定用于已经生产或将要生产的某些飞机上（应用的制造序列号）。

有效性常用生效日期或生效架次表示，但两者不能混用，即不能既使用日期有效性，同时又使用架次有效性，两者只能取其一。

另外，有效性的范围都不允许重叠（搭接）。

飞机构型管理一般采用架次有效性。

可用有效性和应用有效性的表示方法见表 11 - 3。

表 11 - 3 SCP 的可用有效性和应用有效性

模块版本 (Module Rev)	模块更改级别(Module Change Level)	应用有效性 (制造序列号) (Applicable Line Number)	应用有效性(客户号)(Applicable Customer Variable)	可用有效性 (制造序列号) (Available Line Number)	SCP 号 (SCP Number)
A	1	1303 - 2000	YA131 - YA199, YA373 - YA377, YA630 - YA631, ……	ENG 1303 - 9999 MFG 1303 - 9999	001A8001 - 901

11.4.5　版本有效性和结构有效性

有效性还可以分为版本有效性和结构有效性。

版本有效性说明零件的一个具体的版本何时(或何处)用于产品结构中,或说明一个结构化文档的具体版本何时(或何处)用于文档树中。

版本有效性可以用日期段描述,或用产品序列号范围描述。但只能选择其一。

因此,对一个零件可设置版本有效性,或对文档树中的结构化文件版本也可设置版本有效性。

结构有效性说明一个特定的零件主何时(或何处)用于装配件中,或者一个特定的结构化文档何时(或何处)用于文档树中。

结构有效性可以用日期段标识,也可用产品序列号范围标识。但只能选择其一。

因此,对用于装配件中的单个零件可以设置结构有效性,或对用于文档树中的单个结构化文档也可以设置结构有效性。

图 11-20 表示一个装配件的结构有效性,通过结构的上下文关系,把上一级装配件的有效性标识自动继承给下一级零件。

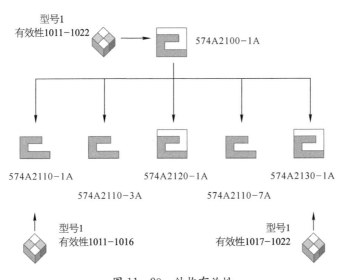

图 11-20　结构有效性

一个零件或文件不能同时采用版本有效性和结构有效性,不能同时使用,只能选择其一。

11.4.6　有效性的关系模型

有效性类型包括版本有效性和结构有效性,它们的关系如图 11-21 所示。

在有效性关系模型中,零件(主)有版本,则有版本有效性;零件(主)有结构,则有结构

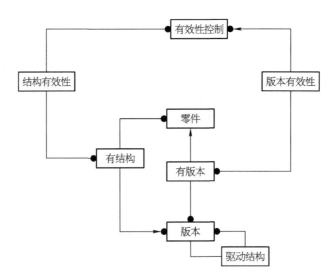

图 11 - 21　有效性关系模型

有效性。零件有多个版本,版本有效性也有多个;零件有多个下属零件,结构有效性也有多个。

有效性关系模型描述了零件、版本、结构、版本有效性和结构有效性的关系。

11.4.7　有效性的自动传递

在更改请求文件上给出了新的有效性标识,当更改执行以后,构型管理系统应能把RFC上的有效性自动传递给受影响的零组件或相关的描述文件。

图 11 - 22 给出了有效性传递的关系模型。

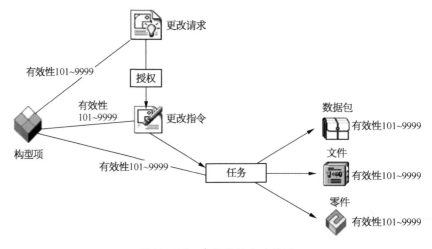

图 11 - 22　有效性的自动传递

图中，RFC 上给出了有效性 101～9999，通过下达更改指令，执行 RFC 的任务，在更改后的零件上，包括数据包、文档和模型文件上，都自动标上有效性 101～9999，保证了有效性更改的一致性。

11.5　生产阶段的工程更改

11.5.1　生产阶段的构型控制

飞机取得型号合格证和生产许可证之后，进入了生产阶段，即进入生命周期中的产品基线阶段。该阶段的主要活动是市场营销、组织生产、客户关系处理、售后服务和管理"协商构型"。

所谓"协商构型"是指公司商务部与客户协商达成的购机协议中，包含了客户特定的、超出选项目录的，并被公司接受的新的选项。

对客户特定选项，需要进行新的设计。依据持续适航管理的要求，对需要验证的特定选项，应向适航当局申请补充适航验证。由客户工程部、设计工程部、质量保证部门为主，其他部门参与，进行构型验证。

生产阶段的工程更改包括满足客户特定要求、改进产品质量和确保飞机交付周期等方面。

在产品生产阶段，构型控制活动有协商构型、签约、构型标识、构型纪实和构型验证五个方面。

客户飞机的构型控制过程如图 11 - 23 所示。

11.5.2　生产阶段的工程更改

生产阶段的工程更改的管理过程如图 11 - 24 所示。

1）生产阶段工程更改的原因

生产阶段工程更改的源头是客户、工程部门、生产部门和供应商。它们由于下列原因提出工程更改：

（1）客户。提出新的使用要求，反映使用中出现的问题。

（2）工程。按客户需求进行新设计，改进可靠性、安全性，解决设计缺陷。

（3）生产。采用新的制造技术，改进制造方法，减少单位成本。

（4）供应商。采用新的制造技术，改进制造方法。

2）生产阶段工程更改的分类

生产阶段工程更改分为基本更改和承诺更改。

（1）基本更改是航空公司（客户）在合同签订之前提出的对基线飞机的初始更改要求。

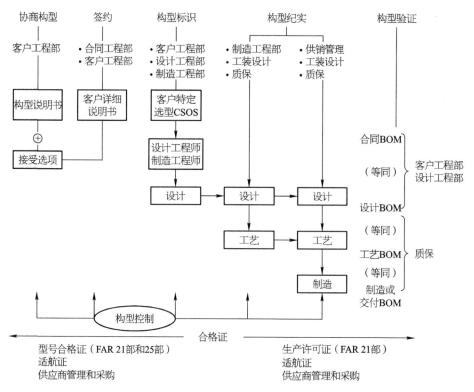

图 11-23　客户飞机构型控制过程

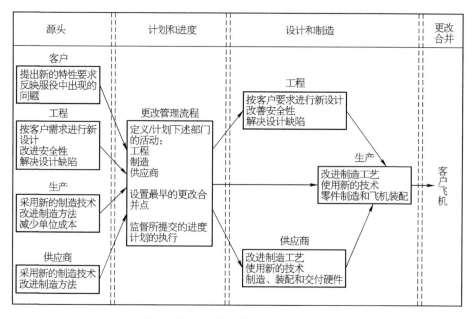

图 11-24　生产阶段的工程更改流程

（2）承诺更改是在购机合同签订之后客户提出的新要求，或者工程部门提出的设计更改合并要求。它又可分为：

① 客户更改：主更改（MC）；改型更改（MR）；快速更改（RR）。

② 生产改进更改：生产更改记录（PRR）。

③ 初始操作更改：更改管理指令（CMD）。

④ 拒收标签更改。

⑤ 改型包：主更改（MC - K）；生产更改记录（PRR - K）；杂项改型更改（MRR）；型号指令（PD）。

3）生产阶段工程更改的作用范围

生产阶段工程更改的作用范围如图 11 - 25 所示。

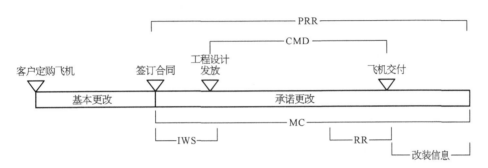

图 11 - 25　工程更改的作用范围

MC—主更改；RR—快速更改；MR—改型更改；CMD—更改管理指令；
PRR—生产更改记录；IWS—综合工作说明

（1）主更改是应客户要求，在某特定飞机交付前，对客户采购协议的更改。

（2）快速更改是由客户引起的对采购协议的更改，因为太靠近交付期所采取的一种更改。但这种更改不影响重大的制造和安装工作，不要求新的功能测试，不要求图纸更改。

（3）更改管理指令是一种内部操作过程，用于那些被认为具有高风险的承诺。

（4）生产更改记录是对正在进行的或即将进行的工作，以及其对应的工程图纸进行更改。它可以对更改部分发放新的图纸，但不改变合同内容。

4）对生产阶段的更改控制应遵循的原则

（1）应指定授权批准生产阶段更改的人员。

（2）应能识别更改批准的状态并获得认可。更改的批准应按合同规定的要求，经客户和（或）法规授权的管理部门批准。

（3）对影响工艺、生产设备、工装和数控程序的更改应形成文件，应有控制更改执行的程序。

（4）对生产阶段更改的结果应进行评定，证实是否达到了预期的效果并对产品的质量没有不利的影响。

11.5.3 先行更改

在生产阶段，工程更改还有一种类型，称为先行更改（advanced drawing change notice，ADCN）。先行更改是一种应急的更改。

1）先行更改的特征

（1）先行更改只适用于"Ⅱ类更改"（即"小改"）。

（2）它与正规的更改不同。正规更改将产生零件或文件的新版本，而先行更改不产生新版本。

（3）在管理方法上先行更改可视为产生小版本（版本可分为大版本和小版本，或称为正式版本和临时版本）。

（4）先行更改是应急性的，所以先行更改按规定的程序（按时间或按次数），必须合并为正式版本；正式文件中不能出现小版本。

（5）先行更改只可以改二维图纸，不能改三维模型。

（6）先行更改不能用于质保检验。

2）对先行更改管理的要求

（1）先行更改要用"先行更改请求单"记录，允许在稍后的时间里对它们进行合并。

① 该图贴上先行更改的工程指令，图纸与工程指令视为一体。

② 该图贴上"红色标签"，表示与正规图纸的区别。

（2）能够标识受影响的零件和文件。

（3）更改后的纸质文件能够受控。

（4）能够清晰地标明先行更改的状态，即处于"开口状态"或"更改合并"状态。

（5）能够记录更改的历史过程。

图 11 - 26a 表示先行更改单的使用过程。例如，对文件主的 A 版本文件，用先行更改单 ADCN1 进行第一次更改，然后又用先行更改单 ADCN2 进行第二次更改。

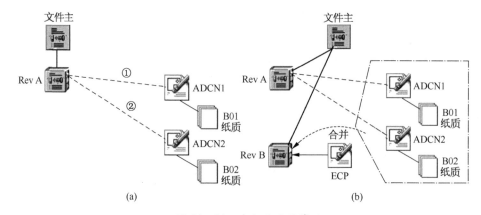

图 11 - 26 先行更改的管理
（a）先行更改的使用；（b）先行更改的合并

图 11-26b 表示先行更改的合并。发出 ECP,将 A 版文件上的先行更改 ADCN1 及 ADCN2 合并,全部反映到 B 版文件中。A 版文件升级为 B 版文件。

11.5.4　工程更改的合并程序

在生产阶段,工程更改的合并程序如下:

(1) 生产计划部门接受了已批准的更改文件。

(2) 质量控制部门验证合并文件,并发布生产记录。

(3) 构型管理部门分析生产记录和工程更改,验证合并后关闭该更改活动。

工程更改的合并应落实到生产计划部门、质量控制部门和构型管理部门。

为稳定飞机的生产构型,波音公司提出了合并点(blockpoint)的概念。合并点就是指合并更改的实施时间,即在哪个架次号的飞机上实施合并更改。

(1) 合并点表示将更改做一定积累后再实施,而不是一有更改就马上实施;还表示在预先指定的架次号上合并这些更改。

合并点的概念如图 11-27 所示。

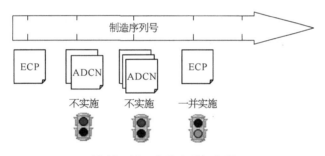

图 11-27　合并点的概念图

(2) 采用合并点管理要达到的目的是:最大限度地稳定生产流程;稳定和简化更改过程;降低与更改有关的成本;减少零组件号的升版;减少公司内部和供应商的生产中断。

(3) 下列情况排除在合并点策略之外:

① 由波音公司、客户或正规的组织提出的强制性更改,如涉及人身安全或飞行安全、涉及担保书、涉及 FAA 的联邦适航条例(FARs)或适航指令。

② 配套件。

③ 对已交付飞机的更改,如涉及试验和(或)确认、涉及缺陷。

11.5.5　不符合性管理

在产品生产阶段,为了解决制造中的不符合性问题,还需要成立物料评审委员会 (Materials Review Board, MRB),及建立不符合性控制系统(non conforming management, NCM)。

MRB 负责管理材料、零件和装配件的不符合性,对工程图纸的偏离做出处理意见。

NCM 是记录和跟踪所有不符合性项目的提出、评估、批准和检验的结果,监督不符合性项目的处理。

　　NCM 应达到如下要求:

　　(1) 隔离和控制不符合性项目。

　　(2) 制定必要的纠正措施,避免不符合性项目的重复产生。

　　(3) 采用返工、修理、试验等手段,使不符合的零件可以使用(MRB 批准)。

　　(4) 报废不符合的零件。

　　(5) 记录 MRB 的决定。

　　(6) 记录 MRB 的行动措施和最后的处理意见。

11.6　产品差异的控制

　　产品差异的控制是构型更改管理的重要内容。

　　产品差异控制与工程更改不同,因为差异请求的处理不要求改变产品定义信息,所以工程偏离不改变现行的构型基线信息,也不会产生新的现行构型基线。但必须对差异请求进行严格的管理,包括差异请求的申请、评估、批准、执行和验证,工程偏离状态必须如实地记录。

　　一般情况下,应尽可能避免出现与产品的差异。然而,当工程偏离不可避免时,必须将它文件化,清楚地表明工程偏离的影响和后果,并尽可能限制在很小的范围内。

　　因为工程偏离的处理不改变现行构型基线信息,因此军标 MIL - HDBK - 61A 和民用标准 EIA - 649A 对工程偏离管理的方法基本相同,只是在提法上有些不同。

11.6.1　差异请求的分类

　　差异请求按照与产品属性背离的程度进行分类,见表 11 - 4。

表 11 - 4　RFV 的分类和决策等级

差异分类	描　　　　述	决策人的级别
严重的	严重的 RFV 可造成如下违背: ● 影响安全 ● 极度地影响大改列出的因素 ● 对产品的操作能力和可支持性有重大影响	有权批准受影响产品更改的负责人的上级(至少)
大的	大的 RFV 有如下违背: ● 性能和操作限制 ● 结构强度 ● 项目(Item)或它的修理零件的互换性、可靠性、存活能力,或耐久性	产品更改批准负责人

（续表）

差异分类	描述	决策人的级别
	• 健康或环境 • 飞行或适航特性 • 重量和尺寸,或外观(当它列为因素时) • 对支持因素或产品操作特性的次要影响	
小的	RFV 不涉及列在严重的或大的偏离中的任何因素	物料评审委员会(MRB)或产品更改负责人指派的下层代表

11.6.2　差异请求的管理

尽管 RFV 不同于更改请求,RFV 不是对批准的产品定义信息的更改,但 RFV 仍然需要有正规的处理流程。

RFV 的管理过程如图 11-28 所示。

图 11-28　RFV 的管理过程

（1）在项目提交最后验收之前、期间或之后发现问题,应提出 RFV 的申请。

（2）RFV 的启动模型如图 11-29 所示。

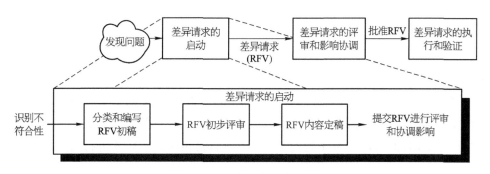

图 11-29　RFV 启动过程模型

（3）RFV 的评审和影响协调模型如图 11-30 所示。

其中,客户对 RFV 的评审和协调为可选项。

RFV 的评审实际上更多地涉及更改的技术影响,然而对有效性、成本、计划和支援的影响必须仔细评估。评审过程提供了"评审团队的态度",供决策者考虑,给 RFV 一个最终的决策。如果不被批准,则该 RFV 存档,不需采取进一步的行动。

（4）RFV 的执行和验证模型如图 11-31 所示。

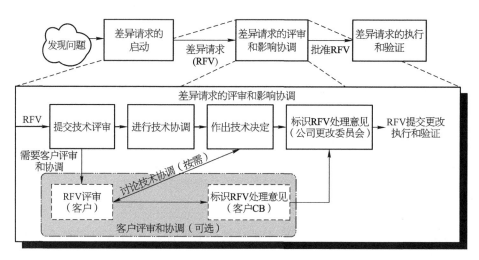

图 11-30　RFV 的评审和影响协调模型

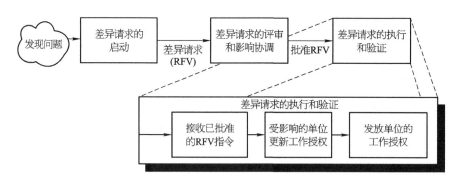

图 11-31　RFV 的执行和验证模型

当一个零件已经存在不符合时,RFV 的执行将包括构型状态纪实(configuration status accounting,CSA)记录受影响项目的不符合,确保构型记录能反映其不符合性是可接受的。RFV 不改变任何产品定义信息。如果差异影响了支援信息、软件、工装或零组件,该种差异一般是不允许的;差异通常不会改变产品定义信息。当不符合的零件经过返工,或当产品的附加装置(带着不符合)必须在随后交付时,RFV 才进行有用意的执行和验证。

RFV 的有效性含义是只用于特别指定的序列号、批号或类似的标识号,将受 RFV 影响的项目分离。受 RFV 影响的项目号应限于特定的项目号,以减少跟踪和管理使用带有不符合性的产品的复杂性。RFV 希望随后的项目将会提交一个 RFC。

尽可能避免 RFV 的重复发生。RFV 的处理应查清不符合产生的原因,消除这些原因,避免不符合性的重复产生。重复发生的 RFV 意味着先前批准的 RFV 重现或延续,这说明相关的行动是无效的,需要采取更加严厉的行动。产品管理者所采取的行动应能确保已批准的 RFV 不再重复提交。重复的 RFV 将引发特别的关心,需要采取另外的纠正制造行动,或产品技术要求太严格。对后一种情况,应申请大改的 RFC,修订产品的现行定义信息。

11.6.3　偏离请求单的内容

军标 MIL-HDBK-61A 给出了偏离请求单(requests for deviation,RFD)的内容,见表 11-5。它也可用于 RFV。

表 11-5　偏离请求单的内容

元　素	定　义
RFD 标识和管理属性	
日期	RFD 提交日期
单位名和地址	
GAGE 码	GAGE 码
型号	
RFD 号	由 RFD 提出单位赋予的 RFD 标识号,RFD 号对应 GAGE 码是唯一的,并在随后的流程中保持不变
版本	版本号
分类	分类为严重的、大的、小的
RFD 的题头	RFD 的主题
工程偏离的描述	
构型项	受 RFD 影响的构型项名和构型项号
受影响的基线	受 RFD 影响的功能基线、分配基线或产品基线
偏离的描述	与构型文件技术要求的偏离的性质,该偏离是否属于Ⅰ类更改
偏离的需要	说明在指定的计划内不能符合构型文件的理由,为什么用偏离而不用永久性更改
RFD 的有效性	如应用,填写制造序列号
受影响的最低的零组件/装配件名	
零件号或类型	零件号
重复发生偏离的原因	如重复发生,填写先前的 RFD 号和行动,另外,提供不能避免的理由
对综合后勤支援、接口和软件的影响	

（续表）

元　素	定　义
是否影响其他系统/构型项	
相应的行动	
所采取的相应的行动	
合同信息和影响	
合同号	
合同条款	
采购合同负责人	
对交付计划的影响	

注：所有受影响的单元都必须标识有效性，如用序列号、批号或相似的标识号。

军标 MIL - HDBK - 61A 中的偏离请求与民标 EIA - 649A 中的差异请求相当，含义相同。

11.7　构型更改的主管人员

11.7.1　更改委员会

GB/T 19017—2008《质量管理体系　技术状态管理指南》的第六章"构型管理组织"规定：

"应有组织地开展构型管理，以保持其公正性、独立性和完整性，实现规定的构型管理目标。

为保证有效的构型管理，应规定其组织结构。

构型管理的组织结构应确保技术状态管理活动与其他活动的协调一致并对所有构型管理活动合理地分配权限和职责。"

在 GB/T 19017—2008 中还规定：项目经理可建立构型控制委员会并赋予其一定的权限，以评审并批准构型管理计划、构型管理程序、构型项目的选择、构型基线和对构型基线的更改，包括偏离和超差。

在 ANSI/EIA - 649A 规范中规定：更改的批准/处置的决定应由一个适当的权威机构做出，该机构能调动资源来实现所批准的更改。

一个有效的、充分定义的构型更改管理过程保证了更改批准的权威（最终决策者），正确地评审每个更改对已批准的和成为基线的产品定义信息的影响。如果一个充分定义的更改批准过程都能用于所有的更改，则每个更改的执行都能被识别和处理。

1）更改委员会的特征

更改委员会是为了处理产品的更改而建立的,对"大改"建议采取行动的机构。更改委员会人数不多,可以小到由两三人组成。更改委员会曾有许多别名,如委员会、小组、项目评审委员会、构型控制委员会、更改评审委员会,或其他的称谓,但不论采用何种别名,它应具有如下特征:

（1）更改委员会应由决策者,也就是更改批准的权威人士担当主席,他有权调动项目资源来执行已批准的更改请求。

（2）决策者为了项目的利益可以批准、停止或拒绝更改建议。

（3）更改委员会成员应能代表专业部门采取行动,即代表工程、维护、操作和培训,或受更改建议所影响的开发团队等。CB 成员应有权力向有关组织提交任务,贯彻每个批准的更改。

（4）更改委员会是有关论坛。在开会之前,将会议日程和文件提交给更改委员会成员。

（5）作为更改的权威决策和指导,包括所使用的专门流程和操作程序应做记录,并通知到受影响的机构,以便贯彻更改。指导的细节也应该保存作为 CB 记录的一部分,记录CB 决策产生的对所有产品和信息的更改。

更改委员会在最后做出决策、建立 CB 记录之前,确定更改（包括执行计划）的受益和影响情况。对于已批准的更改,应把贯彻行动通知更改的执行者。对于不批准的更改,应把不赞成的理由反馈给更改建议的提出者。

2）更改委员会的主要责任

更改委员会的主要责任可用图 11-32 表示。

如图所示,更改委员会的主要责任是:

（1）维护和管理构型基线文件。

（2）使更改的利益最大化、影响最小化。

（3）保证更改执行过程的透明。

3）更改委员会的层次结构

更改委员会是一个层次结构。图 11-33 表示了一个更改委员会的层次结构。

图 11-32 更改委员会的责任

多层的 CB 结构适用于复杂产品和(或)地理上分布的产品研发的组织结构。当采用多层 CB 结构时,重要的是清晰地定义每个 CB 各自的权限,它们的职能之间不能重叠、留有缝隙或冲突。另外,要清晰地定义各层间的关系,明确更改送交高一层委员会裁决的准则。

图 11-34 表示一个简单的 CB 结构,这个 CB 结构仅有一个委员会来控制产品或项目的更改。这种结构适用于相对简单的产品或一种技术成熟的和只有低层更改活动的产品。

图 11-35 表示多层更改委员会的集成框图。

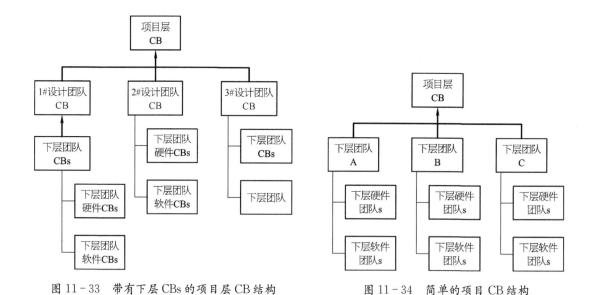

图 11-33　带有下层 CBs 的项目层 CB 结构　　　　图 11-34　简单的项目 CB 结构

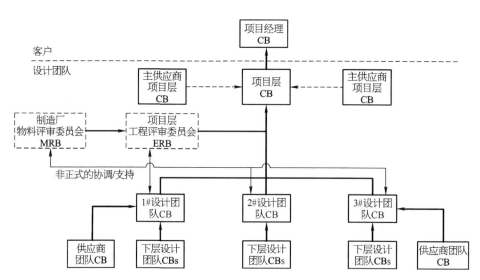

图 11-35　项目 CB 结构的集成

　　该组织结构描绘了多层更改委员会的集成,这是一种大型复杂产品/项目所需要的,包括多层的更改批准权威。在这种结构中,重要的是用文件清楚地定义每层 CB 各自的职能,不能重叠、有缝隙或有冲突。

　　每个更改委员会都应制定操作程序并公布于众,使其成员能认识到 CB 对产品管理过程的重要性,理解他们的角色和责任。CB 操作程序应定义谁是成员,以及他们在流程中的角色。CB 管理员应听从指派,制定会议进程、分发议程、记录 CB 的决定、分发备忘录和指令给负有执行任务的各方,维护正式的 CB 记录。CB 操作程序也应定义 RFCs 规定的处理时间,保证每个 RFC 的恰当管理、指派人员、批准和执行。

4）更改委员会的内部评定

在构型管理的常态化工作中,应评定构型管理执行的情况:

（1）是否遵守过程文件。

（2）运用内部评定准则去验证过程符合程序。

（3）分配资源去解决出现程序偏差的过程。

（4）批准解决出现程序偏差过程的办法。

在构型管理发现问题时,应做到:

（1）协助制定构型管理过程文件。

（2）协助制定构型管理过程的自评定准则。

（3）协助鉴别出现程序偏差的过程。

（4）支持开展解决出现程序偏差过程的办法。

5）更改委员会的成员素质要求

更改委员会的成员需具备一定的素质,才能做好工作。对更改委员会成员的素质要求（应知应会）如下:

（1）善于同其他成员协同工作,能够按轻重缓急和优先权次序,制定更改执行计划。

（2）能阅读、理解和评审工程更改建议中的描述和有关报告。

（3）能读懂和领会有关的工程图纸。

（4）有丰富的知识,能够对来自本部门的不现实的、不符合实际的意见进行质疑。

（5）当需要从有关的专业部门获得可接受的意见时,能采取必要的行动。

（6）在规定的时间内,能提出合理的意见。

（7）把悬而未决的有重大影响的更改及时通知有关的主管部门。

11.7.2　项目控制委员会

项目层 CB 是从项目管理的层面处理更改请求的权威机构。

项目层更改委员会（project level CB）有时也称为项目控制委员会。

PCB 是一个项目领导层的议事论坛,在这里对 RFC 做出商务方面的决策,评估潜在的商业利益和对客户的影响,并衡量所做出的决策可能存在的风险。

1）PCB 的作用（角色）

（1）向领导者提供 IPTs 团队的研发计划。

（2）为设计团队提供方向和指导。

（3）向领导者提供解决问题的方法,以便有序和迅速地评估所要采取的行动。

（4）保证所建议的计划与有关业务部门的协调。

（5）对所建议的选项和未提出的选项进行评估。

（6）从技术和商务两方面评审项目的更改。

（7）按项目里程碑跟踪所批准的项目进程,每月向项目副总裁报告。

（8）批准项目控制文件,包括工程程序、设计更改、服务通报、制造方式的更改,以及产品支援等。

2）PCB 的职责

（1）担任 CCB 永久成员。

（2）提供恰当的进度要求、预算和资源。

（3）帮助制定 CM 计划。

（4）监督项目评审。

（5）批准 CM 报告要求。

（6）帮助 CM 管理员确定 CM 培训。

（7）帮助 CM 管理员确定 CM 基线要求。

3）PCB 对构型管理的指导作用

（1）确定构型管理的方针政策。

（2）审议并批准构型管理计划和程序。

（3）审议并批准构型项。

（4）审议并批准构型基线。

（5）任命构型控制委员会的主席，并给予适当授权。

（6）任命构型控制委员会的主要成员。

（7）对构型控制委员会提交的工程更改建议及关键的偏离和超差申请进行审查。

（8）对涉及项目管理的重大问题（如市场需求、计划、成本、安全、合同、性能等）的工程更改建议进行决策。

（9）确定构型管理系统的实施目标。

4）PCB 评审的目的

（1）对提交的工程更改是否应采取行动，评估所涉及的选项，并做出最恰当的决策。

（2）征求有关的业务部门对所提出的计划的意见，进行分析和综合，为产品和客户提供最大的利益。

（3）用文件形式决策，并监督所批准的项目和更改行动的进程。

5）PCB 秘书的职责

（1）组织编写顶层构型管理计划和程序。

（2）提出编写各级构型管理计划和程序的任务要求。

（3）责成项目管理、工程及市场等部门人员对构型基线、构型项、客户选项、模块划分等的论证，并拟定初稿，送 PCB 讨论和审批。

（4）保持与构型控制委员会的沟通，接受构型控制委员会提交的工程更改建议。

（5）提出召开项目控制委员会会议的建议，拟定日程，准备会议文件，提出参加人员，并做好会议记录。

（6）在项目领导者授意下，形成项目管理委员会的决议。必要时，将飞机构型的重要更改及时通报适航管理部门和（或）客户。

（7）跟踪重大更改的执行情况，每月向项目副总裁汇报进展情况。

11.8　军用飞机的构型控制

11.8.1　国防采办系统

军用飞机构型管理要满足国防采办政策的需要,因此国防采办系统是军用飞机构型管理的基础,为军方采购满足需求的军用飞机提供保障机制。

近年来,美国国防采办系统有了不少改进,最新的采办系统的框架如图 11-36 所示。

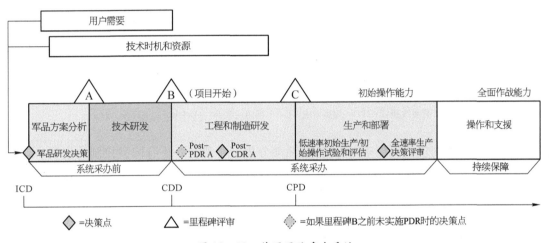

图 11-36　美国国防采办系统

ICD—初始能力文件(initial capabilities document);CDD—研发能力文件(capability development document);
CPD—生产能力文件(capability production document)

新的采办系统全过程考虑了能力成熟度管理。

在进入采办框架之前,增加了军品研发决策(materiel development decision)。

进入阶段之前要满足入口准则。

11.8.2　构型更改的顶层模型

对于政府和军方采办的产品,按照 MIL-HDBK-61A 的规定,除研制过程中的"研制构型"由承包商负责之外,订货方的构型管理部门控制着功能基线、分配基线和产品基线三条基线。而产品的研制过程(研制构型),包括详细设计、制造、验证等,属于承包商内部事情,政府一般不直接干预。

图 11-37 表示顶层的构型更改模型。

工程更改建议是工程更改管理的正式文件,用于对所建议的工程更改进行描述,提供更改理由,提交批准和执行。更改管理的负责人对工程更改建议做出批准或不批准的决定。

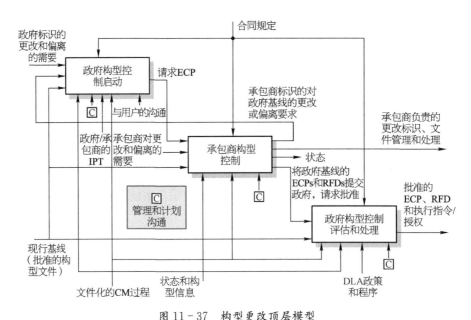

图 11 - 37　构型更改顶层模型

ECP—工程更改建议；RFD—偏离请求；DLA—国防后勤部门(Defense Logistics Agency)

　　在构型更改的顶层模型中，构型控制活动分为三个部分：政府构型控制的启动、承包商构型控制，以及政府构型控制评估和处理。这三个构型控制活动按合同条文进行协调，受合同约束。

　　构型控制的输入量是政府对更改或偏离的需求及现行的构型基线（批准的构型文件），而输出量是批准的 ECP、RFD 和执行指令。

　　在政府采办产品的顶层构型控制模型中，包含有承包商构型控制活动。承包商的构型控制活动的模型如图 11 - 38 所示。

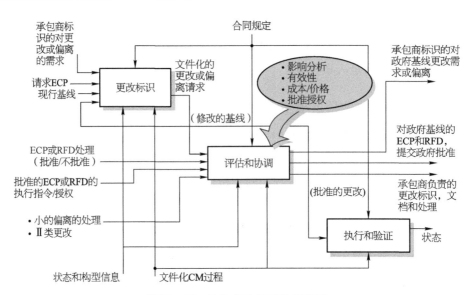

图 11 - 38　承包商的构型控制模型

承包商的构型控制活动有三个方面：更改标识；评估和协调；执行和验证。

这些活动的控制项是合同规定的，它们的支持项是文件化的 CM 过程以及状态和构型信息。

11.8.3　构型更改的启动

构型更改的启动过程如图 11-39 所示。

图 11-39 所示的构型更改的启动过程可以用一个文件来跟踪，这个文件称之为 ECR。

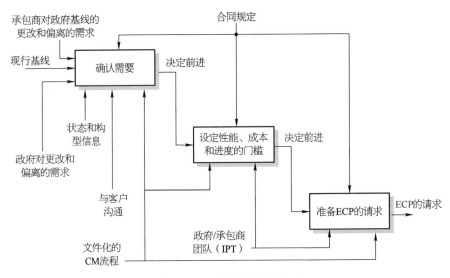

图 11-39　构型更改的启动

ECR 用于协调各方意见。如果工程部门认为 ECR 提出的更改有必要，则将该 ECR 上升为工程更改建议。

工程更改请求是一种正式文件，用于描述所建议的更改要求，并递交工程部门批准或不批准。工程更改请求可以产生修订行动，或生成新的安装图，以描述新的构型，但不引起现有设计文件的改版。设计文件的修改必须使用工程更改建议。

11.8.4　构型控制委员会

GJB 3206A—2010《技术状态管理》中规定：必要时，订购方、承制方、分承制方均可分别成立构型控制委员会。

按 GJB 3206A—2010 的规定，构型控制委员会在被认为"必要时"才成立。但根据我们的体会，对重大项目，构型控制委员会是一定要成立的。

美军构型管理手册 MIL-HDBK-61A 中规定：对重大的采办项目应建立政府的构型控制委员会（承包商也使用类似的过程处理它们内部的构型控制）。CCB 通常由联合指挥部或负责处理Ⅰ类ECP和重大偏离的代理人组成。项目管理者常常是CCB的主席,在更改提交到CCB之前,他可以对所有更改做出决策。CCB是项目管理者使用的一个项目管理过程,在更改实施之前,用于确定重大更改可能带来的利益和影响。当做出决定时,CCB主席批准一个CCB指示,或等价的信函/备忘录,指导贯彻行动的完成。

CCB是一个由技术代表和行政代表组成的委员会,受委托来批准或不批准所建议的工程更改和所建议的偏离,这些更改和偏离是针对构型项(CIs)的当前批准的构型文件的。

美国国防部对CCB的组成做了规定:CCB的主席由项目主任担任,其成员包括工程(设计)、生产、项目控制、试验、安全、维修等方面的负责人,并由构型管理主任担任CCB的秘书,负责日常工作。

政府(订购方)的CCB工作流程如图11-40所示。

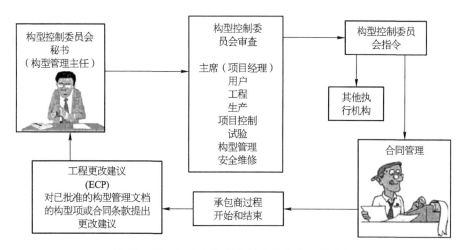

图 11-40 订购方构型控制委员会的工作流程

当CCB的秘书收到更改控制委员会提交的工程更改建议后,向CCB主席建议召开会议,并提出参加该次会议的代表名单,由CCB主席决定是否开会评审。

提交到CCB的工程更改建议应是对项目的合同、进度、成本、安全及构型基线有重大影响的更改,需要CCB对此更改进行裁决,降低更改的风险。

CCB的成员名单一般由CCB秘书草拟方案,由项目经理拍板定案。CCB的会议应吸收所有必要的专业部门代表参加,包括必要的分承制方和销售商。CCB会议应由项目经理或其代理人主持,常设机构为CCB秘书。

CCB的成员通常由来自政府组织的综合产品团队的关键功能或学科的主要专家组成,他们负责向CCB主席提供建议。CCB成员包括从后勤、训练、工程、生产管理、合同、构型管理和其他功能学科的代表。其他代表可以根据更改或项目需求的特点而定。

1）CCB 在处理更改建议时的作用

（1）对提交的 ECP 进行影响和利益分析。

（2）做出批准或不批准的决策。

（3）标识更改的有效性。

（4）保证更改过程的公正、客观、透明。

2）CCB 的评审对象

CCB 不是面向所有更改的，只对重大的工程更改（Ⅰ类更改）进行评审，即：

（1）对形状、配合或功能的更改。

（2）对环境健康和安全的影响。

（3）对产品成本和交付进度的重大更改。

（4）对可靠性、耐久性、安全、维修性或可维护性的更改。

（5）对外观的更改。

（6）对产品寿命的更改。

（7）对产品或技术要求的更改。

（8）对飞机验收试验要求的更改。

（9）对支持设备的更改。

（10）对材料或规范的更改。

（11）对标准件规范和通用工程规范的更改。

（12）重大的制造工艺的更改。

3）CCB 主席的职责

（1）CCB 主席可以对他的职权管辖内的文件采取一切适当的行动。

（2）特别强调，评审的重点放在安全方面，必要时，可从系统安全机构得到咨询和指导。

（3）CCB 主席可以决定对某些Ⅰ类工程更改不进行成本和风险分析，他是做出这类决定的唯一授权者。然而，在处理这类更改时，仍需要供应链部门的会签。

（4）如果不能达成意见一致时，只有 CCB 主席能够搁置所需做出的批准。

（5）公布和维护 CCB 指南。

（6）按需出席所有的技术和项目评审。

构型管理办公室应该建立一个 CCB 操作程序，使所有成员理解采办过程。CCB 秘书安排会议、分发议程、记录 CCB 决定，给负有执行行动的当事人或必须知道的人分发备忘录和指示。CCB 操作程序也应该定义处理 ECP 的时间要求，以保证及时分派任务、批准和执行。

11.8.5　构型更改建议的样张

工程更改建议是一种正式文件，用于描述所建议的构型更改，提供正当理由，并递交给更改授权者对构型文件的更改做出批准或不批准的决定。

ECP 是更改管理的核心文件，是在 ECR 批准后，由 ECR 升级为 ECP。ECP 仅用于Ⅰ类更改（或大改）。

生成 RFC 的人机界面如图 11－41 所示。

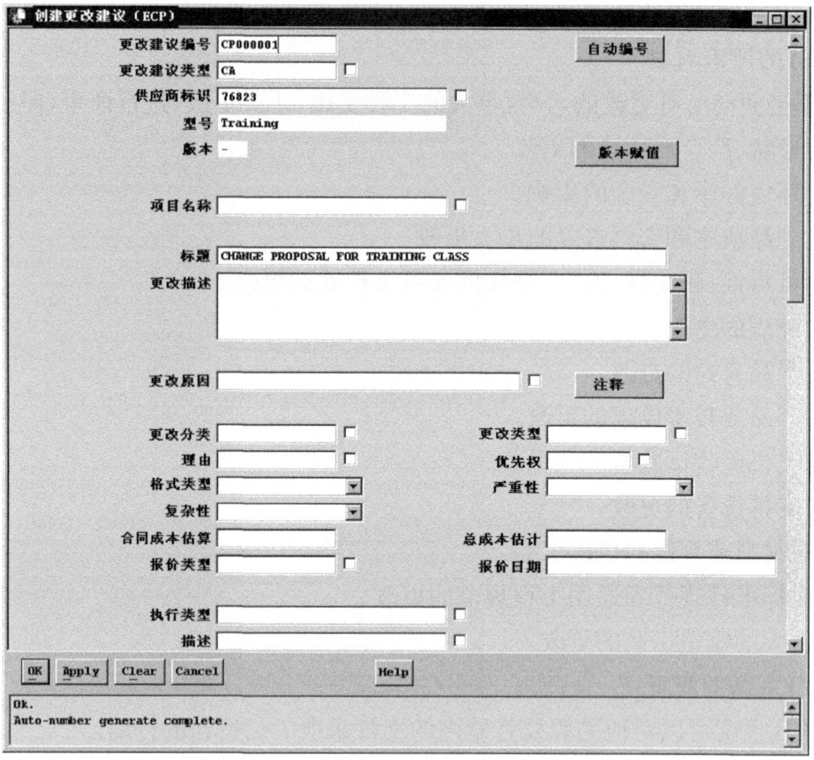

图 11－41　创建 RFC 的人机界面

ECP 的样张见表 11－6。

表 11－6　ECP 的样张

工程更改建议（ECP）		
ECP 号：		
ECP 名称：		
ECP 编写者：	日期：	
ECP 编写部门	领导签字：	日期：
处理日期要求：	优先权： □非常紧急　□紧急　□一般	
ECR 号：（如由 ECR 转正）	ECR 批准日期：	

（续表）

飞机型号：	分发：	
更改分类： 　　Ⅰ类（大改）□　Ⅱ类（小改）□	更改分类的描述：	
Ⅰ类更改的影响：（可选）		
□型号规范或合同 □成本、价格、费用 □可靠性或维护性 □重量	□性能 □安全 □互换性 □接口	
受影响的合同号或生产线号：	受影响的采购单号：	
受影响的其他系统或供应商：		
更改建议详述：		
1）问题描述： —存在问题：（描述问题，若不更改，继续使用，将造成的后果） —原因：（说明原因，描述技术细节） —更改目的：（本更改的目的，改进措施）		
2）建议的解决方案： （说明改进方案，新的零件或构型带来的好处）		
3）证实/确认： （列出设计更改所必要的验证-试验、分析、模拟）		
4）对重量的影响：		
5）附件（按需列出）：		
更改的影响		
受影响的规范（规范号/规范名）		
章编号：	节编号：	
（拟修订的章）	（原文）	（修订后）
受影响的零件	受影响的零件细目表	
（零件号）	（PL 号）	
对接口的影响		
FICD：　□Yes　□No	MICD：　□Yes　□No	EICD：　□Yes　□No
审批信息		
有效性（制造序列号）：		

（续表）

是否需要填写更改通知单（NOR）：　□Yes　□No			
本 ECP 发放路线：			
IPT 批准或不批准 批准□　　不批准□	全权代理人：	签名：	日期：
CCB 批准或不批准 批准□　　不批准□	全权代理人：	签名：	日期：
PCB 批准或不批准 批准□　　不批准□	全权代理人：	签名：	日期：
注释：			

注：本文未提及 SCN。因为 SCN 在管理上的复杂性，以及在数字化环境下，更适用的是需要维护规范的当前性，并把中间版本存档，故 SCN 被限制使用。此外，规范若采用章节而不是页次控制，更为可行和方便。被修订的章节可以插入 ECP 中，作为 ECP 的一部分提交审批，或在 ECP 执行中提交批准授权。

11.9　常见的构型更改问题

11.9.1　不是构型更改的更改

在详细设计阶段，设计部门正式发放了部分工程图纸，进入产品试制。虽然通过了详细设计评审，但由于设计发放的图纸成熟度不高，隐含着不少设计错误，产生了频繁的更改活动，我们把这种更改称为"不是构型更改的更改"。

按照构型管理规范的规定，工程发放的文件应该是构型文件，构型更改应是对现行批准的构型文件的更改。但这种"更改"不属于构型更改。

出现这种情况的原因可能有：

（1）设计的能力成熟度不够。如公司的技术储备不够、设计规范和手册不完善、设计知识和技能不足、设计没有经验等。

（2）与供应商的联合定义未做好，接口控制文件留有许多"开口"，PDR 未结束就开始详细设计。

（3）不适当的"跨越式前进"，赶进度，忽视质量，不遵从系统工程原则。

（4）体制上的设计与制造分离，没有采用综合产品团队工作方法，串行设计，设计图纸"一次成功率"较低。

（5）设计"把关"不严，设计发放未达到"发放要求"。

设计的能力成熟度问题是关键。

对于这种类型的设计更改，应与构型管理规范所说的工程更改区别开来。对这种类型的更改应采用较为简单的、快速的、高效的更改方式,不需要按正规的构型更改流程办理。退回设计部门处理,重新发放,不记录图纸的版本和历史。

构型管理人员不参与这种类型的更改管理。

不能允许工程部门发放这样不成熟的图纸,否则将给项目带来极大的风险。

11.9.2　工程发放的门禁管理

工程发放应由发放部门负责。发放的文件应是构型文件。

工程发放的规则是:

(1) 工程发放程序要求数据具有正确的发放格式、结构和标识。

(2) 工程发放要通过独立于工程设计的职能部门发放。发放系统应向用户提供发放通知。

(3) 在发放的过程中和数据集的存活期限中,要保证用户知道数据集的状况和地点。

(4) 保证数据集的安全,通过数据集的标识及通过建立读写控制措施来实现的。

为了保证工程发放的质量,必须加强工程发放的管理,不达到出口准则,一律不能发放。

工程发放必须通过内部评审和主评审(详细设计评审 CDR),达到发放出口标准,如图 11-42 所示。

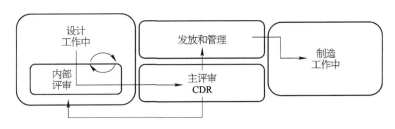

图 11-42　内部评审和主评审

根据工程管理的主进度要求,控制发放的时间点。在该时间点,型号设计数据被批准,授权可以使用。

构型文件发放后受构型管理部门控制和确认,纳入构型更改的管理流程。避免Ⅰ类工程更改在没有批准的情况下流通到下游。

工程发放是构型管理的起点,如图 11-43 所示。

11.9.3　构型管理工具与构型管理过程

成功的构型管理需要杰出的 CM 工具,但有了杰出的 CM 工具并不能保证 CM 的成功。在 CM 工具与 CM 过程的关系权衡中,CM 过程永远是第一位的。没有好的 CM 过程,再杰出的 CM 工具都是无用的。

下面的公式适用于 CM 的所有领域:

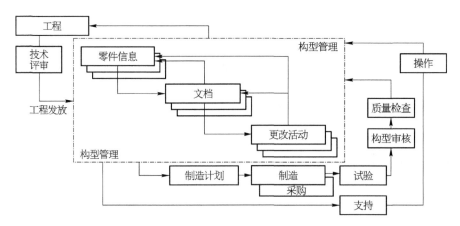

图 11 - 43　工程发放与构型管理

(1) 杰出的 CM 工具＋低劣的 CM 过程＝失败。

(2) 杰出的 CM 过程＋低劣的/不合适的 CM 工具＝失败。

(3) 杰出的 CM 工具＋好的 CM 过程＝成功。

有了好的 CM 过程才是成功的基础。

11.9.4　提高更改过程的效率

构型控制是构型管理中最困难的问题,而更改过程的效率低下是人们谈论最多的问题。

公司特别重视更改管理,引进了构型管理系统,配备了充足的人力物力,但是仍然出现更改过程的混乱。

造成更改过程混乱的主要原因大致有:

(1) 构型更改的规则制定不合理。

(2) 将批生产阶段的规则混入研制阶段使用(例如在制品库存、更改影响分析)。

(3) 图样管理和零件管理的区分不明(如图样和零件标识体系)。

(4) Ⅰ类更改和Ⅱ类更改未严格区分,改版和改号混用。

(5) 构型管理系统迟迟不能“上线”。

更改过程的效率低下是人们经常抱怨的问题。完成一个更改流程可能需要几天或更长时间。

影响更改效率的“障碍”有:

(1) 更改请求的准备工作没有做好,沟通不够,分类不清。

(2) 更改流程设计不合理。环节太多,柔性不够。

(3) 工程发放管理把关不严,已发放的文件低级错误太多,更改频繁。

(4) 更改规则流于形式,不按规则办事,人工干预太多。

(5) “改版”和“改号”标识混乱,难以追溯。

提高更改效率需要多方面的改进和努力,而产生低效率只需要一个理由。所以找出效率低下的障碍是最重要的。

11.9.5　允许使用临时更改的情况

临时更改指对发放的图纸或文件存在错误的一种临时更改,可能发生在设计、制造、生产和试验的各个环节,如果不更改,可能造成车间停产。临时更改有时是紧急的或不得已而为之的。

可以认为,只要临时更改受控和透明,这种临时更改应是允许的。

但临时更改应遵守以下规则:

(1) 临时更改一般适用于"小改"。

(2) 对于"大改"情况,特别是影响面较大的更改,一般不建议用临时更改。限制临时更改的使用。

(3) 建立临时更改的管理程序。记录临时更改的过程和跟踪更改的信息。临时更改必须及时(限期)合并到正式文件中。

(4) 临时更改的文件不能作为质保的检验依据。

第12章

供应商和合作伙伴的构型管理

12.1 精益企业下的产品研发

12.1.1 航空精益企业

在一个极为复杂和多变的市场环境中,为了适应市场竞争,谁能够获得技术、推出新品、占领市场、融合资金、创造价值和抵抗风险,谁就能取得成功。传统的企业运作模式受到了挑战,一种新型企业模式应运而生。

1993 年 5 月,美国空军发起了发展武器生产的再造模式的跨世纪工程,称为"精益航空进取计划"(Lean Aerospace Initiative, LAI)。为加强企业的核心竞争力,通过所有股东的通力承诺,对经营原则、过程、行为和工具的再造,加速企业的转化和新生,迎接未来的市场竞争。

在 LAI 计划中提出了"精益企业"的概念。精益企业是一个采用精益原理和经营方法的完整的实体,它能为所有的股东有效地创造财富。

美国麻省理工学院对精益企业的定义是:精益企业是一个整合的实体,它采用精益原理和实践,为它的股东有效地创造价值。

精益企业的模型如图 12-1 所示。

新的组织形式——精益企业(又称为虚拟企业)的出现,核心是一种从必要的商务过程或资源(人或物理设备)中综合出来的新的生产能力,而不是它们的物理位置。生产活动是否在一个公司或是在一个合作的公司中进行并不重要。

精益企业的集成要素有过程、人/

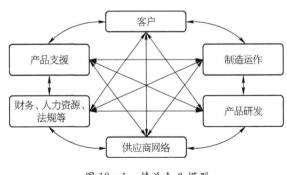

图 12-1 精益企业模型

组织、信息、技术、产品、资本。

现代精益企业的理念表现在：

（1）将分散的、彼此割裂的应用系统集成到一个以产品为中心的统一数据库中来，实现共享。

（2）能够访问供应商原有的产品管理系统，实现多系统的、联邦式的集成，推进产品研制，发挥各自的优势。

（3）形成精益企业的工程更改控制能力，支持矩阵式组织管理。

（4）形成统一的价值链，形成以产品为中心的精益企业的组织架构，风险分担，利益共享。

价值链上的所有成员必须能够协同工作，扩大产品的创新能力，缩短上市时间，压缩成本。

"精益企业"的核心是合作伙伴体制的形成，通过对经营原则、过程、行为和工具的再造，加速企业的转化和新生，迎接未来的市场竞争。

"精益企业"理念在航空制造业受到特别推崇，世界航空工业的巨头们已纷纷向"精益企业"转化，如波音 787 项目和诺马公司 F-35 项目。

这是由航空制造业的特点所决定的。

（1）研制一架新飞机，投入资金大，周期长，风险也大，它的成功或失败，能够决定一个公司的命运。所以人们常说，参与民用飞机的市场竞争，往往只有一次机会，而没有第二次"参赛"的可能。失败者被淘汰出局，让位给胜利者。采用"精益企业"模式，利用风险共担机制，已经成为飞机研发走向成功的一种必然选择。

（2）飞机是一个极其复杂的大系统，一架飞机可能有几十个供应商。供应商从"配套"层面向"合作研制"层面转变，从一开始就介入飞机的研制工作。主承包商转变为"系统集成商"。

最近的研究表明，在新产品研制中，如果主承包商让供应商从设计一开始就介入，并参与新产品开发全过程，充分发挥供应商的积极性，共享供应商的知识资源，则产品总成本要低将近 18%，新产品上市周期要缩短 20%。如果让供应商在产品生命周期的后期继续参与新产品的售后服务和支援，则可以降低产品全寿命成本，促进零组件的重复使用，降低维修成本，提高客户满意度，延长产品的市场存活期。

（3）随着科学技术的进步，整机与部件和子系统的研制将进一步分离。整机与部件和子系统的研制分离的主要原因是：

① 产品变得越来越复杂，为了平衡风险与成本，主承包商从全能厂转变为部件和子系统的集成商。

② 为了缩短产品开发周期，加快产品上市和交付的速度。

③ 部件和子系统厂商走向专业化、通用化和标准化，有利于部件和子系统制造商的技术进步和扩大盈利空间。

④ 容易实现产品的系列化和多样化。

⑤ 可以加快产品更新换代的步伐。

（4）航空制造业巨头们拥有核心竞争力，具有领先优势，有资格担当"精益企业"的盟主。

谁能够成为精益企业的"盟主"，是精益企业的一个核心问题。

要成为"盟主"须具备如下条件：

① 能够抓住市场机遇，有能力拿出满足客户需求的解决方案。

② 拥有核心竞争力，掌握独占性技术。

③ 在行业中有公信力。

成为"盟主"的主承包商，必须具有很强的新产品开发和集成能力，并能将地理位置上全球分布的供应商联合组成合作研制团队，进行统一的、有效的管理。除此之外，许多传统上由主承包商完成的工作，现在都外包给专业化的供应商来完成。供应商群体已经从被动参与变成从项目开发初期就主动参与产品联合定义、子系统设计、制造、试验验证及适航取证等过程，成为制造商的不可分离的合作伙伴。一个由主承包商"独家打天下"的局面，转变为"利益共同体"（或称为"精益企业"）的商业模式，它们有共同目标，共担风险，共享利益。

（5）"精益企业"使主承包商在更广范围内、更深层次上获得技术、占领市场、融合资金、创造价值，摆脱那些制造业的低端工作，而转向价值链的高端。

主承包商可以集中资源和精力投入与市场和客户对接的关键环节，从而增强企业应对市场变化的实力，增强企业对产品、技术创新的资源保障、支撑能力，以更"轻盈"的身态保持企业在金字塔形产业供应链中的塔尖领头人地位，以便在品牌战略竞争中继续领先于其他企业。

12.1.2 精益企业协同产品开发环境

精益企业下的产品研发需要如下的开发环境：

（1）在产品设计和研发中应用系统工程。

（2）建立清晰的需求，并分配给有关的产品和过程单元。

（3）定义风险管理。

（4）遵守共同的规则和过程，在所有的工程阶段真正地并行工作，在不同地点和岗位上同时对共同的产品进行工作。

（5）建立有效的 IPTs 团队，他们有共同的工具和语言。

（6）通过价值链定义控制过程。

（7）建立稳定的和合作的关系，与合作伙伴或供应商实时沟通和协同。

（8）产品单一数据源。

（9）在贯彻精益实践中落实利益共享。

合作伙伴协同产品开发的要素是工具、过程和数据，如图 12-2 所示。

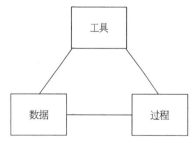

图 12-2　合作伙伴协同产品开发的要素

协同产品开发的工程更改管理可以采用以下方法：

（1）使用一个单一的产品信息存储库连接变更过程，以协调完整产品定义中的更改。

（2）使有关各方能够在所有变更阶段访问所有必需的产品数据（受可配置的控制措施的控制）。

（3）为产品结构提供一个单一的产品信息（例如 ECAD 数据、MCAD 数据、规范文档）视图。

（4）关联 eBOM 和 mBOM 视图，提供单一的 BOM。

F－35 飞机的研制就是一个典型的协同产品开发项目，它的合作伙伴分布在全球。F－35 协同产品开发理念如图 12－3 所示。

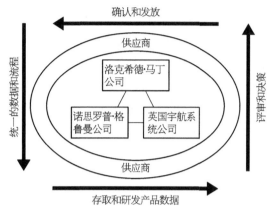

图 12－3　F－35 的协同产品开发

12.1.3　风险合作伙伴的选择

合作伙伴是指在创造和提供顾客价值时，提供必要的产品、服务、知识、资源的外部组织，包括供应商、业界团体、业务支持者、业务委托者、流通业者、销售业者、保养服务业者等。

1）选择合作伙伴的要求

在选择合作伙伴时所考虑的事项有：

（1）合作伙伴能够为制造商创造客户价值。

（2）合作伙伴使制造商的自我能力得到更强的发挥。

（3）选择可信任的、最佳的合作伙伴及恰当的数量。

承包商和供应商的关系是一种建立在"精益企业"体制下的新型的合作伙伴关系。

波音公司选择合作伙伴的原则是：与合作者合作，创造价值，使客户满意。

2）承包商/合作伙伴管理流程

日本 JIS/TR 10005 标准阐明了制造商/合作伙伴的管理流程，如图 12－4 所示。

制造商/合作伙伴的管理主要包括：制造商的经营战略和质量方针；选择合作伙伴；与合作伙伴的合作；与合作伙伴共存关系的监控；持续改进。

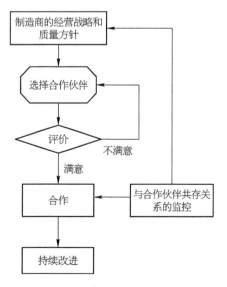

图 12－4　制造商/合作伙伴的管理流程

制造商与合作伙伴的关系是一种"一荣俱荣、一损俱损"的依存关系。

波音公司和合作伙伴/供应商的关系以合同为纽带(例如波音 787 项目),以产品为核心,建立全球化的制造环境,实现制造商和供应商的共赢。

3) 评价合作伙伴

评价一个合作伙伴的表现主要从两个方面衡量:

(1) 业绩评价,包括质量、成本、时间、客户满意度。

(2) 能力评价,包括技术能力、质量管理体系的成熟度、工序能力及合作能力。

4) 供应商的能力指标

(1) 产品开发能力。

(2) 集成能力。

(3) 工艺、技术、工装、产能。

(4) 质量历史。

(5) 客户满意度。

(6) 设计取证能力。

(7) 财务状况。

(8) 生产地点和供货。

(9) 设施。

(10) 合作精神。

(11) 支援能力。

(12) 行业诚信度。

(13) 合作的历史。

在波音 787 项目中,制造商(波音公司)主要负责项目的领导,飞机的研发,飞机的集成、总装,推进系统的工程要求和采购。

可以看出,在新形势下,传统的供应商管理已经转变为与它的合作伙伴/供应商的战略联盟关系。

12.1.4　工作包的定义

分配给合作伙伴/供应商的工作包是在制造商(项目承包商)的项目管理中定义的。图 12-5 给出了一个典型的工作包分解图。

该图为 WBS-OBS 责任分配矩阵,它定义了合作伙伴(参与者)的工作包,明确了合作伙伴/供应商的分工、关系和责任,作为联合项目管理的基础。

图 12-6 是供应商协同产品研发的综合管理模型。

12.1.5　精益企业下的协同研发过程

在新型的合作伙伴关系下,飞机研制采用了一种新型的合作研制模式。

为了保证项目的进度和成本控制并能满足设计基线要求,必须有效地管理承包商和

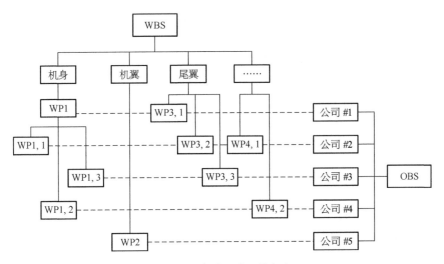

图 12-5　某项目的工作包分配

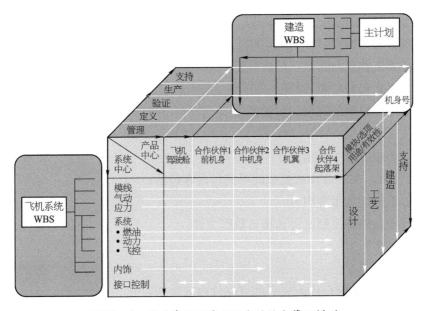

图 12-6　供应商协同产品研发的综合管理模型

合作伙伴的关系,使这个"利益共同体"的所有成员能有效地运作,使交付的飞机子系统和部件达到合同要求,并保证波音公司的最后总装和适航验证的顺利完成。因此,在新的体制下,必须引入新的工作模式——精益企业下的协同工作模式。

图 12-7 表示波音与合作伙伴的协同工作模式。

与合作伙伴的协同工作模式的成功关键在于组成联合的工作团队:

(1)清晰的角色和职责。

(2)清晰的目标。

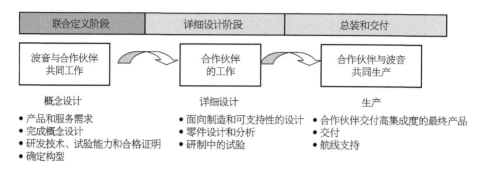

图 12-7 波音与合作伙伴的协同工作过程

（3）产品研制的关键活动与合作者代表联合办公。

（4）现场代表有资格决策和授权。

（5）对每个与合作者共同工作的工作包都建立产品综合团队。

（6）合作者现场支持人员的稳定。

工作包供应商的职责：

（1）管理合同和研发目标所确定的工作范围。

（2）保证其工作包与其他飞机供应商和工作包的集成。

（3）扩展工作包的功能，保证工作范围的符合性。

（4）达到可交付物的进度和质量要求。

（5）完成合同担保。

（6）动态地组织跨功能团队。

初步设计阶段，关键合作者完成的可交付内容包括：

（1）合作者的详细布置图。

（2）合作者的接口控制文件和接口数据文件。

（3）接口签字。

（4）系统定义图。

详细设计阶段，关键合作者完成的可交付内容包括：

（1）零件清册。

（2）装配数据集。

（3）安装数据集。

（4）应力汇总报告和详细分析。

（5）SDD、ICD、IDD 的更新。

（6）电子原理图和线束数据图。

（7）设计更改建议和影响分析。

总装、验证及生产阶段：

（1）合作伙伴/供应商交付最终产品，用于飞机总装和试验。

（2）共同完成飞机的适航审定，保证全机和子系统取证。

（3）完成全机和子系统的产品基线的定义。

（4）保证飞机按时、按质交付。

（5）共同保证航线支持。

供应商协同产品定义的流程如图 12-8 所示。

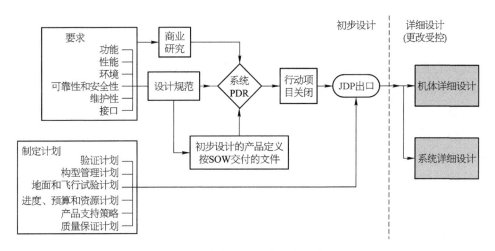

图 12-8　供应商协同产品定义的流程

合作伙伴/供应商的子系统的合作研制过程（V 字图）可用图 12-9 表示。

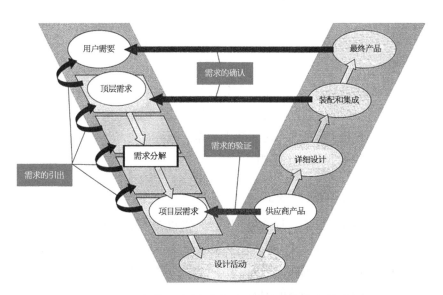

图 12-9　合作伙伴/供应商的子系统的合作研制过程

合作伙伴/供应商的子系统的合作研制过程分为三个阶段：

（1）子系统分解和定义。将飞机的设计要求（需求定义）分解到子系统，明确子系统的设计要求及子系统构型定义。

（2）子系统的设计和制造。完成子系统详细设计,建立子系统数字样机,参与飞机的全局协调,发放工程数据,完成零组件制造。

（3）子系统的集成和验证。完成子系统装配,按交付状态进行规定的验证和试验,取得子系统的型号合格证,协助飞机的取证。

12.1.6　联合定义阶段的综合产品团队组织

1）制造商的职责

制造商在产品研制过程中起主导作用,掌握着飞机研制的方向、技术规范和进度计划,控制着飞机的质量、成本、周期和市场,这一切取决于制造商的管理水平。制造商应做到以下方面:

（1）利用正式颁布的统一程序,控制整个设计过程。

（2）用文档形式规定设计要求、工作程序,沟通设计思想。

（3）用文档形式规定设计过程模板。

（4）利用设计过程的评审,保持设计评价的客观性和科学性。

（5）制造商有责任维护所有规范文档并及时更新。

在联合定义阶段,与供应商组成综合产品团队是完成子系统定义的一种合理的组织形式。以 IPTs 体制,采用并行工程原理,利用协同设计技术,进行子系统的初步设计,共同定义数字样机和接口控制文件。

2）JDP 阶段采用 IPTs 组织的收益

JDP 阶段采用综合产品团队的组织形式,将带来如下收益:

（1）能快速发现和解决飞机系统集成中出现的功能和物理的问题,减少系统设计的风险。

（2）更好地利用供应商的专业经验,充分吸收多学科、多专业的专家知识,少走弯路。

（3）利用数字样机,可以更方便地进行系统协调,减少设计错误,消除不必要的返工。

（4）利用数字化环境,更好地沟通和知识共享。

（5）加强计划性和供应商的凝聚力。

12.1.7　主制造商-供应商模式

中国是一个正在崛起的大国,抱有强烈的"大飞机"梦想,希望像其他大国一样,拥有中国研制的大飞机,飞翔世界蓝天,打破寡头的垄断。从 20 世纪 70 年代起,中国投入了巨大的人力物力,寻找发展大飞机的道路,做了许多宝贵的尝试和努力,但都以失败告终。这里面有外界因素,也存在着必然的因素。

2002 年,中国再次启动大飞机项目,并成立了项目公司,总结了以往的经验教训,吸收了美国航空精益企业的思想,学习了国外企业(如波音、空客、洛马)的先进模式,根据中国国情和现状提出"主制造商-供应商模式"(简称主-供模式)。这是一个了不起的进步。

　　中国商飞认为，"主制造商-供应商模式"是当今民用飞机公司运转的一种商业模式，主制造商完成项目顶层架构设计和控制及产品集成的能力，而绝大部分的机体制造和全部系统都由选定的供应商完成。它显示了这种商业模式有利于实现市场化、专业化、国际化和产业化的优势，更符合当今民机产业制造业向制造服务业大方向的转化趋势，这应该是一个大方向。

　　中国商飞被指定为主制造商，打破了"独家打天下"的局面，与国内供应商和国外供应商组成"利益共同体"（或称为"精益企业"）的商业模式。它们有共同目标，共担风险，共享利益。供应商群体已经从被动参与变成从项目开发初期就主动参与产品联合定义、子系统设计、制造、试验验证及适航取证等过程，成为制造商不可分离的合作伙伴。

　　中国商飞的 C919 项目选择了 9 家机体结构供应商、17 家国外供应商，涉及 14 个系统、38 个工作包。"主制造商-供应商模式"已经成为国际惯例。

　　表 12-1 列出了中国商飞的支线飞机 ARJ21-700 的主制造商和供应商清单。

　　可以说，"主制造商-供应商模式"与美国航空精益企业的基本思想一致。

　　我们一直把"主制造商-供应商模式"称为中国商飞的商业模式。但"主制造商-供应商模式"能否正常运转，需要有两个基础：市场经济和法治社会。

　　在本书中，直接采用了"主制造商-供应商"的术语，不加任何解释。

表 12-1　ARJ21-700 飞机的主制造商和供应商

序号	工作包	承担公司	国籍	企业性质
1	项目总负责	中国商飞公司	中国	国营
2	机翼	西飞公司	中国	国营
3	机头	成飞公司	中国	国营
4	前机身/中机身	西飞公司	中国	国营
5	后机身	沈飞公司	中国	国营
6	垂尾/方向舵	沈飞公司	中国	国营
7	挂架	沈飞公司	中国	国营
8	平尾/升降舵	沈飞公司	中国	国营
9	雷达罩	济南特种结构研究所	中国	国营
10	发动机/短舱	通用电气 GE	美国	私营
11	航电系统	洛克韦尔柯林斯公司（Rockwell Collins）	美国	私营
12	电源系统	汉米尔顿标准公司（Hamilton）		私营
13	辅助动力（APU）	汉米尔顿标准公司（Hamilton）	美国	私营

（续表）

序号	工作包	承担公司	国籍	企业性质
14	高升力系统	汉米尔顿标准公司（Hamilton）	美国	私营
15	液压系统/燃油系统	派克汉尼芬公司（Parker Hannifin Corporation）	加拿大	私营
16	空气管理系统	利勃海尔空间公司（Liebherr Aerospace SAS, Toulouse）	德国	私营
17	起落架系统	Liebherr Aerospace GmbH, Lindenberg	德国	私营
18	发动机振动监测仪/接口控制装置	振动测量仪公司（Vibro-Meter SA）	瑞士	私营
19	主飞行控制系统	霍尼威尔公司（Honeywell-Parker）	美国	私营
20	驾驶舱控制系统	萨吉姆公司（SAGEM SA）	法国	私营
21	防火系统	Kidde Aerospace	英国	私营
22	照明系统	Goodrich Hella Aerospace	德国	私营
23	内装饰系统	FACC	奥地利	私营
24	控制板组件	EATON	美国	私营
25	水/废水系统	Envirovac Inc.		私营
26	应急撤离系统	Air Cruisers		私营
27	氧气系统	B/E Aerospace Inc.		私营
28	驾驶员座椅	Zodiac Sicma Aero Seat		私营
29	风挡玻璃和通风窗	Saint-Gobain-Sully		私营
30	风挡温控和雨刷系统	Rosemount Aerospace INC		私营
31	风门作动器	MPC Products Corporation		私营

　　选择供应商是"主-供模式"的重要一环。

　　波音公司选择供应商的原则是：与合作者合作，创造价值，使客户满意。波音公司在选择合作伙伴时所考虑的事项有：

　　（1）合作伙伴能够为主制造商创造客户价值。

　　（2）合作伙伴使主制造商的自我能力得到更强的发挥。

　　（3）选择可信任的、最佳的合作伙伴及恰当的数量。

　　评价供应商可以应用如下指标（图 12 - 10）：开发能力；集成能力；工艺、技术、工装、产能；质量历史；客户满意度；设计取证能力；财务状况；生产地点和供货；设施；合作精神；支援能力；行业诚信度；合作的历史。

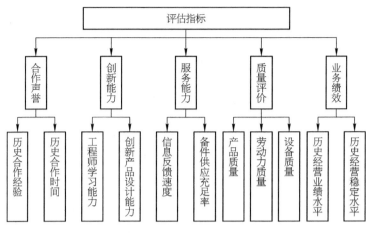

图 12-10　供应商评估指标

12.2　供应商构型管理

12.2.1　供应商需求的源头

成为"盟主"的主制造商,必须具有很强的领导能力和项目管理能力,必须具有很强的系统设计和集成能力,能将飞机层的需求和功能向供应商分配,指导供应商产品的开发,控制供应商产品开发的过程,并能判断和验证供应商产品的符合性。

图 12-11 表示主制造商的飞机层的开发流程。

图 12-11 引自 SAE AIR6110(Contiguous Aircraft/System Development Process Example)。AIR6110 以飞机起落架刹车系统为例,说明如何在 SAE ARP4754A 的指导下,全面地应用系统工程方法进行商用飞机/系统的研发。

供应商开发的产品的主要构型数据包括:

(1) 产品的功能特性,如可靠性、可维护性、安全性等。

(2) 产品的性能。

(3) 产品的物理特性,如产品的外形、重量、平衡、惯性矩、电磁特性等。

(4) 产品的接口特性,包括物理接口和功能接口等。

(5) 验证产品是否达到设计的功能特性、物理特性、接口特性等所需要的试验程序等。

12.2.2　供应商产品开发过程

供应商产品开发的依据是采购技术规范和产品开发合同。

图 12-12 是供应商产品开发的过程。

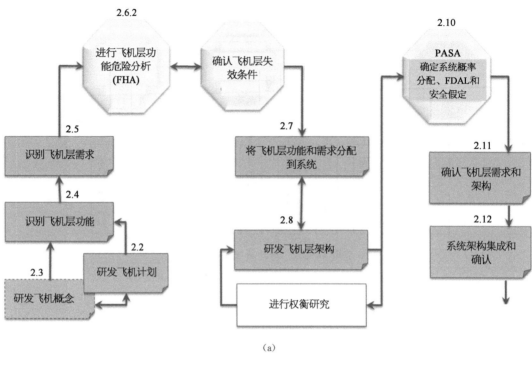

(a)

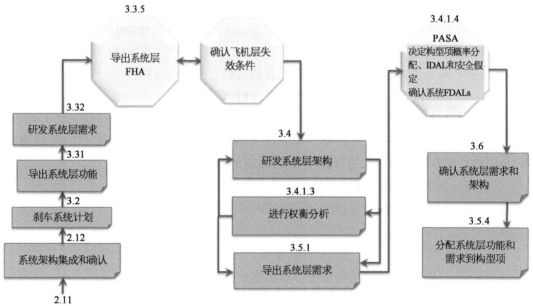

(b)

图 12-11　飞机层的设计流程

(a) 从飞机概念到系统架构集成和确认；(b) 从系统架构集成和确认到分配系统层功能和需求到构型项

FHA—功能危险评估(functional hazard assessment)；

PASA—初步飞机安全评估(preliminary aircraft safety assessment)；

FDAL—功能研发保证水平(function development assurance level)；

IDAL—构型项研发保证水平(item development assurance level)

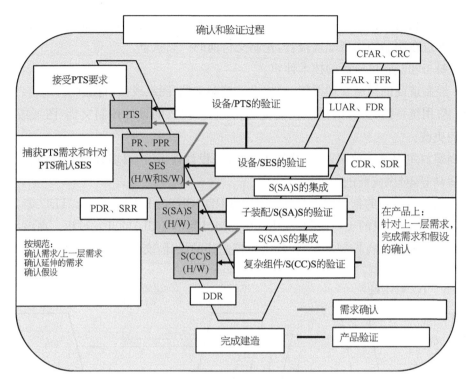

图 12-12 供应商产品开发

CRC—周期余度检查(cyclic redundancy check);
FFAR—首飞样机评审(first flight article review);
FAR—一般联邦航空规章(general federal aviation regulations);
LUAR—实验室接受评审(laboratory unit acceptance review);
SES—供应商设备规范(supplier equipment specification)

采购技术规范是主制造商发布的一个文件,它用来向供应商表明所采购设备的一个构型项或设备的一个构型项包的技术和管理需求。

主制造商-供应商模式下,构型管理活动主要包括下列内容。

1) 主制造商对供应商的构型管理要求

(1) 确信所有的合作伙伴/供应商能理解它们在项目中承担的角色和任务。

(2) 确信合作伙伴/供应商的交付状态能够满足设计要求(满足功能基线和分配基线的要求),可用于项目的总体集成。

(3) 减少整个项目交付中所出现的反复和错误,减少"补救"或"返工"的损失。

(4) 确信所有重要工作都已分派和进行了协调,并处于受控状态。

(5) 确信供应商与主承包商的战略伙伴关系已经确立,建立了协同工作平台。

2) 供应商的构型管理的主要活动

(1) 监控供应商的构型管理程序的执行情况,保证能够通过构型审核。

(2) 与质量保证部门合作,监控产品的不符合性处理。

（3）记录工程更改、偏离请求、行动项目，维护供应商的构型基线。

（4）建立制造工程管理的审批流程，控制采购的零件、材料和所用的制造工艺。

（5）通过在制品的构型配置报告，控制交付前的产品状态。

（6）参与和监督供应商的技术评审。

（7）经制造商的构型管理授权，发放设计控制文档/图纸或接口控制文件。

（8）应用统一的、正式的更改控制流程，控制已发放的设计控制文档/图纸或接口控制文件的更改。

主制造商主要通过数据审查、构型更改管理、设计评审、产品验证、构型审核和监督构型管理活动等，对供应商进行监控。

供应商系统设计的指导文件包括 SRD、SIRD、SIDP、EIRD、PTS、TDD 等。

图 12-13 是飞机的飞行控制律（flight control law，FCL）的开发过程。在该案例中，主制造商把飞机的飞行控制系统，包括飞行控制律的设计，交给供应商开发。

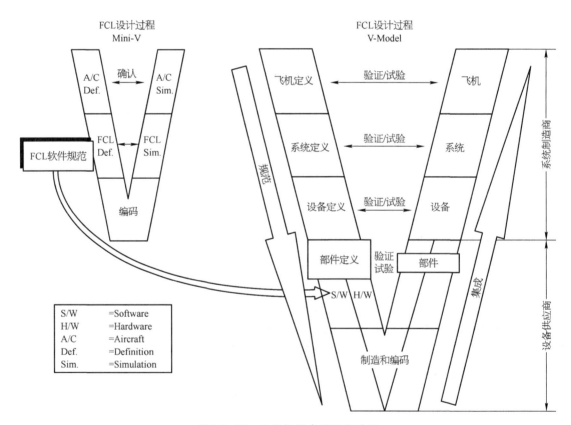

图 12-13　飞行控制率的开发过程

飞行控制律是飞机的一个软件构型项，直接关系着飞机的安全性和驾驶员的工作强度。飞行控制律的开发的源头要从飞机定义开始，然后定义飞行控制系统，再定义飞控系统的设备（硬件），才能最后开发飞行控制律。主制造商除了给出飞行控制律的要求外，还要给出飞机的原始数据,如飞机的气动特性、发动机的功能特性、机体的结构参数等系统的接口要求。因此,飞行控制系统(含飞行控制律)的开发是主制造商和供应商共同合作的产物。

飞行控制律的开发有两个"V"模型组成。在大 V 模型中镶嵌小 V 模型。

12.2.3　设备安全性过程

设备安全性设计的过程如图 12-14 所示。

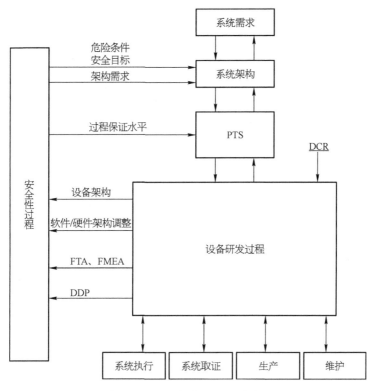

图 12-14　设备安全性设计过程

设备层设计的依据是采购技术规范,而 PTS 来源于系统需求和系统架构。在 PTS 中,明确给出设备的过程保证水平(process assurance level,PAL),规定了该设备的安全等级。

设备的研发有四个阶段:系统执行、系统取证、生产和维护。

12.2.4　主-供模式下的构型基线

制造商与合作伙伴/供应商联合研制产品的构型基线可用图 12-15 表示。

飞机的需求基线由飞机顶层需求基线和分配给子系统(合作伙伴/供应商)的需求基线组成。同样,飞机的设计发放基线包含了合作伙伴/供应商的设计发放基线,飞机的产

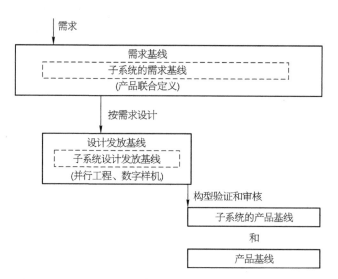

图 12-15　合作体制下的产品构型基线

品基线包含了合作伙伴/供应商的产品基线。

合作伙伴/供应商的构型基线是项目管理的一部分，要与制造商进行协调一致，并得到制造商批准。合作伙伴/供应商的构型基线要服从于制造商的构型基线。

12.2.5　接口控制文件

接口是一个宏观的、范围较广的概念。两个相关事物之间必然有接口。除了制造商与供应商之间有接口，各供应商之间有接口，不同的子系统之间有接口，甚至构型项之间也有接口。

1）接口控制文件种类

EIA-649 规定：对于与企业外部产品有接口的产品，应建立一个接口协议和一个双方同意的共同属性文档。

接口协议用接口控制文件表述。

外部产品指企业外部的组织（公司）研制、生产和供应的产品。外部接口是用产品构型文件规定的，为此必须建立有接口关系的各组织间的关系。

接口控制文件就是记录项目参与各方之间达成的技术协议文件。接口定义包括性能的、功能的和物理的等方面，详述在接口文件或图纸中。

ICD 包括功能接口控制文件（function interface control document，FICD）、机械接口控制文件（mechanical interface control document，MICD）、电气接口控制文件（electronic interface control document，EICD）及航电接口控制文件（avionics interface control document，AICD）。

（1）FICD 是用来定义飞机上有接口的子系统的性能参数的文件（如液压系统、飞控系统、航电系统、推进系统等系统的性能参数)。

(2) MICD 是用来定义接口部件之间的物理接口及相应的尺寸容差的文件(如机体与系统供应商提供设备之间的接口或不同的系统供应商所提供的设备之间的接口)。

(3) EICD 是用来定义飞机上电气系统之间的接口文件。

(4) AICD 是用来定义飞机上航电系统之间的接口文件。

一架飞机有多个子系统,每个子系统本身也是一个复杂的系统。每个子系统可能有一个或几个供应商,因此,一架飞机可能就有十几个或几十个子系统供应商。

制造商把飞机总体设计目标分解到子系统,提出子系统的设计要求,把它分配给子系统供应商,子系统必须满足这些设计要求。如果用文件把双方商定的子系统功能和性能要求(参数)规定下来,用图纸、模型、设计方案、必要的验证报告等文件描述,这就是子系统的功能接口控制文件。

FICD 是系统联合定义的根本性文件,是其他接口控制文件的基础。在联合定义阶段,系统接口的设计应由包含供应商在内的综合产品团队完成,按工作包要求,编写各类接口控制文件(FICD、MICD、EICD 和 AICD)。如果接口控制文件通过评审,并得到双方批准,表示 JDP 完成,可以关闭(结束)JDP,进入详细设计阶段。

接口控制文件属于构型文件范畴,一旦 ICD 被批准,它就成为子系统详细设计的依据,必须接受统一的构型管理。

2) 接口控制文件的生成

接口生成过程如图 12-16 所示。

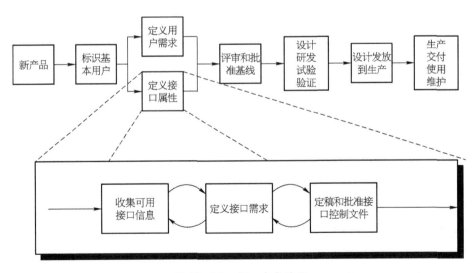

图 12-16　接口生成过程

飞机子系统接口控制文件的生成过程如图 12-17 所示。

飞机子系统的需求定义来自飞机总体的要求(顶层要求),包括飞机通用要求、使用要

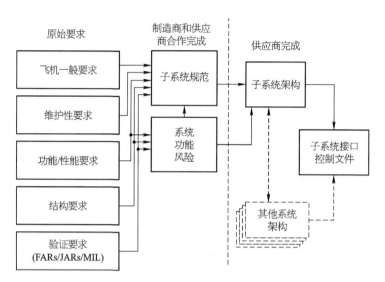

图 12-17　飞机子系统接口控制文件的生成过程

求、功能/性能要求、设计约束、市场(竞争)要求和验证要求等。这些要求分解到飞机子系统,形成飞机子系统的需求定义。

　　根据子系统的需求定义,进行概念设计,建立数字化协调样机,得到子系统的初步方案,再对该方案进行性能计算和模拟分析,评估该方案的风险。经过多次对比和优化,确认方案的可行性。

　　另一方面,根据子系统的通用设计规范和子系统的初步方案,可以制定出该子系统的设计规范。再考虑和协调其他相关的系统要求,最后才能建立子系统的接口控制文件。

　　飞机子系统接口控制文件是在联合定义阶段中生成的,如图 12-18 所示。

　　创建接口控制文件的步骤包括接口概念设计、建立数字化预装配模型 DPA、接口标识、编写和发布 ICD 文件,以及批准发放等。

12.2.6　供应商构型控制

　　由于商用飞机的复杂性,在系统设计过程中,常常出现不协调的情况,主制造商就要权衡所遇到的问题,或许改变 PTS 的要求,选择设备的新构型,满足飞机总体设计的新要求。当这种改变发生时,供应商必须同步进行更改,满足主制造商的要求,并清晰地标识。
　　图 12-19 表示 PTS 的更改引起的供应商更改流程。

　　在初始交付后,采购技术规范的更改,除了引起供应商设备规范的版本更改外,还要更改 EDES 和设备零件号。

　　PTS 更改引起的系列更改必须同步,标识清楚。如果主-供模式没有统一的流程和规范,没有清晰的版本控制,供应商构型更改会带来混乱,给适航审定造成麻烦。

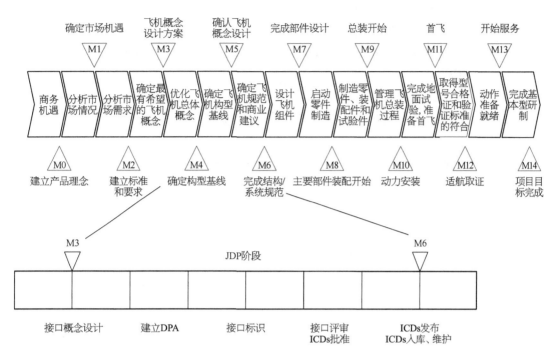

图 12-18　在 JDP 阶段生成接口控制文件

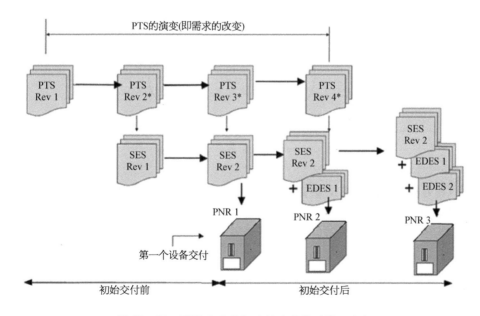

图 12-19　PTS 更改引起的供应商构型管理流程

Rev—版本号;PNR—供应商设备的零件号;EDES—设备定义演化表
在初始交付前,采购技术规范的更改只引起供应商设备规范的版本更改

在供应商构型管理中,验证供应商产品与 PTS 的符合性,是一项非常重要的工作。

(1) 保证所发放的工程更改已合并到制造文件中。

(2) 保证工程更改已合并到所有交付给主制造商的产品中,并反映在发放的工程文件和制造指令中。

(3) 按照主制造商的质量控制程序,用签名或标记的方法,验证制造文件的更改。

(4) 在制造指令或数据包上签名或标记的方法,验证向主制造商交付的设备的构型更改。

在主-供模式下,供应商构型管理的综合如图 12 - 20 所示。

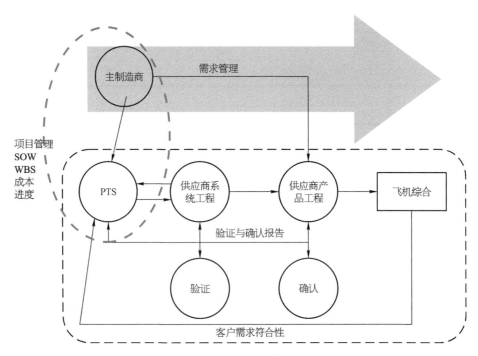

图 12 - 20　供应商构型管理的综合

以 PTS 为核心的供应商构型管理,可以排除供应商构型的混乱,确保飞机综合的清晰,并满足客户需求。

第13章

构型状态纪实

13.1 构型状态纪实信息

13.1.1 产品定义信息的生命周期模型

产品定义信息的生命周期模型如图13-1所示。

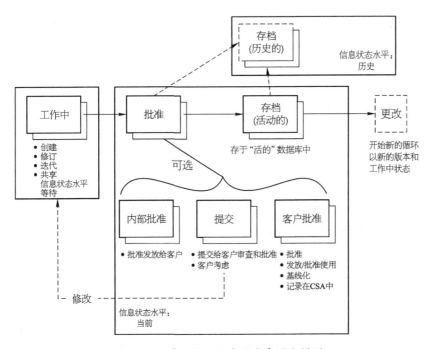

图13-1 产品定义信息的生命周期模型

　　在该模型中,产品定义信息的生成是一个迭代过程,提交批准的产品定义文件应是"一次成功"的。存档的文件放在现行的构型基线中,成为构型基线的组成部分。构型文件需要纪实、维护和报告。

在产品生命周期内,产品构型信息以及与工程、制造、质保、支援等系统之间的关系,如图 13-2 所示。

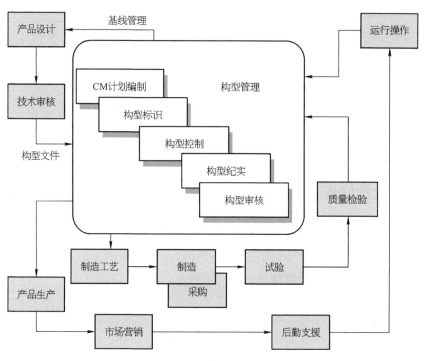

图 13-2　产品生命周期的构型信息

对政府(军方)采办的产品研制,构型文件的批准权限在政府(或军方)控制的构型管理委员会。

对市场驱动的产品研制,通过制造商的更改委员会批准的文件,才能成为构型文件。

在构型文件进入到构型管理系统之后,构型管理系统承担起管理构型的责任。构型管理系统和工程过程管理系统之间保持着联系,以更改请求为纽带,保证产品数据的追溯性。

13.1.2　构型状态纪实的功能

构型状态纪实是构型管理的一个功能,它提供了一个关于生命周期中产品和相关的产品构型信息的精确实时的信息基础。构型状态纪实的目的是捕获和维护产品构型信息,保证当前和历史的产品和产品构型信息在生命周期中能精确地确定。

构型状态纪实活动始于产品定义信息预定发放之时,用于管理产品构型更改和产品定义信息,持续支持现场客户交付的产品(包括产品的清理)。

CSA 是系统地获取、记录、保护、确认和传输有关产品和产品构型信息的数据平台。

1) CSA 所承担的构型管理责任

(1) 建立、开发和维护可重现和可度量的标准过程和程序。

（2）记录和维护已交付的产品的多种版本的精确信息。

（3）在维护档案记录或历史产品数据信息中，给出收集和交付的评价标准。

（4）实施对构型管理工具的研发和维护。

（5）管理构型基线。

（6）生成和维护产品的版本。

在产品生命周期中的构型状态纪实信息见表 13－1。

表 13－1　构型状态纪实信息

CSA 信息 ＼ 生命周期阶段	概念	定义	建造	分发	使用	清理
需求文件	●	●	●	●	●	●
产品结构信息		●	●	●	●	●
构型文件		●	●	●	●	
构型文件更改通知		●	●	●	●	
更改请求和建议	●	●	●	●	●	
构型更改有效性		●	●	●	●	●
差异文件		●	●	●	●	●
验证和审核行动项目状态		●	●	●	●	
事件日期入口		●	●	●	●	
产品建造记录			●	●	●	
产品交付记录				●		
产品担保信息				●		●
产品授权基础和认证基础					●	
产品维护和修改信息					●	●
使用限制和保存期限等			●	●	●	●
产品使用和维护信息版本状态				●	●	
产品信息更改请求和更改通知					●	●
在线信息存取地址或索引					●	●
由产品性能退化引起的约束					●	●
产品替换信息						●
环境许可信息和基础	●	●	●	●	●	
环境影响信息	●	●	●	●	●	
产品或零件回收信息						●

2）CSA 存储和维护的元数据

（1）产品定义的元数据。如文件标识号、零件号、更改版本和有效性日期。

（2）产品使用信息的元数据。如维护手册标识号、操作清单。

（3）构型更改（RFCs 和 RFVs）的元数据。如当前状态和批准。

3）CSA 中存储和维护的信息

CSA 数据库内的信息便于 CM 活动，它包括：

（1）建立的、研发的和维护的标准过程和程序是可重现的和可度量的。

（2）记录和维护所交付的产品的、精确的多版本信息。

（3）对维护档案或历史产品数据信息的存档的记录，进行收集和度量。

（4）管理 CM 工具的研发和维护。

（5）管理构型基线。

（6）研发和维护产品版本。

4）CSA 的输出信息

（1）基线和软件状态。

（2）更改执行状态。

（3）更改请求状态。

（4）构型状态记录。

（5）当前构型清单。

（6）材料或零件可追溯性。

（7）不符合性状态。

（8）零件用途清单或系列单元。

（9）系列化和有限寿命清单。

（10）偏离报告。

（11）构型产品结构。

5）CSA 过程的能力

（1）从源头捕获产品构型信息和与 CM 有关的信息。

（2）记录产品构型信息、与 CM 相关的信息、和它们相关的元数据（如版本水平）、命名、公司标识符、高层装配、所需数量、发行单位、有效性、物料、规格、（若需要）安全分级和其他的由各个数据库用户定义和请求的信息。

（3）通过授权用户存取和升级产品构型信息，保护的产品构型信息、与 CM 相关的信息、和它们相关的元数据。

（4）提供预定的验证和审核功能，保证这些信息实时和精确地被捕获和记录，确认产品构型信息、与 CM 相关的信息、和它们相关的元数据。

（5）通过向外部和内部的客户提供所需的状态纪实信息、CM 状态、绩效度量和生产率度量，传播产品构型信息、与 CM 相关的信息、和它们相关的元数据。

（6）通过备份能力保护 CSA 信息。

13.1.3 构型状态纪实活动的模型

CSA 用于关联、存储、维护和提供有用的、条理化的构型信息,建立产品构型项及其相关文件的精确的信息库,系统地记录各种有效的信息,并保证信息安全。

构型状态纪实活动模型的细化如图 13-3 所示。

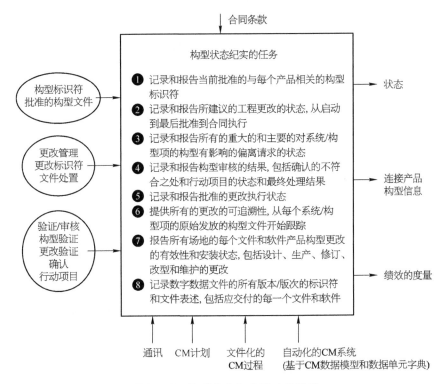

图 13-3   构型状态纪实活动的模型

CSA 系统的主要能力包括:

(1) 记录和报告当前批准的构型信息、当前批准的产品的基线和当前与产品和产品构型信息相关的标识符。

(2) 在生命周期的使用阶段,记录和报告每个建议的更改请求或偏离请求的内容和标识符以及每个建议的更改请求或偏离请求的状态,从启动到最终批准和执行。

(3) 记录和报告构型审核的结果,包括所确认的不符合之处和行动项目,包括内部的和供应商的。

(4) 提供产品构型的设计和调解的可追溯性。

(5) 跟踪文件/文档、更改和偏离、模型、零件和单独交付的单元的构型标识符。

(6) 维护 CSA 数据的安全,包括定期备份的远处储存,确保所有层次的危险的恢复。

构型状态纪实应做到:

(1) 能够找回关于更改决策过程、更改实施和更改影响的所有信息。

（2）支持关于设计评审的行动计划、设计问题的发现、调查、担保、搁置和使用限制等的质询。

（3）可访问到产品、任何单独的产品单元、成组产品的完整的构型信息。

（4）可访问到每个已交付产品的精确的信息。

（5）提高识别、检查、交付、操作、维护、修理和更新产品的能力。

（6）获得备件的精确信息及其可用性。

（7）记录构型历史的信息源。

产品构型信息具有时间性、流动性、多变性和有效性，必须处于受控状态，做到构型信息的一致性、无冗余和可追溯。

13.2　构型状态纪实系统

13.2.1　构型状态纪实系统的建立

建立 CSA 系统应选择最有效和低成本的方法，捕获和利用 CSA 信息。数据仓库是收集、存储、处理和传播这些产品数据的中心。公司的架构和对该架构升级的承诺是必须考虑的，CSA 数据的收集和应用通过集成的数据库。在 CSA 数据库中加载的数据，大多是"元数据"，即关于数据的信息。CSA 元数据的记录必须是精确地反映所有已交付的和在装配的产品的当前构型，以及准确的产品构型信息的版本或版次，如需求、规范、图纸、清单、试验报告、版本描述。数据库一般提供与真实文件的超链接，捕获请求的信息（若存在）。

构型状态纪实系统应具备的能力见表 13-2。

表 13-2　构型状态纪实系统的能力

记录和跟踪	收集和提供	记录和跟踪	收集和提供
• 行动项目的历史 • 已批准的更改的执行 • 已批准的更改 • 建造记录 • 审核行动状态 • 更改事件日期 • 更改事件历史 • 更改的历史 • 进行中的更改 • 图纸版本历史	• 构型管理审核历史报告 • 交付记录 • 图纸 • 开口的更改报告（未合并的更改） • 发放记录 • 软件 • 规范 • 支持设备	• 图纸版本的层次 • 维护历史 • 改型研制 • 改型召回历史 • 可选的性能协调 • 软件版本历史 • 软件版本层次 • 规范版本 • 规范版本的层次	• 技术手册 • 试验报告 • 差异报告 • 当前的产品结构

在产品研制的不同阶段，CSA 的能力有所不同，见表 13-3。

表 13-3　CSA 的分阶段的能力

阶段	CSA 的能力
A 可行性	文档控制
B 初步设计	定义文档控制,需求结构化
C 详细设计	文档控制,需求结构化,更改跟踪
D 取证和初期的生产	文档控制,产品结构化,更改跟踪,版本/发放控制,验证状态控制,建造状态记录,卖方零件数据控制
E 生产,使用	文档控制,产品结构化,更改跟踪,版本/发放控制,验证状态控制,建造状态记录,卖方零件数据控制,备件跟踪,更改/修订有效性计划

一般情况下,构型状态纪实系统的信息源和输出见表 13-4。

表 13-4　CSA 的信息源和输出

产品生命周期阶段	CSA 信息源	CSA 输出
概念	● 需求说明 ● 基线的性能、成本、进度目标 ● 供选择的构型的系统需求文件 ● 所选择的构型的初步系统性能规范 ● 工程更改建议或合同更改建议(若应用) ● 工作说明(SoW)、合同说明(SoC)	● 每个文件的当前版本 ● 每个文件的批准状态 ● 初步产品清单 ● 出图进度
定义	● 系统性能规范 ● 产品性能规范 ● 产品详细规范 ● 工程图纸和相关的清单 ● CAD 文件 ● 试验计划、程序和结果 ● 审核计划 ● 审核报告 ● 审核合格证明 ● 工程更改建议 ● 差异请求 ● 更改通知(NOR/NOC) ● 工程指令(EO)、更改通知	● 每个文件的发放和批准状态 ● 当前基线 ● 先前的基线 ● 当前的和先前的设计构型 ● 当前的和先前的建造构型 ● 由承包商或政府处理的 RFCs、RFVs 的状态 ● 已批准的 RFCs、RFVs 的有效性和合并状态(包括改型) ● 各里程碑应完成的试验和验证要求(如评审、演示、试验、审理、交付) ● 验证和审核的状态和行动项目
建造和销售	● 安装和建造验证 ● 拆开和重新安装 ● 所有研发阶段的项目 ● 系统产品位置(序列号)	● 交付构型 ● 所有研制阶段的项目 ● 所有系统、产品的当前构型(在修改/维护阶段)

（续表）

产品生命 周期阶段	CSA 信息源	CSA 输出
	• 支持设备和软件 • 备件 • 训练器 • 训练器材 • 操作和维护手册，IPBs • 产品交付日期和保单资料 • 有限寿命或有限能力的组件的保存期限或操作限制 • 使用历史，如飞机的起飞和着落的次数 　改型指令，改型装备的验证和确认 • 改型装备的合并 • 维护工作中的备件、替代件的安装	• 在使用和维护系统、产品时需要的所有支持设备、备件、训练器、训练、手册、软件的需求构型和现场构型 • 在更改和差异的处理和批准的过程中工程请求的状态 • 执行已批准的更改（包括改进）时需要的授权和整顿行动 • 产品保单的状态 • 预测关重件的更换日期 • 对当前或先前构型的产品序列号所必需的改进行动
使用	• 所有的生产和研制阶段的项目	• 所有的生产和研制阶段的项目 • 托运历史 • 零件用途清单 • 物料或零组件的可追溯性 • 有效性和安装的状态
报废	• 所有的操作支持项目	• 产品或零组件的回收信息

评价一个构型状态纪实系统可应用如下的准则：

（1）文件化过程。

① 是否建立了文件化的构型状态纪实过程，制定工作程序？

② 在实践中，是否能贯彻该工作程序？

③ 参与该过程的所有个人是否被告知和遵纪守法，自觉遵守流程？

（2）构型状态纪实的信息。

① 是否建立精确的、实时的信息库，存储和处理生命周期各阶段的产品和相关的信息？

② 产品的构型信息是否系统地记录和发布？

③ 是否能按构型管理任务捕获可用的构型状态纪实信息？同时，它是否可以实时地维护和恢复？

（3）构型状态纪实系统。

① 数据收集和信息处理系统是否基于构型状态纪实活动的需要，并与其一致？

② 系统中的数据元素是否有效地反映了项目每个阶段的状态？

③ 系统中的数据关系是否基于业务规则？

④ 业务规则是否与信息的精确传输或共享规则一致？

（4）综合。

① 状态纪实数据是否已收集?

② 信息系统是否有利于构型管理过程的运行、维护和发展?

在产品生命周期中,CSA 系统的行动项目清单见表 13-5。

表 13-5　CSA 执行评价清单

行动项目清单	阶　段				
	概念	定义	建造	使用	清理
记录与每个产品相关的当前批准的构型文件和构型标识	X	X	X	X	X
记录和报告所建议的工程更改,从初始到批准到执行		X	X	X	X
记录和报告已授权的更改执行状态		X	X	X	X
对每个产品,提供从起初发放构型文件开始的更改的可追溯性	X	X	X	X	X
对所有位置上的产品,报告构型更改的有效性和安装状态		X	X	X	X
记录和报告影响产品构型的所有重大的差异的状态		X	X	X	X
记录和报告构型审核的结果,包括已识别的差异和行动项目的状态和最终处理意见		X	X	X	X
记录数字数据文件的标识和文件表述	X	X	X	X	X

13.2.2　更改请求的纪实过程

图 13-4 是更改请求的纪实过程。

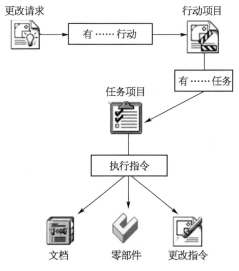

图 13-4　RFC 的纪实过程

RFC 的构型状态纪实典型流程如图 13-5 所示。

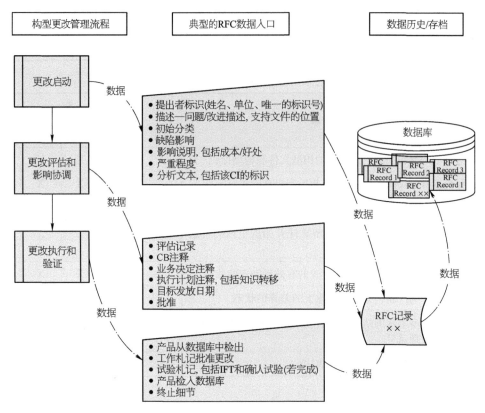

图 13-5   RFC 的构型状态纪实典型流程

由 RFC 驱动的 CSA 流程有三个组成部分：构型更改管理流程、典型的 ECP 数据入口，以及历史数据和存档。

RFC 的信息存储在构型状态纪实系统中。

13.2.3   构型更改执行的记录

构型更改活动的结果，即审批后的更改建议文件，传送到设计、采购、制造、质保和后勤支援等部门，落实该更改内容，受影响的构型文件升级，并保持更改记录。这些文件将由构型状态纪实活动收集、控制和维护。

图 13-6 是构型更改活动的执行过程。

13.2.4   更改指令和更改过程报告

EIA-836 规范推荐的更改指令的界面如图 13-7 所示。

更改过程状态报告的记录如图 13-8 所示。

批准的更改请求
更改活动
更改记录
设计
采购
制造
质量
支援

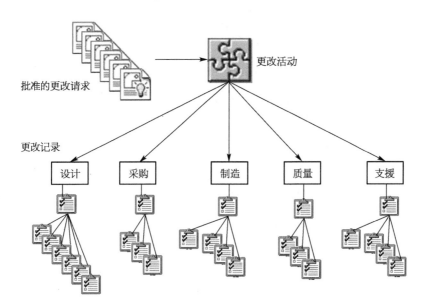

图 13-6　更改执行的记录

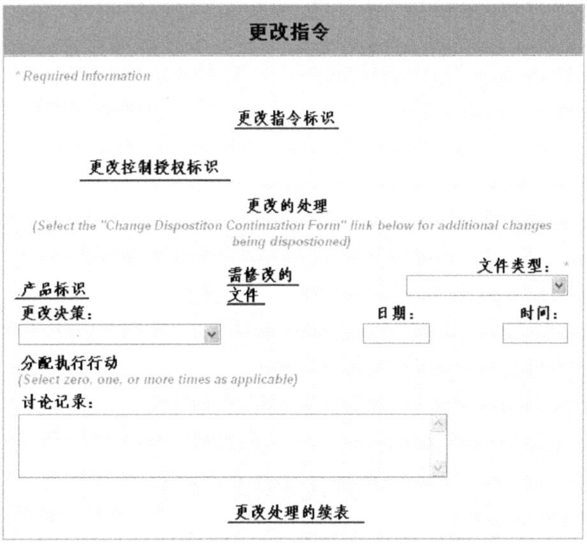

更改指令
* Required Information
更改指令标识
更改控制授权标识
更改的处理
(Select the "Change Dispostiton Continuation Form" link below for additional changes being dispostioned)
文件类型：
产品标识
需修改的文件
更改决策：
日期：
时间：
分配执行行动
(Select zero, one, or more times as applicable)
讨论记录：
更改处理的续表

图 13-7　更改指令的界面

图 13-8　更改过程状态报告的记录

13.2.5　创建更改请求的界面

创建更改请求的界面如图 13-9 所示。

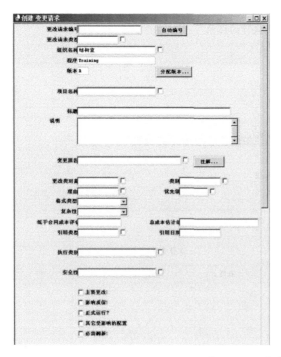
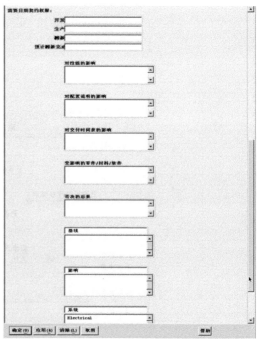

图 13-9　更改请求的创建

13.2.6　更改历史记录

更改的历史清楚地记录在构型管理系统中,如图 13-10 所示。

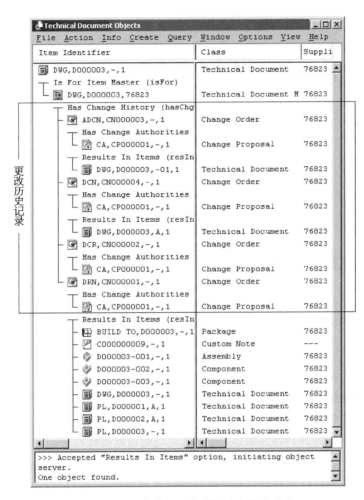

图 13-10　构型管理系统记录的更改历史

第14章

构型验证和审核

14.1 构型验证和审核的概念

14.1.1 构型验证

构型验证(configuration verification)是产品设计员验证设计符合性的过程,证明产品定义信息已达到构型基线的属性参数。

产品的性能属性应得到验证,保证产品试验、分析、检查、演示或模型模拟能精确地反映产品性能需求。基于产品的复杂性,单一的验证方法或组合的验证方法都是可以接受的。

某些属性通过简单的操作是容易验证的,如用演示或目视检查。有些属性可用计算机模拟的输出结果来验证。然而,有些属性需要大量的试验项目来获得达到性能要求的证据,甚至试验到产品破坏点。通常,所有这些验证方法也要在产品性能审核时受到评审。

1) 构型验证的方法

(1) 用变换方法进行计算。

(2) 可能时,将新的设计与已证实的类似设计进行比较。

(3) 跟踪研制过程,抽样检验和试验。

(4) 在设计阶段文件发布前,进行评审。

2) 构型验证的目的

(1) 对照构型文件检查建造构型(as-built configuration)。

(2) 确保工程图纸上的零件都被恰当地安装和正确地标记。

(3) 确信生产的构型已精确地反映工程数据。

(4) 制造指令中的图号和版本与对应的图纸或 CAD 模型相一致。

(5) 图纸和版本正确地标识在发放记录中,图纸没有未合并的更改。

（6）对比 MBOM 和 EBOM，检查产品定义的一致性和符合性。

（7）所有批准的更改已经合并。

（8）所有不符合性项目都受控。

验证的结果及一切必要的改进措施的记录应予以保存，构型验证的结果汇总为构型验证数据包，作为构型审核的证据。

物理验证是验证产品的工程数据集（它可能包含设计规范、图纸/3D 数据集、工艺规范、工艺指令和其他批准的信息）是完整的，保证后续制造的产品与通过验证的产品是相同的。

物理验证需要检查真实产品的构型，验证产品定义信息与规定的产品"物理属性"（构型文件）相符合。物理验证的实施可以确信产品精确地反映了性能目标，并且所采用的生产工艺能保证产品的制造符合性。

软件产品的"物理属性"应按同样的原则与产品定义信息进行比较。对于软件情况，信息不是 3D 数据集或图纸，而是原程序和对象的编码，与软件的需求或同类的设计定义和需求定义信息进行对比。此外，软件还应验证下述内容：软件文档库控制系统；软件发放过程，即单点发放；产品标识符的唯一性；接口的确认。

14.1.2　构型审核

构型审核（configuration audit）是产品管理员用来评审验证信息和确认属性参数已经达到了基线水平的过程。

构型审核分为功能构型审核和物理构型审核两类。

1）功能构型审核

功能构型审核用于验证产品设计能够达到预定的性能能力。

可以通过文件和试验结果，验证功能基线、分配基线、设计基线（若应用）和产品基线与受控的规范的符合性。

在某些情况下，特别是大型的、复杂的构型项和系统，审核可以分期分批完成。分期可审核该系统的或 CI 的一个特定的功能领域，并用文件记录该分期审核里发现的性能上的差异。在所有分期分批审核完成之后，做出一个功能构型审核的总结，说明所有行动项目的状态，记录分期的审核会议文件，用文件报告 FCA 的结果。用这种方法，可有效地完成大型和复杂的构型审核，实施起来更方便。

2）物理构型审核

物理构型审核用于验证产品和它的产品构型信息之间的一致性。

PCA 的成功通过就意味着产品基线的建立。

产品定义文件必须是完整和精确的，足以允许产品批生产时，不再需要设计补做任何工作，确认承包商可以进入生产阶段。

如果出现下列情况，要补充进行 PCA：

（1）原生产线已停工许多年，然后重新开工。

（2）制造 CIs 的生产合同遇到了公认的复杂情况，或难以制造，设计决定由新的承包商生产。

14.2　构型验证和审核的目的

构型验证和审核是预防产品召回、停止昂贵的相容性更改、挽回客户不满意印象的最后一道防线。

正式的功能和物理评审可以确认产品是否满足客户需求。在产品基线形成之前，应精确地记录产品满足设计目标的过程信息，进行构型验证和审核。

在产品研制过程中，构型验证和审核是经常需要的，它提供了项目不断的、正式的更改过程的基础。因此，除了正式的构型审核之外，还安排了一系列的内部审核。

内部审核是组织用以执行内部程序审查的过程，以确保工程数据集符合预定的设计阶段的出口条件。内部评审为了促进个人和团队了解并符合规定的程序，增强责任心，防止有缺陷的产品定义进入下一个阶段。

在产品生命周期中，随着构型基线（包括内部基线）的生成，就伴随着对它的验证和审核要求。

在基线生成时，构型基线文件中就包含了验证要求，如验证计划、试验大纲、验证方法等。

当产品研制进入建造、集成和验证阶段，即在"V"字图的右边，进行基线的验证和确认，如图 14-1 所示。

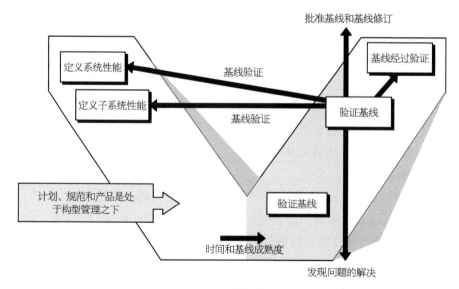

图 14-1　构型基线的验证

构型验证也是一个迭代过程,包括发现问题的解决和构型基线修订。

正式的构型验证和审核是构型管理的最后阶段,给研制的产品做出"合格"或"不合格"的结论。

构型验证是产品设计员用来证明产品属性参数已经达到基线水平的过程。而构型审核是产品管理员用来评审验证信息和确认属性参数已经达到了基线水平的过程。

在外部用户或政府条例的代理人参加评审验证结果时,验证常常同审核分开进行。在大多数商业环境下这是极常见的,特别是这些活动在相同的商业公司的内部完成,验证和审核是连续的、无误的。

通常验证和审核分为两大类——功能的和物理的。功能审核,有时也称为性能验证和性能和需求审核,用于确定产品达到了已批准的与性能有关的产品定义信息。物理审核,有时也称为设计验证和物理审核,用于确定交付的产品符合经批准的与设计相关的产品定义信息。

因此,构型审核的目的是:

(1) 证明产品设计达到了规定的性能和功能。

(2) 确认构型定义文件的完整性。

(3) 证明产品与它的构型定义文件之间的符合性。

(4) 建立了可信的产品基线。

(5) 用证据证明产品定义信息处于构型控制之下。

(6) 保证一个受控的构型可以作为操作和维护、培训、备件和零件修理等的基础。

(7) 制定适当的构型管理程序,保证在产品生命周期中对已交付构型的持续控制。

通过构型审核活动还可以知道你的构型管理系统是否能够正常运行,能否为产品研制成功提供保证机制:保证构型管理政策得到人们的理解和贯彻;证明构型管理程序已存在,并且符合法规和合同要求;员工熟悉他们工作的指导程序,并证明他们自觉遵守;能识别不符合性问题,并能知道它们对产品的影响;能给特定的个人或组织下达纠正行动;保证纠正行动的执行,并及时公布对项目风险的评估报告。

在 FAA 1800.66 中明确规定:物理构型审核是一种强制性要求,包括组织的作用和责任。如果功能构型审核没有完成,产品基线没有建立,则 PCA 就不能完全结束。

14.3　构型管理过程的监控

除非利用监控手段来保证 CM 过程和程序得到贯彻,否则所有的计划活动,包括编写详细的 CM 过程和程序,都是无用的。

CM 过程的监控包括:

(1) 确保 CM 过程和程序正常执行,如文件规定的和计划的那样。

（2）确保 CM 过程和程序的持续改进，对所采取的适当的行动进行评估。

（3）验证 CM 目标的不断完成。

（4）验证全部 CM 过程有效地执行。

CM 过程监控的计划主要针对产品特性和公司的需要以及客户基础。一般所有这些监控用来减少过程的问题，改进客户的满足度。

监控的范围、程度和频率受下列因素的影响：

（1）技术复杂性和产品或产品线的成本。高价格的极复杂的设计与低价格的简单设计相比，应采取更加严格的监控方法。

（2）所使用的 CM 过程的成熟度。第一次使用的、新的 CM 过程需要更严格的监控方法，与一个新产品的成熟的、公司标准化的 CM 过程相比，至少在早期需每月监控。

（3）公司内员工的经验。如果公司雇佣很多新员工参与产品制造，CM 过程的监控应该严格和频繁，因为有经验的员工熟悉他们的工作过程。

（4）产品的生产率。当给定相同的产品属性（如复杂性、成本或安全性）时，对以一定速率生产的产品，CM 过程监控检查频率要高于低生产速率生产的产品，因为工人可能忘记生产过程的间隔。

（5）产品零件的不同供应商数目。当供应商数目增加时，对供应商监控检查的负荷将增加。

（6）客户的需要和需求及未开发的市场。当给定相同的产品属性（复杂性、成本或安全性），如果客户从零售店购买"货架"产品，监控的数目应少于客户直接向产品制造商购买，如果产品投入市场的新社区，由于不熟悉技术，监控的数目应高于产品传统用户的市场。

可用的 CM 过程监控方法包括：

（1）现场当地的可视检查，现场是设计和制造执行地，可监控文件化的过程的遵守。

（2）分析与 CM 相关的数据、数据库记录、统计资料。

（3）统计过程的控制和趋势分析技术。

CM 监控过程中发现的问题和差异应保持跟踪，确保它们被评估和解决。

表 14-1 表示 CM 监控中一些简单的策略。

表 14-1　监控的策略

内部 CM 评估	CM 审核	度量	实时评审	培训
数据库比较 构型比较 数据通话	现场验证审核 生产区域审核 随机审核 预定的审核	能力成熟度集成（CMMI） 设计 BOM 与建造 BOM 的对比报告	核查所有的发放 核查所有的已执行的更改	内部教材 内部在岗培训（OJT） 第三方教材

14.4　构型验证和审核的管理

14.4.1　构型验证和审核的功能模型

构型验证和审核的功能模型如图 14 - 2 所示。

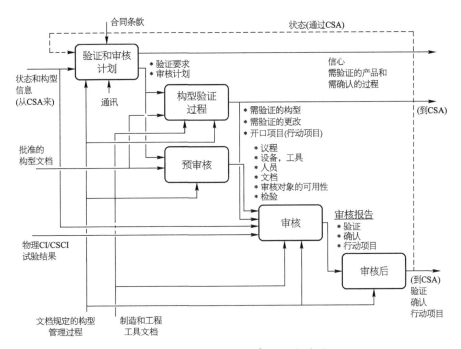

图 14 - 2　构型验证和审核功能模型

从图可见,审核过程有四个阶段,每个阶段都是必要的。过程的第一个阶段是提出构型验证要求和制定审核计划;第二阶段是预审阶段,安排审核议程、准备审核所需要的设备、规定行为准则、确定审核的参与者、审查并准备验证文件;第三阶段是审核阶段,审核的结果形成审核报告;第四阶段是审核后阶段,确认审核结果或列出行动项目。

如果审核的是一个复杂的武器系统,构型审核过程可以是一系列串行和并行的审核的综合,对各个构型项和系统、政府控制的系统和构型项的性能规范进行审核。

14.4.2　构型验证和审核的过程

构型验证和审核的过程如图 14 - 3 所示。

构型验证和审核的活动必须真实记录。对验证和审核过程中发现的问题(findings),需要制定行动项目,落实解决方案,监督执行过程,直至通过整改。

问题的解决过程如图 14 - 4 所示。

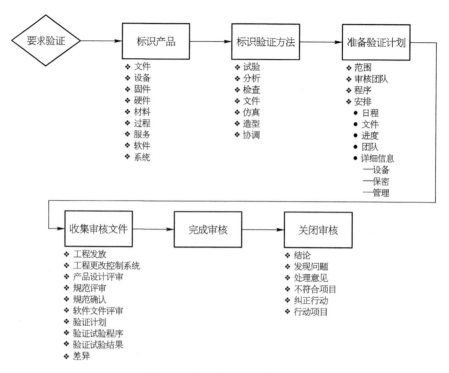

图 14-3 构型验证和审核的过程

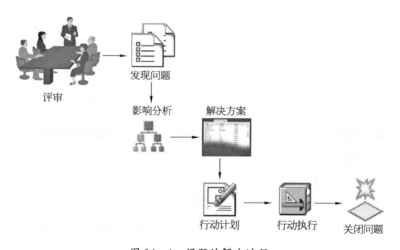

图 14-4 问题的解决过程

14.4.3 构型审核的准备

构型审核的准备工作包括：

（1）每个构型验证和审核活动都有一个特定的议程。议程的发布应在审核前 60 天。

（2）对日期、时间、地点、会期等制定计划，由承包商提供审核用设备（除非另有规定）。

（3）承包商还应提供为评估和验证所需的工具和检验设备。

（4）提名主席和副主席(一般由客户和承包商担任)。

（5）列出被审核的所有 CI 和(或)软件 CI 及低层单元的清单。

（6）列出用于审核的所有文件,如适用的规范、图纸、手册、计划和设计数据、试验结果、检验报告、工艺卡片、数据单、安全程序和其他文件(按需)等。

（7）按时间先后安排审核计划。

（8）提供与审核有关的详细信息,如团队组成、设备要求、管理信息、安全要求。

（9）通常由承包商建议审核的议程,由客户批准。

（10）行动不受干扰,允许代表进入被评审的产品和其零部件的工作场所。

14.4.4　构型审核的流程

构型审核的参考流程如图 14 - 5 所示。

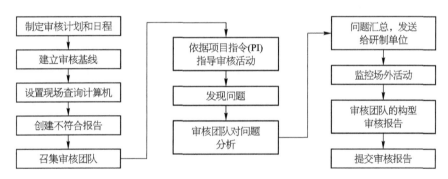

图 14 - 5　构型审核的流程

14.4.5　构型审核的数据包

构型审核的结果以数据包的形式保存,构型审核的数据包如图 14 - 6 所示。

构型审核报告的主要条目有:

（1）合同和构型项 CI 标识。申请构型审核的对象、目的、要求及范围。

（2）鉴定的主题。对 FCA,包括鉴定试验程序和结果,确认用于订购交货期长的零件和材料;对 PCA,则包括产品基线、规范评估和确认、图纸评审、软件设计文件评审、确认试验程序和结果、设计更改的缺陷和未合并、偏离、工程发放和更改控制系统、版本描述文件、运作前的后勤支援计划。

（3）声明。被评审的试验程序和结果满足要求并可接受。

（4）批准。审核当局签字。

在构型审核报告中有两个附件:被评审的项目列表;不符合性表(如存在)。

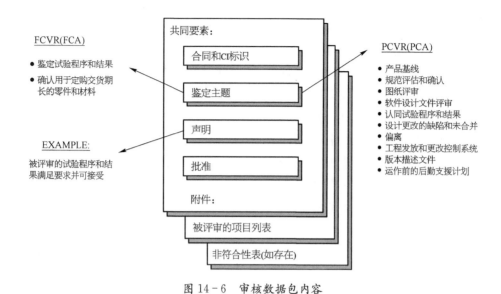

FCVR(FCA)

- 鉴定试验程序和结果
- 确认用于定购交货期长的零件和材料

EXAMPLE:

被评审的试验程序和结果满足要求并可接受

共同要素：

合同和CI标识

鉴定主题

声明

批准

附件：

被评审的项目列表

非符合性表(如存在)

PCVR(PCA)

- 产品基线
- 规范评估和确认
- 图纸评审
- 软件设计文件评审
- 认同试验程序和结果
- 设计更改的缺陷和未合并
- 偏离
- 工程发放和更改控制系统
- 版本描述文件
- 运作前的后勤支援计划

图 14-6　审核数据包内容

14.4.6　构型审核行动的创建

在构型管理系统中创建一个构型审核行动(EIA-836 推荐)，如图 14-7 所示。

构型审核行动

Required Information

审核编号：　　　　　　　　　　　　　　　　　　　审核类型：

Product(s) Being Audited *(Select one or more as applicable)*

审核要求

(Provide Contract Information or Description, or both)

Contract Identification 　　合同引用：

合同要求描述：

审核日期

计划开始日期：　　　　实际开始日期：

计划结束日期：　　　　实际结束日期：

构型行动项目

(Select zero, one, or more as applicable)

构型审核注释：*(Provide Description Below or File Reference)*

Additional Configuration Audit Comment(s)

审核安排：　　　　　　审核安排分配日期：

Appeal
Cancel
Complete
Defer
In Work
Pending

Additional Configuration Audit Actions
(Select zero, one, or more as applicable)

图 14-7　创建一个构型审核行动

14.4.7　构型审核的主要议题

1) 构型控制方面

(1) 更改(和偏离)活动的启动。

(2) 更改请求/建议的文件准备。

(3) 评估更改。

(4) 筹划更改。

(5) 批准更改。

(6) 发放更改。

(7) 更改执行。

(8) 处理不符合性(如存在)。

(9) 项目管理和构型管理的互动。

(10) 不符合性授权。

2) 构型状态的确定、纪实和报告

(1) 在研发期间。

(2) 在生产期间。

(3) 在售后服务期间。

3) 系统构架

(1) 部门接口。

(2) 外部接口。

(3) 供应商管理。

(4) 政策、计划和程序。

4) 构型标识

(1) 构型项和构型文件的标识。

(2) 工程数据集的发放和维护。

(3) 规范/文档维护。

(4) 构型基线的建立。

(5) 数据的一致性和有效性。

5) 研制过程的控制

(1) 证明过程受控。

(2) 建立工作程序。

(3) 程序贯彻。

14.4.8　构型审核合格证

典型的构型审核合格证文件包(例)如图 14-8 所示。

图中,构型审核的鉴定话题见表 14-2。

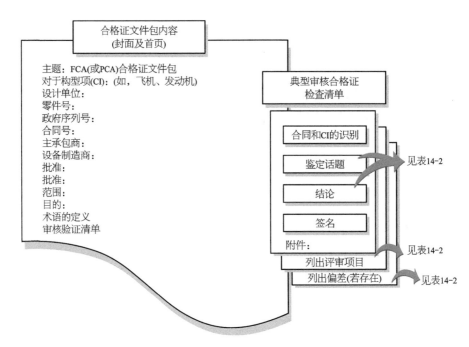

图 14-8 典型的构型审核合格证文件包

表 14-2 构型审核的鉴定话题

No.	鉴 定 话 题	基于性能		基于设计	
		HW, SW, Both	Normally Certified at	HW, SW, Both	Normally Certified at
1	合格证试验程序和结果	Both	FCA	Both	FCA
2	性能规范评审和确认	Both	FCA	Both	FCA
3	按零件顺序检查图纸			HW	FCA
4	详细规范评审和确认			Both	PCA
5	审查图纸	HW	FCA	HW	PCA
6	软件代码/清单(以及其他软件文件)的评审			SW	PCA
7	验收试验程序和结果			Both	PCA
8	版本描述文件	SW	FCA	SW	PCA
9	软件介质	SW	FCA	SW	PCA
10	软件手册	SW	FCA	SW	PCA
11	对检验/接受文件的检查	Both	FCA	Both	PCA
12	项目零件选择清单			HW	PCA
13	承包商工程发放和更改控制系统			Both	PCA

通过构型审核活动还可以知道构型管理系统是否能够正常运行,能否为产品研制成功提供保证机制:保证构型管理政策得到人们的理解和贯彻;证明构型管理程序已存在,并且符合法规和合同要求;员工熟悉他们工作的指导程序,并证明他们自觉遵守;能识别不符合性问题,并能知道它们对产品的影响;能给特定的个人或组织下达纠正行动;保证纠正行动的执行,并及时公布对项目风险的评估报告。

14.5　飞行试验验证

14.5.1　飞行试验的要求

飞行试验是飞机构型管理中构型验证和审核的重要环节,也是适航审定的必要过程。试验飞机能否达到设计目标,满足性能和功能要求,通过飞行试验才能得出结论。

对飞机飞行试验的要求应符合 AS9100C《航空、航天和国防组织质量管理体系要求》中关于设计和开发的验证与确认试验。

AS9100C 规范规定:

若必须进行验证和确认试验时,应对这些试验进行策划、控制、评审并形成文件,以确保并证实:

(1)试验计划或规范明确了试验的产品及使用的资源,规定了试验的目的和条件、需记录的参数以及有关接收准则。

(2)试验程序说明了操作的方法、试验的实施以及结果的记录。

(3)提交试验的产品构型正确。

(4)遵守试验计划和试验程序的各项要求。

(5)满足接收准则。

民用飞机的设计和开发与验证和试验的关系如图 14-9 所示。

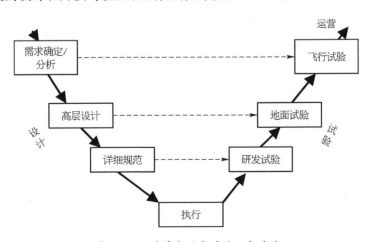

图 14-9　设计和开发的验证和试验

飞行试验是验证新飞机的运行特性和整体性能的最后阶段。验证飞机是否达到联邦航空条例 FARs 的要求,能否投入航班服务。用压舱物调整不同的(前、中、后)重心位置,模拟航班服务中可能出现的极限载荷情况。

在波音试飞方法中,有三个里程碑:初始适航、机型检查授权、功能及可靠性测试。

14.5.2　飞行试验的类型

飞行试验工程(flight test engineering)是对飞行中的飞机或飞机设备项目进行试验,用于审查新的概念或原理,提供观察或实验数据,证明设计假设和分析的正确性,演示飞机或设备真实所达到的特定的水平或性能等。

飞行试验主要用于验证人/飞机的结合所达到的期望的"性能"。

当出现以下情况时,必须进行飞行试验:

(1) 飞机的新构型、未验证的系统、飞行包线的边界和以外区域。

(2) 探索最临界的构型和系统的实效情况。

飞行试验的分类有:

(1) 实验性飞行试验(experimental flight test)。实验性飞行试验主要用于研究和研发目的。其目的如下:

① 试验新的技术。

② 改进飞机数学模型的精度。

③ 有助于试验和集成子系统。

④ 有助于研制飞行模拟器。

⑤ 给出足够的信息,作为飞行器能否投入生产的决策依据。

(2) 研发性和取证飞行试验(development and certification flight test)。研发性和取证飞行试验可以促进工程设计和研发过程的改进,验证飞机是否达到技术性能规范和目标。民用飞机的取证就属于这一类飞行试验活动,虽然不同类型的飞行试验存在差异。研发性和取证飞行试验主要用于:

① 证明设计目标和/或适航要求的符合性。

② 在典型飞机上必须完成的试验,按需验证仪表和试验机动。

(3) 生产性飞行试验和维修后飞行试验(production flight test and flight test after maintenance)。用于生产序列的飞机试验,证明在批准的限制内正确安装和维护。

14.5.3　研发性和取证飞行试验的程序

研发性和取证飞行试验的程序如图 14-10 所示。

研发性和取证飞行试验的程序分为两个部分,第一部分是验证飞机是否满足设计需求,第二部分是验证飞机是否满足适航要求。

在设计需求的验证飞行中,可能出现不满足设计要求的情况,为了弥补设计的缺陷,提出设计更改,造成飞机构型的变化。从飞机的初始构型,即试飞前的构型,变更为最终

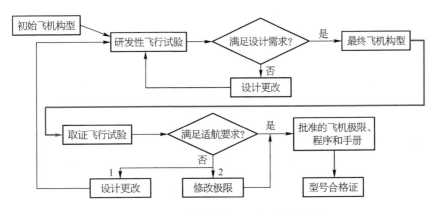

图 14 - 10　研发性和取证飞行试验的程序

飞机构型,并予以确认。达到飞机设计目标的构型认为是最终构型。最终飞机构型才是适航鉴定飞行的构型。

14.5.4　生产性飞行试验程序

生产性飞行试验程序如图 14 - 11 所示。

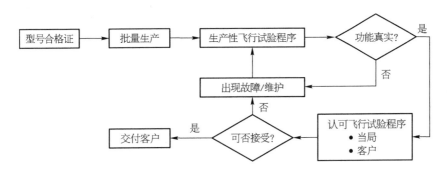

图 14 - 11　生产性飞行试验程序

生产性飞行试验程序是取得型号合格证的飞机,在批生产阶段的出厂试飞。

每一架出厂的飞机都要进行生产性飞行试验,证明这架客户飞机的质量达到了型号合格证规定的质量,充分保障了飞机的安全性。

生产性飞行试验程序需当局和客户的确认。每一架客户飞机必须持有生产许可证(production certificate,PC)。

14.5.5　飞行试验过程

飞行试验过程如图 14 - 12 所示。

在飞行试验过程中,重要的角色是设计办公室(总设计)、飞行试验中心、系统工程、当

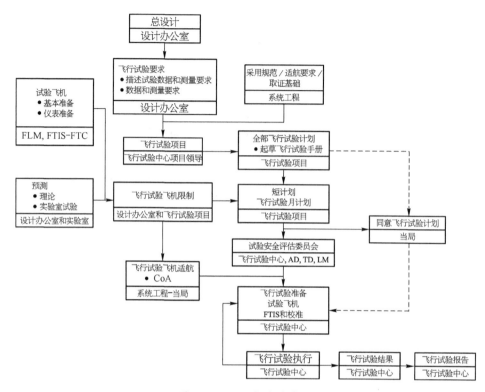

图 14-12 飞行试验过程

FTIS—飞行试验仪表系统(flight test instrumentation system);FTC—飞行试验中心(flight test center);
DA—数据采集(data acquisition);TD—技术研究(technical discuss);CoA—适航证当局(certification of authority);
FLM—飞行航线维护(flight line maintenance);CoA—适航证(certificates of airworthiness)

局、飞行试验项目管理。

安全是第一要素。

评判的标准是所采用的规划、适航要求和取证的基础文件。

飞行试验的交付物是飞行试验报告。

在飞行试验之前应填写以下数据(至少):飞行编号/试验编号;试验目的;TIA 签字/版本(TIA-Type Inspection Authorization);试验飞机构型;压仓物构型;符合性检查(新近的检查);续航性证书;上一次飞行后的更改;总重——起飞总重/理想总重;重心——起飞重心/理想重心;机载燃油;对应于起飞条件的飞机性能;机场环境(跑道条件和障碍物)。

试验程序中应包括如下内容:批准的飞行试验计划;申请者的飞行试验报告批准;飞行卡片的详细审查;试验结束状态;试验预测;试验监控程序;仪表状态;飞机飞行手册规定的限制;试验限制。

14.5.6 飞行试验信息流

飞行试验信息流如图 14-13 所示。

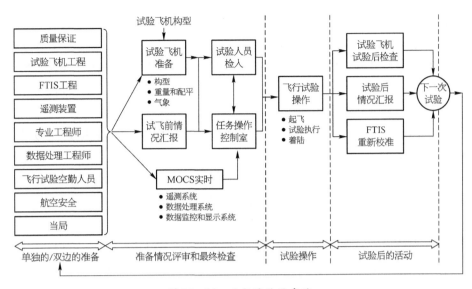

图 14-13　飞行试验信息流

MOCS—符合性方法系统(means of compliance systems)

飞行试验信息流分四个方面：test limitations 试验限制单独的/双边的准备；准备情况评审和最终评审；试验操作；试验后的活动。

在飞行试验之前,应做好以下工作：安全评估；人的因素评估；飞行模拟；飞行试验仪器和数据连接系统的设计和建立；飞行试验工程方法研究；试验飞机准备和维护；项目计划；飞行员培训。

14.6　民用飞机的构型验证和审核

14.6.1　民用飞机的完整性和符合性

"飞机完整性"是我国某些航空企业的一种习惯说法,但没有确切的定义。现在借用这个"术语",从构型审核的角度,明确它的含义。

产品完整性是指产品构型文件的完整性。产品的构型文件(包括规范、标准、工程数据集、工艺文件、验证报告和其他已批准的文件等)应是完整和精确的,做到后续制造的产品与通过构型审核时的产品的品质完全一样。或者说,产品基线文件是完整和精确的,保证了生产阶段不需要做任何补充设计就能重复和稳定地生产。

这里有两层意思：产品设计必须验证是否达到了需求基线的要求,以及验证产品基线文件是精确、完整的。在程序上,应首先确定设计的可接受性,然后再确认产品基线文件的精确和完整,并按此顺序进行验证。所以"完整性"的实现可用功能构型审核和物理构型审核来检验。

制造符合性是指在 PCA 中,提交审核的试验件(机)应符合提交审核的构型文件要求。利用制造符合性检查及跟踪系统,通过对试验件(机)制成品、制造过程和试验设施所做的检查,以此确认制造符合性的成立。

解决产品完整性和制造符合性的最直接的技术途径是建立产品单一数据源,将多重BOM统一为单一BOM。而模块化设计是建立产品单一数据源的基础。可以说,产品完整性和制造符合性是"设计"出来的。

模块既是设计单元,也是制造单元,同时也是成本核算单元,因此模块化设计造就了单一BOM,保证了BOM视图的一致性:

(1) 设计BOM等于销售BOM(as-defined equal as-sold)。

(2) 建造BOM等于设计BOM(as-built equal as-defined)。

(3) 交付BOM等于销售BOM(as-delivered equal as-sold)。

构型管理规范了产品研制过程,建立了工程管理的约束机制。因此可以说,飞机完整性和制造符合性的解决过程就是构型管理的监督过程,或者说构型管理是飞机完整性和符合性的系统保证。

图14-14表示了产品研制中的构型控制和监督过程。

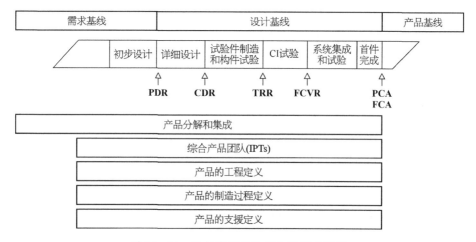

图14-14 飞机完整性和符合性解决过程

PDR—初步设计审查;CDR—详细设计审查;TRR—试验准备状况审查;
FCVR—功能构型验证审查;FCA—功能构型审核;PCA—物理构型审核

在构型审核中,FCA是对飞机功能和性能达标的确认,PCA是对完整性和符合性检查的确认。

功能基线(或需求基线)定义了飞机的设计目标和客户需求,而分配基线定义了各子系统的设计要求和接口控制文件,它们是构型审核的评审基准。

通过了PCA和FCA审核就是完成了对飞机完整性和制造符合性的验证。换句话说,通过了构型审核以后,就可以确认构型文件达到了产品基线要求,并且是完整和精确的了,同时制造符合性也得到了验证。

14.6.2　民用飞机的构型管理和适航取证的关系

适航审定是政府(适航当局)代表公众利益,对飞机的完整性和符合性的官方认定。

适航管理是以保障民用飞机的安全性为主要目标,适航条例是民用飞机安全性的最低保障要求。适航的条例、标准和规定也是构型管理的最基本要求。但是,构型管理的涉及面更宽,不仅要求符合适航条例、标准和规定,它包含了更多的内容,如民用飞机的上市策略、商业的成功、航线运营要求、飞机性能和功能的优势、环保性、舒适度、经济性、快捷性、通用性、生产率、成本等,都属于民用飞机的需求基线(客户需求)范围,是构型审核的对象。

民用飞机适航性管理系统的框架如图 14 - 15 所示。

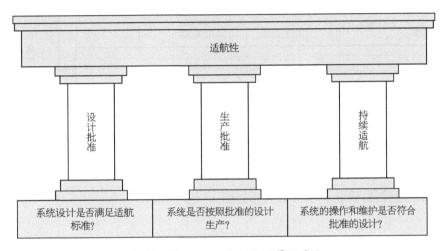

图 14 - 15　民用飞机适航性管理系统

适航元素与民用飞机研制过程的集成如图 14 - 16 所示。

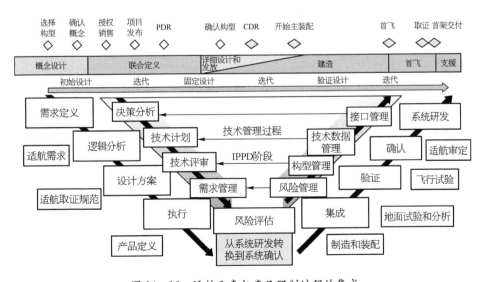

图 14 - 16　适航元素与产品研制过程的集成

适航元素分布在民用飞机的研制过程中。适航元素包括适航要求、适航取证规范、产品定义、制造和装配、地面试验和分析、飞行试验以及适航审定。民用飞机研制过程就是适航元素的成熟过程。

民用飞机的研制过程与安全评估过程的综合,就是适航取证过程,如图 14-17 所示。

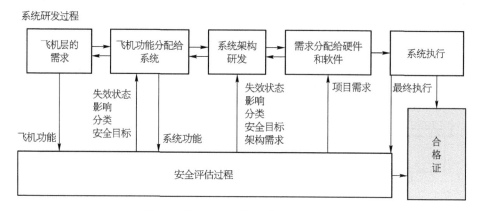

图 14-17　民用飞机适航取证的过程

构型管理为适航取证提供了控制机制和决策证据。

构型验证和审核与适航取证是紧密相关的。

民用飞机的验证、确认和取证的关系如图 14-18 所示。

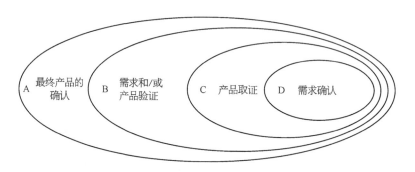

图 14-18　民用飞机的验证、确认和取证的关系

民用飞机的构型管理不仅要满足适航取证要求,更要达到商业的成功,接受市场的检验。

第15章
先进的飞机构型管理系统简介

15.1 波音公司的 DCAC/MRM 系统

15.1.1 DCAC/MRM 系统的基本思想

波音公司 DCAC/MRM 系统的基本思想如图 15-1 所示。

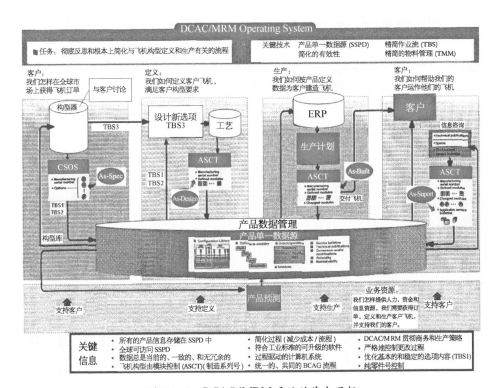

图 15-1 DCAC/MRM 系统的基本思想

　　DCAC/MRM 系统的任务是彻底反思和从根本上简化与飞机构型定义和生产有关的流程。

　　1) 建立 DCAC/MRM 系统的目的

　　(1) 大幅度降低飞机成本、缩短设计与制造时间、减少产品缺陷。

　　(2) 提高为客户创造价值的能力。

　　(3) 一个集销售、设计、制造和服务为一体的、统一的产品数据管理系统。

　　DCAC/MRM 系统可分为飞机构型生成、产品定义、工艺计划、制造资源管理和客户支持等几大部分，建立在 PLM 平台上，实现了波音公司内产品数据的大规模集成、协同操作和统一管理。

　　2) DCAC/MRM 系统的管理规则

　　(1) 所有的产品选项存储在 SSPD 中。

　　(2) 全球可访问 SSPD。

　　(3) 数据总是当前的、一致的、无冗余的。

　　(4) 飞机构型由模块控制(制造序列号)。

　　(5) 简化过程(降低成本/简化流程)。

　　(6) 符合工业标准的可升级的软件。

　　(7) 过程驱动的计算机系统。

　　(8) 统一的、共同的波音公司流程。

　　(9) DCAC/MRM 贯彻商业和生产策略。

　　(10) 严格控制更改过程。

　　(11) 优化基本的、稳定的选项内容(TBS1)。

　　(12) 纯零件号控制。

　　3) 产品单一数据源的内容

　　(1) 构型库。

　　(2) 选项-模块关系。

　　(3) 订单/数量。

　　(4) 进度计划。

　　(5) 服务通报。

　　(6) 技术出版物。

　　(7) 变换和(或)修改。

　　(8) 可靠性。

　　(9) 可维护性。

　　4) 产品预测的内容

　　(1) 速率。

　　(2) 次型号。客机型、货机型、客货型。

　　(3) 计划。

5）客户选项的内容

（1）主型号选项（TBS1）。

（2）次型号选项（TBS2）。

（3）客户驱动的、过去研发的选项（TBS2）。

（4）客户驱动的、新定义的选项（TBS3）。

6）客户选项选择的内容

（1）制造序列号。

（2）选项——1，2，3，…，n。

7）设计新选项（TBS3）的内容

（1）确认该选项不属于 TBS1 和 TBS2。

（2）将选项转换为模块：零组件；计划；工装；文件。

8）工艺规划的内容

（1）工艺准备。

（2）制造。

（3）工装计划。

9）飞机特定构型表的内容

（1）制造序列号。

（2）已定义的模块。

（3）已更改的模块。

（4）应用模块号。

10）ERP 集成的内容

（1）计划能力和需求。

（2）库存管理：生产指令；采购指令。

（3）分类工装。

15.1.2　四大关键技术

DCAC/MRM 系统的核心技术是四大关键技术，即产品单一数据源、简化的构型管理、精简的业务流程和精简的物料管理，如图 15 - 2 所示。

1）产品单一数据源

波音公司的新系统 DCAC/MRM 把产品单一数据源列为四大关键技术之首。波音公司的产品数据采用集中式管理，所有的产品数据都出自唯一数据源，从单一的物料清单（单一 BOM）生成供用户使用的各种视图，保证飞机数据的准确性和一致性。

波音公司的产品单一数据源存储了所有支持面向客户的选项和模块定义的产品数据。它包括了构型项的定义、发放、生产和支援所需要的所有信息。

在产品单一数据源框架下，波音公司的信息管理可以做到：

（1）发送正确的版本（to deliver the right version）。

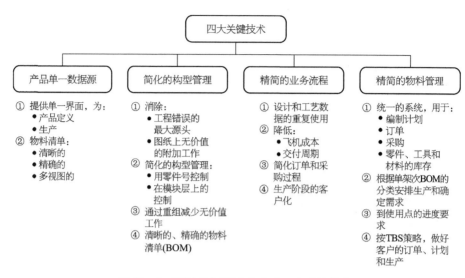

图 15-2 DCAC/MRM 系统的四大关键技术

（2）使用正确的数据（of the right data）。

（3）在正确的时间（at the right time）。

（4）给正确的人（to the right person）。

产品单一数据源创建了单一 BOM，解决了过去在 BOM 重构过程中出现的麻烦和差错，为下游用户提供了符合要求的、一致的 BOM，如图 15-3 所示。

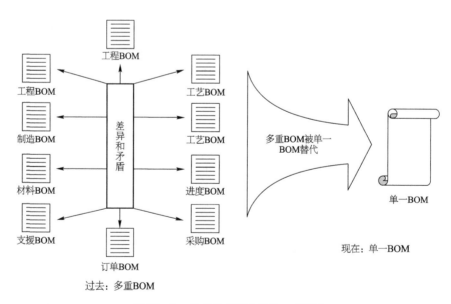

图 15-3 从多重 BOM 到单一 BOM

2）简化的构型管理

简化的构型管理（simplified configuration management，SCM）思想的要点是：

（1）从图纸上取消有效性标识。

（2）有效性标识放在模块上,用模块控制飞机的构型。

（3）以零件号表示零件的构型。

（4）简化了更改的合并流程。

图 15-4 表示波音公司以模块为核心的客户飞机构型管理。

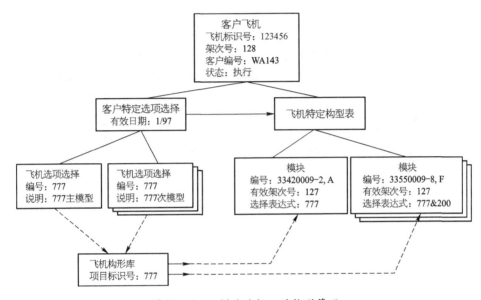

图 15-4　以模块为核心的构型管理

DCAC/MRM 系统把零件组合在模块(零件、计划和工装的集合)中,把飞机构型控制从零件提升到模块一级,从而创造性地简化了构型管理。

模块是依照剪裁的业务流程(TBS)及其变化程度来设置的,因此模块又与制造资源管理相关,有利于生产的优化重组。

3）精简的业务流

精简的业务流为了改善公司内部的配置客户构型的流程,用“模块”配置客户飞机构型,按照生产线优化要求,对零组件进行分类,提高飞机生产速率。

TBS 包括三种业务流程: TBS1、TBS2 和 TBS3。其示意图如图 15-5 所示。

一架特定的客户飞机的构型是通过将可以直接投产的模块(TBS1 和 TBS2)加上为客户新设计的模块(TBS3)组合而成,从而提高模块的重用性,缩短生产周期。

采用 TBS 策略的目标是尽可能增加 TBS1 和 TBS2 类零件,减少 TBS3 类零件,如图 15-6 所示。

在精简业务流思想管理下,合理地安排生产进度。波音飞机的交付周期从 18 个月缩短到 8 个月,甚至更短。

基于 TBS 策略的生产管理如图 15-7 所示。

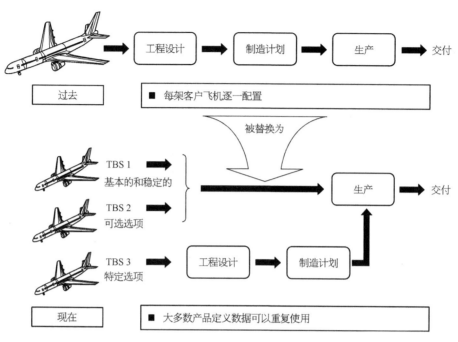

图 15-5　精简的业务流程

TBS1—基本和稳定的零组件,它用在该型号的所有客户飞机上;TBS2—可重用的零组件,
它曾在已交付的飞机上使用过;TBS3—根据客户特定的需求重新设计的部分

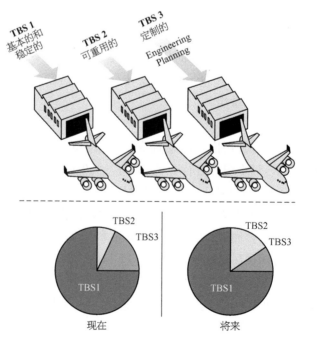

图 15-6　TBS 策略是减少 TBS3

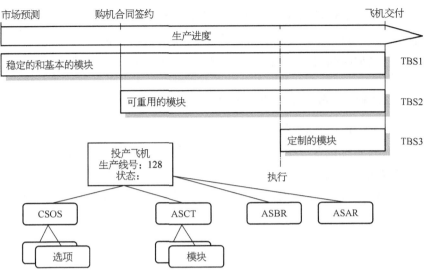

图 15-7　基于 TBS 策略的生产管理

按先进的剪裁业务流程(TBS)安排生产,实施新的、简化的物料管理方法,如跟踪和订购零件,安排生产进度,根据剪裁业务流程(TBS)来管理库存。

4) 精简的物料管理

精简的物料管理是一项用飞机构型数据驱动的制造过程的创新,用于简化和改进制造工艺,使企业获得整体效益。

TMM 的要点如下:

(1) 改进波音公司内部的管理:排定生产计划;订购材料;管理库存的零件、工装和原材料;从供应商处采购飞机零件。

(2) 按照生产和采购的需要,从单一 BOM 创建生产视图和采购视图。

(3) 使用点(工位)的需求计划。

(4) 基于 TBS 特性的客户化订单、进度计划和生产管理。

TMM 提供了用于生产控制的工具包,建立精益制造的生产系统。TMM 的系统框架如图 15-8 所示。

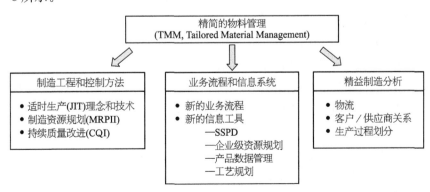

图 15-8　精简的物料管理系统

波音公司采用 TMM 改善了物料管理状况,主要表现为:在制品减少,降低了库存,从而降低了库存成本;提高了库存记录的准确性和物料清单的准确性,减少了数据的错误;减少了流程/周期时间,保证向客户按期交付;改善了客户/供应商关系。

15.1.3　波音构型管理系统的信息流

波音公司的 DCAC/MRM 系统的信息流如图 15 - 9 所示。

DCAC/MRM 系统包含五个部分:确认构型需求;制造工程定义;飞机生产定义;客户支援定义;企业商业资源。

DCAC/MRM 系统以 Teamcenter 软件为核心,集成了的系统包括构型配置器、制造资源管理、工艺规划和客户支援。

15.1.4　DCAC/MRM 系统的成功

DCAC/MRM 系统的成功主要表现在:

(1) 一个有效、准确、唯一的工程设计和制造产品数据的系统,供全球 38 000 多用户访问,降低了成本,缩短了周期。

(2) 将 14 个 BOM 系统成功地转入到一个基于零件的单一 BOM 系统,BOM 的准确率几乎达到了 100%。

(3) 飞机生产线的生产流程的周期时间由过去的 30 天缩减到 5 天。

(4) 库存的周转率由 1997 年的 4.5 提高到 1999 年的 9.7。

(5) 85% 的销售订单是按时完成或提前交货的。

(6) 自 1998 年以来,员工的加班减少了 50% 以上。

波音 DCAC/MRM 的流程和系统集成经理 Carol Pittman 先生说:"主要的挑战是将 14 个繁杂的 BOM 系统统一成一个单一的 BOM 系统。过去繁杂的 BOM 系统有时意味着从工程设计到制造的信息传递需要很长的时间延迟。更糟糕的是,没有人能够保证 BOM 系统的信息是最新的和准确的,这就要求在生产车间必须有非常仔细的校验流程。系统的统一最终会是一个巨大的挑战,因为有些 BOM 系统是基于图纸的,有些 BOM 系统是基于零件的,而工程设计和生产制造的 BOM 系统则是完全没有集成,两个系统之间需要通过手工的再输入来传递数据。"

Carol Pittman 先生还指出,"我们的 DCAC/MRM 系统的一个重要的组成部分是通过 Teamcenter Enterprise 管理产品单一数据源。它管理了飞机的构型库和零件、计划、工具、文件和技术出版物的数据,还管理了服务公告板、Retrofit kits 上的信息、更改、可靠性和可维护性。除此之外,它还帮助产生订单和质量数据,完成生产预测、生产计划和库存管理"。

波音公司在华盛顿 Auburn 的装配工厂发生了如下的变化:

(1) 装配流程所需的平均天数从 25～30 天减到 6～10 天。

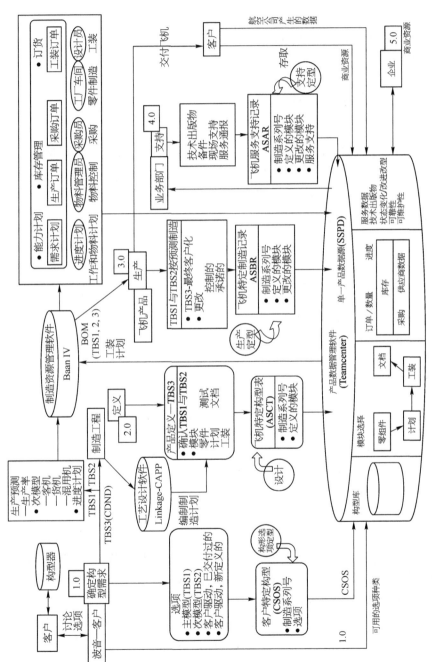

图 15 - 9　DCAC/MRM 系统的信息流

（2）每个订单的平均修改次数从 17 减到 0。

（3）以前要访问 30 个系统，现在只使用 1 个系统。

（4）库存周转速度从 4.5 增加到 9。

（5）单位成本降低到 1992 年的 80%。

（6）加班时间缩短了，压力减轻了。

15.2　波音 787 的新系统

波音公司为了改善产品开发阶段的设计效率，避免异构系统间的数据转换，保证协同设计无缝地交流沟通，使设计 3D 模型顺利地在设计、制造和销售领域共享，从而节约设计成本，提高设计水平。波音 787 研制决定采用单一系统。

波音 787 的新系统框架如图 15-10 所示。

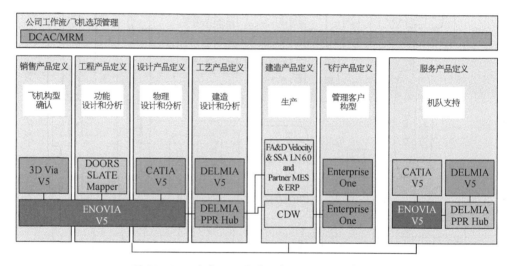

图 15-10　波音 787 的并行产品定义和支持系统

图中列举了飞机设计不同领域所用的软件工具。例如飞机结构设计采用 3D Via V5 和 ENOVIA V5，包括数字样机。工艺定义采用 DELMIA。由于它们都是达索公司的产品，所以从设计到制造到服务，没有阻隔。

但是波音 787 的产品数据定义、飞机选项管理和公司工作流仍然放在 Teamcenter 上。充分利用波音公司已有的生产管理系统的优势和成功经验。

波音 787 的生产系统的信息流如图 15-11 所示。

数据按计划反馈到 CDW，协调制造 BOM、销售 BOM、工艺 BOM 与设计 BOM，协调销售 BOM 与设计 BOM，使其保持一致。

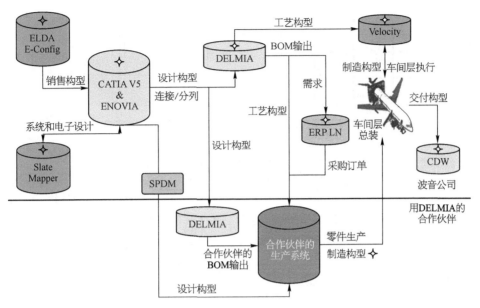

图 15 - 11 波音 787 的生产系统设计流

CDW—公共数据库(common data warehouse)

15.3 空客 A350 的构型管理系统

15.3.1 空客飞机研制体制的变革

空客公司从1970年成立,已经历了40多个春秋。空客的研制体制的变化进程可分为三个阶段:(图 15 - 12)。

联合的空客;统一的空客;集中的空客(一个团队、一个梦想)

该图表示了空客从"联邦制"的管理走向集中式的管理的过程,演变目的是消除内部的摩擦和内耗,提高运行效率和产品数据的统一管理。

在"统一的空客"阶段,即 A380 飞机研制阶段,空客依靠"联邦制"式模式管理产品数据。

在空客总部,按工作分解结构方法将飞机分解到项目控制的层面,形成若干工作包,并规定工作包的任务,分派给下属的子公司(合作伙伴),建立飞机分工报告和总体协调框架。

空客的子公司包括空客/法国公司(Airbus France)、空客/德国公司(Airbus Deutschland)、空客/英国公司(Airbus UK)、空客/西班牙公司(Airbus Espania)、空客/比利时(Airbus Belgium)等。

由于历史原因,空客的各个子公司存留了不同的软件,不是使用统一的 CAD 软件和PDM 系统,因此空客的协同工作分为两个体系:

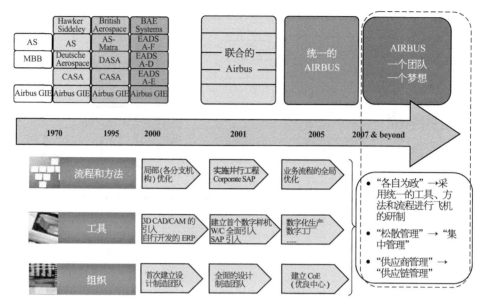

图 15-12　空客研制体制的变革

（1）部件级的工作模式（由空客统一管理）。

（2）各供应商（子公司）内部的工作模式（空客不统一管理）。

空客 A380 的协同工作模式如图 15-13 所示。

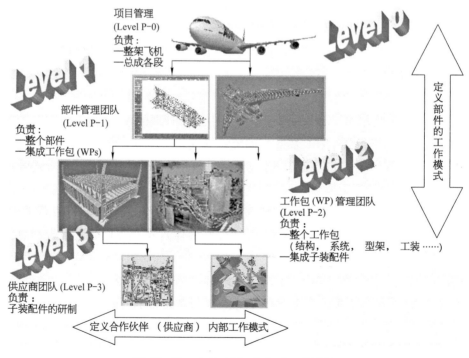

图 15-13　空客 A380 的协同工作模式

协同工作的管理团队分为三个层次,即飞机部件管理团队(7 个)、部件管理和集成团队(20 个)以及子装配件设计和制造团队(100 个)。

项目管理层(level P - 0)由空客的项目管理层与空客合作伙伴(空客子公司)领导层组成,完成飞机总体设计和构型定义;飞机部件管理团队(level P - 1)是空客飞机的综合产品团队的第一层,完成部件的总体设计和联合产品定义;在空客子公司下有部件管理和集成团队(level P - 2),完成部件的并行产品定义和工作包编制;空客飞机的综合产品团队的第三层(level P - 3)是供应商团队,负责子装配件的设计和制造,完成工作包指定的具体设计任务。

前三层团队(level 0、level 1、level 2)由空客统一管理,而供应商团队(level3)由各供应商自行采用工作模式。

事实表明,A380 的产品数据管理模式遇到了许多麻烦。空客总部在 PRIMES 系统上定义了产品结构模型,BOM 数据一部分来源于空客总部,如概念设计和初步设计的数据,但基于工作包的详细设计数据来自各合作伙伴(供应商),数据格式不同,这些异构的产品数据需要进行转换,变成总部统一的格式,才能在空客总部形成完整的 EBOM/PBOM。在全机 BOM 建立之后,全机 BOM 还要分列为 BOM 视图,BOM 视图需转换为各合作伙伴的格式后,传递给各合作伙伴,协调全机的产品数据。

A380 的 BOM 管理过程如图 15 - 14 所示。

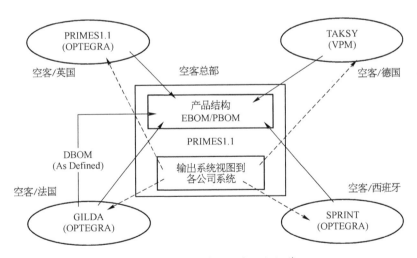

图 15 - 14　A380 异构的产品数据管理

图中,PRIMES、OPTEGRA、VPM 是不同的 PDM 软件。空客想用 PRIMES 集成异构的 VPM 和 OPTEGRA,管理全机的 BOM。

空客在 A380 的 BOM 管理上付出了太多的代价。因此,在研制 A350 时,吸取了 A380 的教训,做出了重大的改革,从并行工作的"联邦"制模式转变为"集中一致的空客"。

与 A380 相比,A350 的产品数据管理有了本质上的改变,其主要变化有:

（1）从"各自为政"改为采用统一的工具、方法和流程进行飞机的研制。

（2）从"松散管理"改为集中管理。

（3）从"供应商管理"改为"供应链管理"。

空客将产品研制阶段与生产阶段分开，采用不同的管理平台。在产品研制阶段，为了协同设计的无缝衔接，从异构系统走向单一系统。由于采用统一的协同架构、统一的设计工具、统一的流程，达到数据直接共享，空客总部和供应商之间不再有数据的转换（复制）。而在生产阶段，确认了产品基线以后，这时产品数据由 PTC 公司的 PRIMES SSI 管理，与 SAP 公司的 ERP 连接，进行生产管理，如图 15-15 所示。

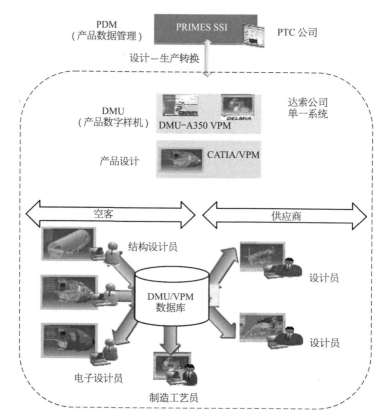

图 15-15　A350 的产品协同设计平台

A350 的产品研制平台吸取了 A380 和 A400M 项目研制的经验教训后，实现了单一数据源：统一的工具（CATIA/VPM/DELMIA）；空客和供应商有相同的流程和数据架构；实时共享相同的数据（单一数据源）。

空客公司形成了有特色的单一数据源系统，如图 15-16 所示。

15.3.2　飞机的设计思想

空客飞机的产品结构框架不同于波音公司，这是因为两者的设计原则有所区别。

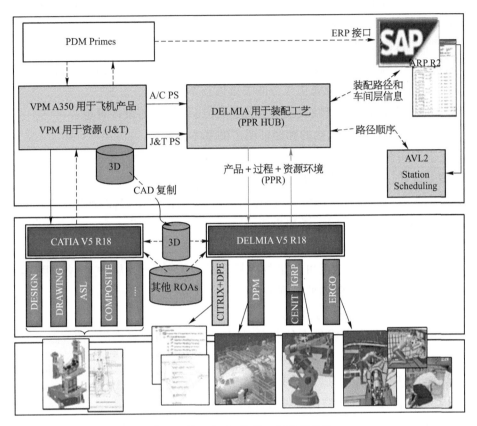

图 15 - 16　A350 的单一数据源系统

A/C ps—飞机的产品结构；J&T ps—JT 格式的产品结构

飞机的可靠性和维修性是飞机直接使用成本的组成部分，如图 15 - 17 所示。

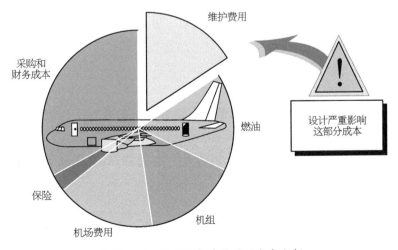

图 15 - 17　民用飞机直接使用成本分解

航空公司十分看重飞机的可靠性和维修性,因此优良的维修性是现代飞机的主要"卖点"之一。维修性决定维修成本。航空公司优先选择那些可靠性和维修性卓越的飞机,才能保证航空公司获取丰厚的利润。

维修性是在飞机设计时赋予飞机的一种属性,是由设计决定的质量特性。良好的维修性及相关特性是现代大飞机成功与否的关键性技术。

空客飞机把可靠性和维修性放在重要位置,提出了如下的设计思想:

(1) 在新项目中采用已成熟的和经证明了的基本技术。

(2) 追求实实在在的利益。

(3) 整个设计过程都必须优化。

(4) 考虑所有利益共享者的成本及风险,即可承受性、可维修性、保障性。

(5) 与客户和操作者保持沟通和协商。

在可靠性和维修性方面,空客飞机的基本设计目标是:

(1) 任何可移动项(从飞机可移出的项目),即装配件/子装配件/设备/组件,都分类为可分离项,并在飞机的生命周期内都能向客户提供备件。

(2) 飞机的维护成本将保持最低。

(3) 飞机操作者允许完成最大的服务、维护、检查、试验、修理等工作,而只需要最小的特定工具和技能。

此外,在设计中还应贯彻以下要求:

(1) 构型是可管理的(构型用零件号标识)。

(2) 有间隙的接口应考虑柔性或可变形。

(3) 满足结构损伤容限要求。

(4) 满足飞机维护性要求。

(5) 满足可检测要求(机上范围最大)。

(6) 满足可修理要求(机上范围最小)。

(7) 考虑能够在同类型的和不同类型的飞机上安装。

(8) 备件有不同的供应来源。

(9) 限制(减少)备件的数量和资金。

(10) 维修不需特定的技能和工具。

飞机的可靠性和维修性是设计出来的。在空客飞机的并行工程规划中,把飞机保障性设计列为重要的并行工程工作。

飞机保障性是飞机的保障设计特性(包括 R&M、抢修性、自保性等)与保障分系统保障能力的综合。

15.3.3 空客飞机的产品定义过程

空客飞机的产品定义过程如图 15 - 18 所示。

在 M7 以前,飞机设计处于"定义阶段",这时的产品结构称为"定义视图"。定义阶段

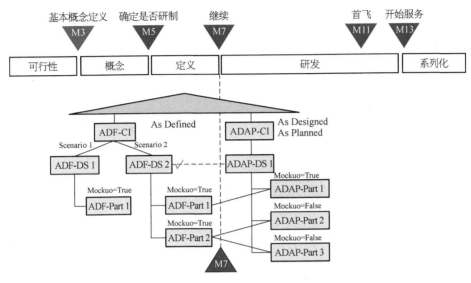

图 15-18 研制中的构型研发过程

包括概念设计和初步设计,进行方案选择,从多个方案中确定满足设计要求的"最佳方案"。例如,在定义阶段可能有两个方案:DS1 和 DS2,通过 M7 的评审,选中了其中的 DS2,则详细设计阶段的设计工作就以 DS2 为准,进入详细设计。因为详细设计只有一个方案,故重新命名为 DS1。

在 M7 之后,进入了研制阶段,完成飞机的详细设计,发放工程文件,进行飞机的制造、装配,并对原型机进行测试和验证。

研制阶段的产品数据定义产生四个视图:设计视图、系统视图、工艺视图和验证视图 (图 15-19)。

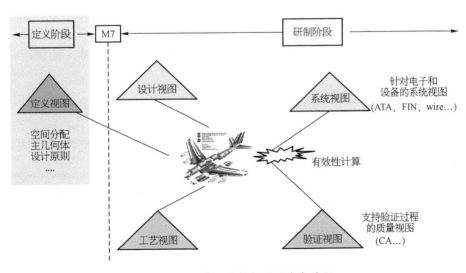

图 15-19 产品结构视图的生成过程

15.3.4　CI‐LO‐DS体系介绍

空客飞机的构型管理建筑在CI‐LO‐DS体系之上,如图15‐20所示。

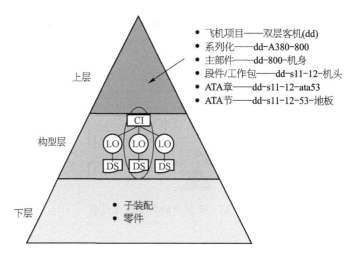

- 飞机项目——双层客机(dd)
- 系列化——dd‐A380‐800
- 主部件——dd‐800‐机身
- 段件/工作包——dd‐s11‐12‐机头
- ATA章——dd‐s11‐12‐ata53
- ATA节——dd‐s11‐12‐53‐地板

上层

构型层

CI

LO　LO　LO

DS　DS　DS

下层

- 子装配
- 零件

图15‐20　CI‐LO‐DS体系

CI‐LO‐DS体系是空客飞机构型管理的特色,与波音飞机的模块化构型管理有区别。

CI(构型项)是产品结构中的一个管理节点,它是一个"中性"的标识符。它不是一个真实的零件或装配。

LO(链接对象)表示一对CI‐DS之间的关系,用于存储有效性信息。

DS(设计解决方案)是定义能满足CI要求的解决方案。它与描述/建造该方案所必需的元素关联(即零件、文件、规范、试验报告)。一个零部件能归属于一个或者多个DS。当DS定义好后,一经发布后不能修改,若根据市场需求改进改型或由于设计要求的变更,需要对DS进行更改,那么可以通过对零部件建立新版本来实现。

CI有四个共同特性:定义功能;可置换为实体(entity);须遵从的唯一的规范;正式控制的外形、配合和功能。

在飞机设计中,CI可以是上述四个特性之一。主要用于定义下一级对象的设计要求。

飞机的CIs是系统工程过程的产物,是设计出来的。

从客户需求开始,通过系统工程过程,进行功能分解,逐步确定飞机各层的需求,作为物理架构的设计依据(CIs),从而获得产品的设计解决方案。

在系统工程指导下,飞机设计过程是一个自上而下的过程,如图15‐21所示。

CIs是在飞机设计过程中产生的。CIs不可能通过"反设计"获得,即模仿其他国外飞机,照搬外国案例,更不能"自下而上"地"统计"出来。

从客户需求到产品实现,要从客户需求开始,进行功能分析,得到功能架构,再进行逻辑分析,得到逻辑架构,最后定义产品物理架构,完成产品设计,如图15‐22所示。

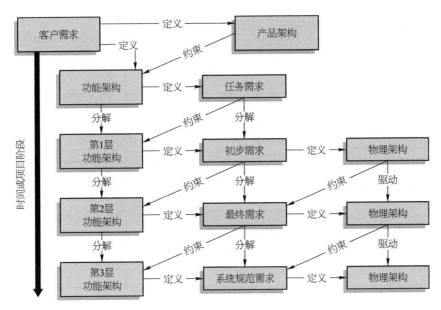

图 15-21　飞机自上而下的设计

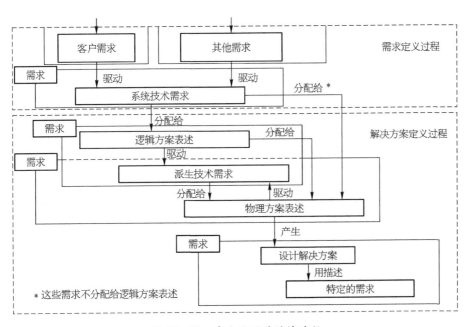

图 15-22　自上而下的设计过程

构型配置层用于配置客户构型,因此 CI 应定义在恰当的层面上,不能太低,也不能太高。

如果 CI 层太低(例如一个基本零件),我们不得不管理太多的 LO。

如果 CI 层太高(例如一个 section),遇到一个小的零件更改,我们不得不频繁把这个

section 升级。

基于 CI - LO - DS 体系的构型管理的规则如图 15 - 23 所示。

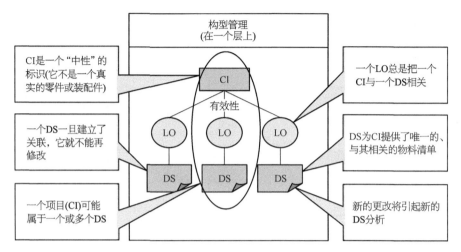

图 15 - 23　基于 CI - LO - DS 结构的构型管理规则

基于 CI - LO - DS 体系的构型管理的规则有：

(1) 一个 LO 总是把一个 CI 与一个 DS 相关。

(2) DS 为 CI 提供了唯一的、与其关联的物料清单。

(3) 新的更改将引起新的 DS 分析。

(4) 一个项目(CI)可能属于一个或多个 DS。

(5) 一个 DS 一旦建立了关联，它就不能再修改。

(6) CI 是一个"中性"的标识(它不是一个真实的零件或装配件)。

有效性的算法如图 15 - 24 所示。

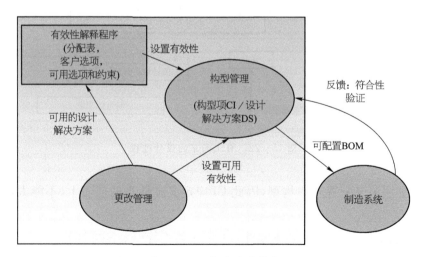

图 15 - 24　有效性的算法

采用 CI‐LO‐DS 的构型标识方式,产品构型信息仅需要定义在 CI 层,零部件的修改则在 DS 中进行换版。这样大大简化了构型控制的复杂程度。但是如何定义 CI 就成了问题的关注点。

对 CI 的更改,即对 DS 具体结构的更改。如果经重新设计或者更改以后,零部件的外形(form)、装配(assembly)、功能(function)和互换性(substitute)等发生了改变,则要对零件编号重新指定,形成新的 CI;如果以上这些内容不发生变化,零件的更改只是因为纠正设计的错误,则对零件进行升版,通过有效性对版本进行控制。

基于 CI‐LO‐DS 方式的产品标识,版本的定义和控制也随之扩展,版本的定义包含两个方面:

(1) CI 的版本定义。零件的结构、装配关系发生变化时,CI 换版,用配置字典对 CI 的版本予以区分。

(2) 零部件的换版。零件由于设计或制造原因需要修改时,对零件进行换版。对于换版后的零部件,采用最新版有效。

这种版本的定义方式能更好地控制版本演变的复杂性,根据更改实施架次的不同,采用构型管理版本有效性针对设计版次进行管理,实现对版本的跟踪控制。

图 15‐25 是一个有效性的事例。

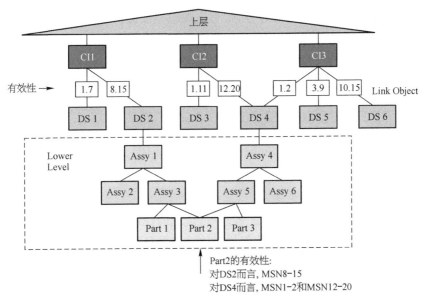

图 15‐25　有效性的事例

第16章
构型管理绩效的度量

16.1 概述

开展绩效的度量是构型管理实施中一项非常重要的工作,目的在于评估 CM 工具、过程和程序的效率。绩效的度量是 CM 过程持续改进的关键,它能使所关注的问题量化、层次化和排序,它也提供了评估改进的效果和评价发展趋势的基础。

优先级度量是一个人为规定的过程,带有主观想象成分。

优先级分为高、中、低三级。

在做绩效的优先级划分时,首先要建立状态分类机制,和对评价的量化研究。根据项目的目标和进展情况,制定和维护优先级的标准。

绩效度量过程应设计成一个活泼的过程,而不是死抠分数;同时,应是朝前看的,而不是过去历史的编辑。

绩效评估的数据可以用来识别问题和效率低下的原因,为改进过程采取正确的行动,保持高的效率。

一个有效的度量应具有如下属性:

(1) 对客户关系是有意义的,此处"客户"指信息的任何用户。

(2) 它与组织的目标有关,告诉我们如何使过程满足这些目标。

(3) 它是实时的、简单的、符合逻辑的、可重复的、清晰定义的和经济的。

图 16-1 是度量点分布图。在度量点采集的数据中能看出 CM 过程的管理状态。

在图 16-1 中所示的各度量点上,采集绩效数据。将采集的数据填入度量样板。

表 16-1~表 16-3 提供了一种如何划分优先级的度量样板。

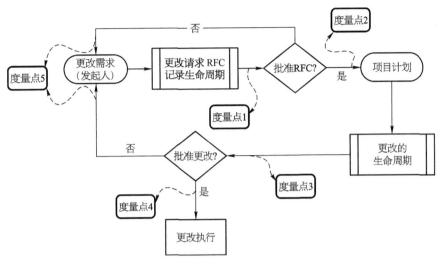

图 16-1　度量数据的采集点

表 16-1　高优先级的度量表

优先级	度 量	描 述
高	CB 批准/拒绝的 RFC 数量：真实数量	CB 收到的、批准的、和不批准的 RFC 数量
	度量开始点：	
	度量结束点：	
高	客户批准/拒绝的 RFC 数量：真实数量	客户 CB 收到的、批准的、和不批准的 RFC 数量
	度量开始点：	
	度量结束点：	
高	CB 处理的更改数量：真实数量	提交给 CB 批准的更改数量
	度量开始点：	
	度量结束点：	收到客户 CB 不批准信息的日期
高	CB 批准的偏离数量：真实数量	提交 CM 的偏离请求的真实数量
	度量开始点：	
	度量结束点：	
高	CB 批准发放的软件数量：真实数量	提交 CM 发放的软件真实数量
	度量开始点：	
	度量结束点：	
高	CB 批准的软件更改数量：真实数量	提交 CM 的软件更改真实数量
	度量开始点：	
	度量结束点：	

表 16-2   中优先级的度量表

优先级	度 量	描 述
中	发放的新的/修改的图纸/数据集/模型的数目：真实数目	
	度量开始点：	CM 收到和发放的图纸真实数目
	度量结束点：	
中	新的/修改的图纸/数据集/模型的周期(从 CM 接收到批准)：平均天数	
	度量开始点：	从 CM 收到到 CB 批准的天数
	度量结束点：	CM 或批准发放所用去的时间
	平均：	所有的新的/修改的图纸/数据集/模型从处理到发放的总天数除以所有被处理的新图纸的总数＝循环时间的平均天数
中	RFC 的数目：真实数目	
	度量开始点：	CB 收到的 RFC 的总数数目
	度量结束点：	
中	基线改为新基线的数目：真实数目	
	度量开始点：	提交 CM 和批准的规范的真实数目
	度量结束点：	
中	更改对需求的影响	
	度量开始点：	基线化的需求总数除以更改的总数＝更改对需求的影响的百分比
	度量结束点：	
中	新的/修改的/升级的周期时间(从 CM 接收到批准)：用平均天数	
	度量开始点：	CM 接收到 CB 批准的天数
	度量结束点：	CB 批准所用时间
	平均：	所有新的/修改的/升级的规范从处理到发放的总天数除以新规范的总数＝循环时间的平均天数

表 16-3   低优先级的度量表

优先级	度 量	描 述
低	在 CB 批准前要求升级/修改的更改的数目：真实数目	
	度量开始点：	在 CB 批准前向 CM 提出要求升级/修改的更改的总数
	度量结束点：	
低	对项目(Items)的影响	
	度量开始点：	基线化项目的总数除以更改的总数＝更改影响的项目的百分比
	度量结束点：	

　　在项目生命周期的某些时间点上编制这些度量表。按时间节点编制这些样板表,能满足组织的特定需要,跟踪可能的过程改进,赢得信息上的最大回报。

　　这些度量可以按需进行剪裁,以满足项目的本地化需要。

　　这些度量表可以帮助用户了解这种度量方法的全貌,用来支持问题的解决方案和过程改进的主动性。

　　高优先级项目应是少量的,否则将成为 CM 的负担。

　　应在所选的度量期间尽早评估中等优先级项目,是否提供了足够的信息,是否影响重要的过程改进。如果属实,中等优先级项目应进行跟踪和分析,这种情况应少于 10 个,并重新评估,看它们能否移到高优先级中去。

　　在项目生命周期的某些点上,应重新评估低优先级项目,看它是否应移到高一级的项目中。

　　注意:表中的更改包括 RFC 和 RFV,也包括批准的更改和正在处理过程中的更改。

　　原因的度量是一个共同关注的问题,利用这种度量方法来找到问题产生的原因或何时出现,这是改进过程的一个机会。

16.2　基于能力成熟度模型集成的构型管理过程的自我评估

　　以下的评估是基于 CMMI 的。当组织或项目贯彻一个 CM 过程时,这个评估可以帮助你判断整个 CM 过程是否满足 CMMI 的目标和特定的实践。

　　对 CM 过程的自我评估分为两个部分。

　　评估的第一部分用特定的目标(specific goals,SG)和相关的特定实践(specific practices,SP)作为评判标准,如果达到这些特定的目标和实践,就回答“是”。能力水平的级别大于 0。

　　评估的第二部分用通用目标(generic goals,GG)和相关的通用实践(generic practices,GP)作为评判标准,如果达到这些特定的目标和实践,就回答“是”。能力水平的级别为 1~5。

　　表 16 - 4 是以特定的目标和相关的特定实践作为评判标准的自我评估。

表 16 - 4　以特定的目标和相关的特定实践作为评判标准

特定级别	特定目标(SG)	特定实践(SP)
1	SG1　建立基线	SP1.1　识别构型项
		SP1.2　建立构型管理系统
		SP1.3　创建和发放基线

（续表）

特定级别	特定目标(SG)	特定实践(SP)
2	SG2　跟踪和控制更改	SP2.1　跟踪更改请求
		SP2.2　控制构型项
3	SG3　确定产品完整性	SP3.1　建立构型管理记录
		SP3.2　履行构型审核

表 16-5 是以通用目标和相关的通用实践作为评判标准的自我评估。

表16-5　以通用目标和相关的通用实践作为评判标准

能力成熟度	一般目标(GG)	一般实践(GP)
1 级	GG1　达到特定目标(成熟度 1级—执行)	GP1.1　执行基本实践
2 级	GG2　管理过程制度化(成熟度 2级—可管理)	GP2.1　建立组织的政策
		GP2.2　制定过程计划
		GP2.3　提供资源
		GP2.4　指派责任
		GP2.5　人员培训
		GP2.6　管理构型
		GP2.7　识别和落实有关的高层管理者
		GP2.8　监视和控制过程
		GP2.9　客观评价遵从
		GP2.10　评审高层管理的状态
3 级	GG3　着手定义过程(成熟度 3级—已定义的)	GP3.1　建立可定义的过程
		GP3.2　收集改进信息
4 级	GG4　量化的管理过程制度化(成熟度 4级—量化的管理)	GP4.1　建立过程的数量目标
		GP4.2　稳定子过程的性能
5 级	GG5　优化过程的制度化(成熟度 5级—优化)	GP5.1　确保持续的过程改进
		GP5.2　纠正问题发生的根源

　　构型管理的组织，即构型更改委员会，是构型管理的责任人，是更改的批准/处置的决定者。有时，构型管理组织的成熟度决定了构型管理的成熟度。

　　评估构型管理组织的成熟度是十分重要的。

　　表 16-6 是自我评估的 CM 组织成熟度表。

表 16-6　组织的成熟度表

能力成熟度级别	描　　述
1	纠正行动有记录和报告,原因被找到并且预防措施已采取
2	预防措施已作为公司过程架构的属性,该架构已得到确认
3	架构成功地执行,被证明是可靠的、快速的、和有效的
4	公司投资率回报转为正数
5	着手实际的改进

附 录 常用缩略语

缩略语	英 文 全 称	中 文 含 义
3C	communication、cooperation、coordination	沟通、合作、协调
ABL	allocated baseline	分配基线
ACC	aircraft configuration changes	飞机构型更改
ACC	area control code	区域控制码
ACD	allocated configuration documentation	分配构型文件
ACL	airplane configuration library	飞机构型库
ACM	airplane configuration management	飞机构型管理
A&D	aerospace and defense	宇航和国防行业
ADCN	advance drawing change notices	先行图纸更改通知
ADR	architectural design review	架构设计审查
AIA	Aerospace Industries Association	宇航工业协会
AIN	aircraft identification number	飞机识别号
AIS	automated information system	自动化的信息系统
ALIS	autonomic logistics information system	自主后勤信息系统
ALT	alteration instruction	变更指令
AMO	airplane model option	飞机型号选项
AMS	acquisition management system	采办管理系统
ANA	air navigation act	空中航行法规/空中航行条例
ANSI	American National Standards Institute	美国国家标准协会
AO	assembly outline	装配大纲
APC	advanced product configurator	先进的产品构型器

（续表）

缩略语	英 文 全 称	中 文 含 义
API	airplane programs implementation	飞机项目执行
APL	automated parts list	自动零件清册
AR	acceptance review	验收审查
ASAR	as-supported airplane record	用于支援的飞机记录
ASBR	airplane-specific build record	飞机特定建造记录
ASCT	airplane-specific configuration table	飞机特定构型表
ASME	American Society of Mechanical Engineers	美国机械工程师学会
ASQC	American Society of Quality Control	美国质量控制学会
ATA	Air Transport Association of America	美国航空运输协会
ATC	air traffic control	空中交通管制
BC	baseline configuration	基线构型
BCAG	Boeing Commercial Airplane Group	波音商用飞机公司
BFE	buyer furnished equipment	买方购买的设备
BMS	boeing material standard	波音材料标准
BOM	bill of material	物料清单
CAD	computer aided design	计算机辅助设计
CAE	computer aided engineering	计算机辅助工程
CAF	configuration approval form	构型批准表
CAGE	commercial and government entity	商务和政府机构
CAI	computer aided inspection	计算机辅助检查
CALS	continuous acquisition and life-cycle support	持续采办和生命周期支援
CAM	computer aided manufacturing	计算机辅助制造
CAPP	computer-aided process planner	计算机辅助工艺规划
CBOM	customized bill of material	客户化的物料清单
CCB	change control board	更改控制委员会
CCB	configuration change board	构型更改委员会
CCB	configuration control board	构型控制委员会
CDCA	current document change authority	当前文档更改授权
CDD	configuration description documentation	构型描述文件
CDP	cost definition phase	成本定义阶段
CDR	critical design review	关键设计审查

（续表）

缩略语	英 文 全 称	中 文 含 义
CDRL	contract data requirements list	合同数据需求单
CE	concurrent engineering	并行工程
CEI	contract end item	合同最终项目
CI	configuration item	构型项
CID	change identifier	更改标识符
CIM	configuration item management	构型项管理
CIR	change incorporation request	更改合并请求
CM	configuration management	构型管理
CMM	capability maturity model	能力成熟模型
CMMI	capability maturity model integration	能力成熟度模型集成
CMO	configuration management office	构型管理办公室
CMP	configuration management plan	构型管理计划
COTS	commercial off-the-shelf	商品化软件
CPD	concurrent product definition	并行产品定义
CPIN	computer program identification number	计算机程序标识号
CSA	configuration status accounting	构型状态纪实
CSCI	computer software configuration item	计算机软件构型项
CSOS	customer-specific option selection	客户特定选项选择
DAS	digital assembly sequence	数字化装配过程设计
DB	database	数据库
DBT	design built team	设计建造团队
DCAC/MRM	define and control airplane configuration/manufacturing resource management	定义和控制飞机构型/制造资源管理
DCN	drawing change notice	图纸更改单
DDR	detail design review	详细设计审查
DFA	design for assembly	面向装配的设计
DFM	design for manufacturing	面向制造的设计
DFP	design for production	面向生产的设计
DMU	digital mock-up	数字化样机
DOD	department of defense	美国国防部
DPA	digital pre-assembly	数字化预装配

（续表）

缩略语	英 文 全 称	中 文 含 义
DPD	digital product definition	数字化产品定义
DPL	drawing parts list	图纸零件细目表
DR&O	design requirement & objectives	设计要求和目标
DRR	drawing release record	图纸发放记录
DTD	digital tool definition	数字化工装定义
EB	engineering bulletin	工程公告
EBOM	engineering bill of material	工程物料清单
ECM	engineering change management	工程更改管理
ECN	engineering change notice	工程更改通知
ECO	engineering change order	工程更改指令
ECP	engineering change proposal	工程更改建议
ECR	engineering change request	工程更改请求
EDI	electronic data interchange	电子数据交换
EIA	Electronic Industries Alliance	美国电子工业协会
GEIA	Government Electronics & Information Technology Association	政府电子和信息技术协会
EMAIL	electronic mail	电子邮件
EPA	engineering parts approval	工程零件批准
ERP	enterprise resource planner	企业资源计划
ETM	effectively/tabulation management	有效性配套管理
EWS	engineering work statement	工程工作说明
FAA	Federal Aviation Administration	美国联邦航空管理局
FAI	first article inspection	首件检验
FAR	Federal Aviation Regulation	联邦航空条例
FBL	functional baseline	功能基线
FCA	functional configuration audit	功能构型审核
FCD	functional configuration documentation	功能构型文件
FCVR	functional configuration verification review	功能构型验证审查
FED	federal specification	联邦标准
FFT	first flight test	首次飞行试验
FMS	flight management system	飞行管理系统
FO	fabrication order	制造大纲

（续表）

缩略语	英 文 全 称	中 文 含 义
FRR	failure & rejection report	故障拒收报告
FTP	file transfer protocol	文件传输协议
GFD	government-furnished documents	政府提供的文件
GFE	government-furnished equipment	政府采购的设备
GPS	generic product structure	通用产品结构
GSN	government serial number	政府序列号
GUI	graphical user interface	图形用户接口
HTML	hypertext mark-up language	超文本链接标示语言
HVC	hardware variability control	硬件可变性控制
HW	hardware	硬件
HWCI	hardware configuration item	硬件构型项
ICD	interface control document	接口控制文件
ICWG	interface control working groups	接口控制工作组
ID	identifier	标识符
IDE	integrated data environment	集成数据环境
IEEE	Institute of Electrical And Electronics Engineering	电气和电子工程协会
IGES	initial graphics exchange specification	基本图形转换规范
ILS	integrated logistics support	综合后勤保障
IMT	integrated management team	综合管理团队
IPPD	integrated product and process development	集成产品和过程开发
IPT	integrated product team	综合产品团队
IRD	interface requirements document	接口需求文件
IRS	interface requirement list	接口需求表
IS	integrated scheduling	集成进度计划
ISO	International Organization for Standardization	国际标准化组织
ITAR	International Traffic in Arms Regulations	国际军火交易条例
ITT	invitation to tender	邀请投标
IWS	integrated work statement	综合工作说明
JAA	Joint Aviation Administration	欧洲联合航空局
JAR	Joint Aviation Requirements	欧洲联合航空法
JDP	joint definition phase	联合定义阶段

（续表）

缩略语	英 文 全 称	中 文 含 义
JIT	just in time	即时生产
LAN	local area network	局域网
LCCR	liaison change commitment record	联络更改承诺记录
LCM	life cycle manager	生命周期管理
LMA	lean manufacturing analysis	精益制造分析
M&O	maintenance and operations	维护和运作
MADL	module availability and applicability data list	模块可用性和应用性数据表
MBD	model based definition	基于模型的定义
MC	master changes	主更改
MDD	master dimension definition	主尺寸定义
MDI	master dimensions identifier	主尺寸标识
MDR	mission definition review	任务定义审查
ME	manufacturing engineering	制造工程
MIL STD	military standard	军用标准
MP	manufacturing parts	制造零件
MPPL	manufacturing part parts list	制造零件的零件清册
MPS	master production scheduler	主生产计划
MRB	material review board	物料审查委员会
MRM	manufacturing resource management	制造资源管理
MRO	maintenance repair and overhaul	维修和检查
MRP	material requirements planning	物料需求计划
MS	military standard	军用标准
MSN	manufacturing serial number	制造序列号
MWO	modification work order	修改工作指令
NAS	national airspace system	国家空间系统
NASA	National Aeronautics and Space Administration	(美国)国家航空和宇航管理局
NC	numerical control	数控
NCM	nonconformance management	不符合性管理
NCR	non-conformance report	不符合性报告

（续表）

缩略语	英 文 全 称	中 文 含 义
NOR	notice of revision	修订通知
OA	option attribute	选项属性
OBS	organization breakdown structure	组织分解结构
OE	opportunity evaluation	机遇评估
OEM	original equipment manufacturer	原始设备制造商
OO	object-oriented	面向对象
PBL	product baseline	产品基线
PC	production certificate	生产许可证
PCA	physical configuration audit	物理构型审核
PCD	product configuration documentation	产品构型文件
PCVR	physical configuration verification review	物理构型验证审查
PDD	product definition data	产品定义数据
PDM	product data manager	产品数据管理
PDP	product definition plan	产品定义计划
PDR	preliminary design review	初步设计评审
PER	part evaluation record	零件评估记录
PIN	program item number	项目项编号
PL	parts list	零件细目表
PNC	part number control	零件号控制
PPN	part position number	零件位置号
PPSL	program preferred selection list	型号首选清单
PRIMS	product requirement information management system	产品需求信息管理系统
PRR	production readiness review	产品准备就绪评审
PRR	production review record	生产更改记录
PSDL	picture sheet data list	图页数据表
QA	quality assurance	质量保证
QO	quality office	质量办公室
QP	quality procedure	质保程序
RAC	rapid action change	快速更改
RFC	requests for change	更改请求
RFD	requests for deviation	偏离请求

（续表）

缩略语	英 文 全 称	中 文 含 义
RFV	requests for variance	差异请求
RR	rapid revisions	快速修订
RRR	release readiness review	发放准备就绪评审
S/N	serial number	序列号
SCM	simplified configuration management	简化的构型管理
SCM	software configuration management	软件构型管理
SCML	supplier custom module list	供应商定制模块清单
SCMP	software configuration management plan	软件构型管理计划
SCN	specification change notice	规范更改通知
SCP	supplier custom part	供应商定制零件
SDR	system design review	系统设计评审
SE	systems engineering	系统工程
SE	simultaneous engineering	同步工程
SFR	system functional review	系统功能评审
SMPL	supplier module parts list	供应商模块零件细目表
SOS	selected option set	已选择的选项集
SOW	statement of work	工作说明
SPDL	supplied parts data list	供应的零件数据清单
SRA	site readiness assessment	外场准备评估
SRR	system requirements review	系统需求评审
SSP	supplier specification plan	供应商规范计划
SSPD	single source of product data	产品单一数据源
SSR	software specification review	软件规范审查
STEP	standard for the exchange of product model data	产品型号数据交换标准
TA	tasking activity	分派任务
TBD	to be determined	待定
TBS	tailored business stream	精简作业流
TC	type certificate	型号合格证
TDP	technical data package	技术数据包
TED	task execution documentation	任务执行文件
TI	technical instruction book	技术说明书

（续表）

缩略语	英 文 全 称	中 文 含 义
TM	technical manual	技术手册
TMM	tailored materials management	精简的物料管理
TPL	tool parts list	工装零件表
TRR	test readiness review	试验准备状态审查
UI	user interface	用户接口
USAF	United States Air Force	美国空军
VDD	version description document	版本描述文件
VECP	value engineering change proposal	价值工程更改建议
WBS	work breakdown structure	工作分解结构
WRO	work release order	工作发放指令
XML	extensible markup language	可扩展标记语言

参考文献

［1］ INCOSE System Engineering Handbook. 3rd ed. A Guide For System Life Cycle Processes And Activities，2006.

［2］ R. Douglas Hamelin, David C. Walden, Michael E. Krueger. Improving the Process for SE Practitioners, INCOSE//INCOSE Systems Engineering Handbook v3. 2,2010.

［3］ ANSI/EIA－632－1998. Processes for Engineering a System［1999－01－07］.

［4］ NASA/SP－2007－6105. NASA Systems Engineering Handbook. Rev. 1.

［5］ ANSI/GEIA－649A－2004. National Consensus Standard for Configuration Management，2004.

［6］ GEIA－HB－649. Implementation Guide for Configuration Management，2005.

［7］ SME initiative. Training for Small and Medium Enterprises on Configuration Management，2000.

［8］ MIL－HDBK－61A(SE). Configuration Management Guidance，2001.

［9］ BS ISO 10007：2003. Quality management systems-Guidelines for configuration management.

［10］ ATA, ATA Specification 100-Specification for Manufacturers' Technical Data［1999－01－08］.

［11］ ASD, ATA, AIA. Utilizing a common source database // International Specification for Technical Publication. S1000D Issue 4. 0［2008－08－01］.

［12］ CMU/SEI－2010－TR－033. CMMI for Development. Version 1. 3.

［13］ RTCA/DO－178B. Software Considerations in Airborne Systems and Equipment Certification，1992.

［14］ DoD 5000. 02. Operation of the Defense Acquisition System［2008－12－08］.

［15］ Jack Wasson. Configuration Management for the 21st Century. CMIIC, PMP®.

［16］ BCAG. Boeing Commercial Airplanes Configuration Management Standard. Boeing Company，2002.

［17］ ANSI/ASME－Y14. 24－1999. Types and Applications of Engineering Drawings.

［18］ EIA－836B. Configuration Management Data Exchange and Interoperability，2010.

［19］ 中国民用航空局航空器适航审定司. AP－21－AA－2011－03－R4.航空器型号合格审定程序.

[20] 中国民用航空局航空器适航审定司. AP-21-AA-2009-17. ARJ21 飞机预投产管理程序.

[21] Space and Defense Organizations. SAE AS9100C. Quality Management Systems — Requirements for Aviation，2009.

[22] SAE ARP4754A. Guidelines for Development of Civil Aircraft and Systems，2010.

[23] Process on Civil Airborne Systems and Equipment. SAE ARP4761. Guidelines and Methods for Conducting the Safety Assessment，1996.

[24] SAE AIR6110. Contiguous Aircraft/System Development Process Example.

[25] MIL-HDBK-516B. Airworthiness Certification Criteria [2008-02-29].

[26] MIL-PRF-32029(MI). Automated Configuration Management System (ACMS) [1998-06-30].

[27] MIL-HDBK-881A. Work Breakdown Structure [2005-07-30].

[28] MIL-HDBK-245C. 工作说明的编写. 国防科工委军用标准化中心，译，1996.

[29] MIL-STD-2549. Configuration Management Data Interface [1998-01-02].

[30] 汤小平. 对供应商管理的一点思考[J]. 民用飞机设计与研究，2011(3)：1—6.

[31] 汤小平. 探索中国民用飞机产业发展新模式——关于民用飞机"主承制商-供应商"模式的思考[N]. 中国航空报，2008.

[32] 顾诵芬，毛德华，周玉兰，李本建. 加快军工制造业数字化发展[J]. 国防科技工业，2003(4)：29—30.

[33] 范玉青. 现代飞机制造技术[M]. 北京：北京航空航天大学出版社，2001.

[34] 袁家军. 神舟飞船系统工程管理[M]. 北京：机械工业出版社，2006.

[35] 库伯. 新产品开发流程管理[M]. 刘崇献，刘延，译. 北京：机械工业出版社，2003.

[36] 萧塔纳. 制造企业的产品数据管理[M]. 祁国宁，译. 北京：机械工业出版社，2000.

[37] 于勇. 基于模块的飞机构型管理技术研究与应用[D]. 北京：北京航空航天大学，2005.

[38] 于勇，范玉青. 版本管理在飞机项目中的应用探讨[J]. 航空制造技术，2004(9)：83—87.

[39] FHWA-OP-04-013. Final Report // Configuration Management for Transportation Management Systems Handbook，2003.

[40] William J. CM Overview. FAA Hughes Technical Center [2010-02-23].

[41] Enterprise Configuration Management Overview. FAA Hughes Technical Center，2010.

[42] BCAG. Boeing DCAC acronyms. Rev. E，1997.

[43] CMII Research Institute. CMII-100E. CMII Standard for Enterprise Configuration Management，2010.

[44] BCAG. Supplier Symposium // DCAC/MRM New Business Processes — Release A1，1998.

[45] SAE ARP9034. Retrieval and Use of Three-Dimensional Type Design Data // A Process Standard for the Storage，2003.

[46] BCAG. Handbook of DCAC/MRM Concepts and Policies. Rev. F，1997.

[47] 上海飞机制造厂. MD-82 工程管理的启迪[M]. 北京：经济管理出版社，1989.

［48］ UGS PLM Solutions. 系统工程(Systems Engineering)∥NX 数字化产品开发白皮书,2004.

［49］ UGS PLM Solutions. 精益设计(Lean Design)∥NX 数字化产品开发白皮书,2004.

［50］ FAA 8000. 79. Use Of Electronic Technology And Storage Of Data. Federal Aviation Administration Order 8000. 79［2002 - 05 - 22］.

［51］ International Organization for Standardization. ISO 11179. Information technology — Specification and standardization of data elements. ISO/IEC FDIS 11179 - 1：1999.

［52］ UGS Company. TeamCenter 2005SR1 Online Help, 2006.

［53］ 李春田. 现代标准化前沿——"模块化"研究报告(6)［J］. 标准科学,2007(7)：4—9.

［54］ Nadine M Bounds, Susan A Dart. Technical Report∥Configuration Management (CM) Plans：The Beginning to Your CM Solution. Software Engineering Institute, 1993.

［55］ James Morgan. Applying Lean Principles to Product Development. SAE international. http：∥www. sae. org/topics.

［56］ Myles Walton. Strategies for Lean Product Development. LAI WP99 - 01 - 91,1999.

［57］ Configuration Management Policy. FAA Order1800. 66,1999.

［58］ FAA Configuration Management Program Plan, Version 2. 1,2003. http：∥www. faa. gov/cm.

［59］ FAA Order 4040. 26A. Aircraft Certification Service Flight Safety Program, 2001. http：∥www. faa. gov/cm.

［60］ Young K Ro, Jeffrey K Liker, Sebastian K Fixson. Evolving Models of Supplier Involvement in Design：The Deterioration of the Japanese Model in U. S. Auto. IEEE Transactions on Engineering Management. Vol. 55, No. 2,2008.

［61］ Alex Boydston, William Lewis. Qualification and Reliability of Complex Electronic Rotorcraft Systems. U. S. Army.

［62］ 王庆林,余国华,王睿. 构型管理［M］. 上海：上海科学技术出版社,2010.

［63］ 程不时. 工程与设计［EB/OL］. ［2011 - 06 - 25］. http：∥wenku. baidu. com/view/.

［64］ 周自全. 飞行试验工程［M］. 北京：航空工业出版社,2010.

［65］ 王庆林. 飞机构型管理［M］. 上海：上海科学技术出版社,2011.

［66］ 陈勇,严林芳,孙景华. 民用飞机机载软件管理［M］. 北京：航空工业出版社,2015.

［67］ Scott Jackson. Systems Engineering for Commercial Aircraft. University of Southern California and Burnham Systems Consulting, USA, 2016.

［68］ Hans-Henrich Altfeld. Commercial Aircraft Projects. Managing the Development of Highly Complex Products, 2010.

［69］ 路风. 中国大型飞机发展战略研究报告. 商务周刊,2005. http：∥finance. sina. com. cn.

［70］ 汤小平. ARJ21 要创建出一套民用飞机体系. 澎湃新闻网［2016 - 09 - 02］.